吴贻芳基金资助

新女性素质教育丛书

主编 钱焕琦

能干女性：
女性与家政

朱运致 著

中国劳动社会保障出版社

图书在版编目(CIP)数据

能干女性：女性与家政/朱运致著. —北京：中国劳动社会保障出版社，2008
新女性素质教育丛书
ISBN 978-7-5045-7091-8

Ⅰ.能… Ⅱ.朱… Ⅲ.女性-家政学 Ⅳ.TS976.7

中国版本图书馆 CIP 数据核字(2008)第 102799 号

中国劳动社会保障出版社出版发行

（北京市惠新东街 1 号 邮政编码：100029）
出版人：张梦欣

*

北京谊兴印刷有限公司印刷装订 新华书店经销
787 毫米×960 毫米 16 开本 16.5 印张 1 插页 273 千字
2008 年 7 月第 1 版 2008 年 7 月第 1 次印刷
定价：29.00 元

读者服务部电话：010-64929211
发行部电话：010-64927085
出版社网址：http://www.class.com.cn

版权专有 侵权必究
举报电话：010-64954652

总　序

　　清代女天文学家王贞仪曾以诗抒情："足行万里书万卷，尝似雄心胜丈夫。"今日正当中华腾飞之时，时代需要造就千百万社会主义现代化建设的有用之材。

　　女性中蕴藏着大量的人才能量，理应有更多的巾帼英雄活跃在现代化建设的各条战线上。据近期的一份中国妇女统计资料分析，改革开放以来，我国女性参与社会活动、经济活动、政治活动的机会大大增加，学术界出现了不少女科学家、女教授，政界出现了不少女领导，企业界出现了不少女厂长、女经理，体现了新时代的女性风采。尽管如此，她们只是中国广大女性中的佼佼者，与女性在人口中所占比例极不相称。我国100名妇女劳动者中，农民75人，工人12人，商业服务员6人，干部和专业技术人员仅7人。目前女性受教育程度仍普遍较低，农村孩子中，九年义务教育中辍学的绝大部分是女孩。有的贫困落后地区，小学刚毕业的女孩就加入到打工妹行列，让她们过早地品尝人生的酸甜苦辣。女性文盲、半文盲比例较高，15岁以上妇女文盲占75%，未入学的学龄儿童中女生占2/3。女性人才成长的现状不容乐观。

　　占世界人口1/2的女性是人类生命的摇篮，也占人力资源的一半。她们参与社会改革，是社会主义现代化建设中的重要力量，有着不容忽视的特殊的重要意义。她们数量的多少和质量的高低，直接关系到社会主义现代化建设的进程。她们的追求、修养、素质与社会的文明和发展有着密切的关联。她们的潜力必须显现，她们的能力应该迸发。

奉献在读者面前的这套新女性素质教育丛书，是以我们在南京师范大学金陵女子学院教育教学实践中的体会和感想为基础而编著的。

金陵女子学院历史悠久，底蕴深厚，它的前身是蜚声海内外的金陵女子文理学院。创办于20世纪初的金女大以"为中国女子提供最好的教育"为己任，设置过20多个专业，注重学生德、智、体、美、劳全面发展。在中国最早实施了女子学士学位教育，办学近40年，培养了一大批中外著名的杰出女性人才，其中有杰出的教育家、社会活动家、被美国密执安大学授予"智慧女神"奖的吴贻芳博士，有中国第一位女海洋学家刘恩兰教授，植物学家、哈佛大学终身教授胡秀英博士，眼科专家刘家琦博士，有机化学家吴懋仪博士，金属玻璃研究专家何怡贞博士，营养学家严彩韵教授，医学影像学和放射学专家李果珍博士，病毒科学家熊菊贞博士，高山病研究专家彭洪福将军，传染病学专家皇甫玉珊将军，化学裁军核查专家钟玉征将军，中国第一位女指挥家郑小瑛教授，心理学家茅于燕教授，教育学研究专家鲁洁教授，中国科学院院士沈韫芬院士等等。这些名字犹如一颗颗璀璨的星辰，在金女大的历史长河中熠熠生辉！遍及海内外的金女大毕业生取得的卓越成就令世人注目，为金女大赢得了国际声誉，在中国教育史上留下了辉煌的一页。

今日的金陵女子学院继承了金女大"帮助别人，丰厚自己生命"的厚生精神，以现代化的教育理念和方法，以为妇女发展，为经济建设和社会发展服务的视野，传递着提高女性素质，推进男女平等的薪火，创设了以"真、善、美、健、能"为目标的新女性教育系列课程体系，培养着有学问、有道德、有服务社会本领的，气质优雅的现代知识女性。我们的毕业生不仅能够称职地扮演职业角色，卓越地发展事业，而且拥有很高的生活质量和生活品位；不仅能适应现代社会的发展需要，并且正以她们的才华引领着社会的发展潮流。她们是有着精湛的专业知识、良好的工作能力、健康的心理素质、深切的敬业精神、广博的仁爱之心和敏锐的审美能力的新女性，是独立的女性、知识的女性、健康的女性、善良的女性、美丽的女性、有发展能力的女性。这套新女性素质教育丛书，即是为女性教育系列课程体系所配套的教材。这套丛书的作者都是在相关学科领域和女性教育领域中有着多年教学与研究经历的专家学者。丛书以近代女性学研究成果为基础，以相关学科为切入点，以提高女性素质为目标。包括：《独立女性：性别与社会》（作者金一虹）、《阳光女性：女性心理健康》（作者钱焕琦）、《理性女性：女性与法律》（作者陈淑华）、《能干女性：女性与家政》（作者朱运致）、《积极女性：女性与沟通》（作者彭薇）、《精明女性：女性与理财》（作者熊筱燕）。

作者在编写这套丛书的时候，不仅考虑到女大学生的培养需要，更希望能对当今社会的女性素质教育贡献力量。因此在写作风格上注意了理论性与实践性相结合，即既有一定的理论高度，向读者阐述理论观点、原则目标，又有方法性、操作性，能引导读者将"知"落实为"行"。严肃性与可读性相结合，即既有严肃的立场观点、严谨的写作态度、严密的逻辑结构，又有一定的生动性、趣味性。它可以作为高等院校女性教育系列选修课程的教材，亦可作为妇联、工会与劳动部门的女性干部培训教材和女职工职业培训教材，社会上高中以上文化水平希望提高自身素质女性的自修教材，社会上其他希望了解女性、研究女性问题的人们，也可以通过这套丛书对相关问题获得新的认识。

  我们感谢为编写出版这套丛书而努力的人们，也感谢金女大给我们的精神力量。我们相信，一分耕耘一分收获，撒下的花种终将换来玫瑰的芬芳。

钱焕琦

2008年元月于南京随园

目 录

第一章　生活与家政 …………………………………………（1）
　　第一节　家庭的含义 ……………………………………（1）
　　　　一、家庭有多重要？家庭的功能是什么？ ……………（1）
　　　　二、家庭发生着什么样的变化？ ………………………（4）
　　第二节　个人与家庭决策 ………………………………（7）
　　　　一、家庭生活中需要做哪些决定？ ……………………（7）
　　　　二、哪些因素会影响我们的家庭决策？ ………………（8）
　　第三节　家政与家庭生活 ………………………………（9）
　　　　一、什么是家政？ ………………………………………（9）
　　　　二、什么是家政学？ ……………………………………（12）
　　　　三、我们为什么需要家政教育？ ………………………（17）

第二章　个人与家庭 …………………………………………（20）
　　第一节　了解你自己 ……………………………………（20）
　　　　一、是什么力量塑造了你的个性？ ……………………（20）
　　　　二、你的个性是怎样逐步发展起来的？ ………………（23）
　　　　三、你的个性是如何受到需要的影响的？ ……………（25）
　　第二节　你与你的爱人 …………………………………（27）

一、什么是爱？……………………………………………（27）
　　二、你该选择谁？…………………………………………（29）
　　三、怎样建立并保持爱的关系？…………………………（32）
　　四、怎样让婚姻成为爱情的新境界？……………………（40）
　第三节　你与你的家人……………………………………（45）
　　一、何为家庭关系？………………………………………（45）
　　二、怎样营造和谐、美好的家庭氛围？…………………（47）
　　三、怎样解决家庭矛盾？…………………………………（51）
　　四、怎样应对家庭危机？…………………………………（54）

第三章　父母和孩子……………………………………………（57）
　第一节　父母必备…………………………………………（57）
　　一、为人父母意味着什么？………………………………（57）
　　二、今天的父母面临着什么样的挑战？…………………（60）
　　三、为人父母该做哪些准备？……………………………（63）
　第二节　孩子的成长………………………………………（71）
　　一、遗传与环境怎样影响孩子的成长？…………………（71）
　　二、孩子是怎样逐渐成长起来的？………………………（73）
　第三节　教子有方…………………………………………（99）
　　一、家庭教育应该遵循哪些原则？………………………（99）
　　二、管教孩子有哪些策略？………………………………（102）

第四章　家庭与管理……………………………………………（115）
　第一节　家庭管理的理念…………………………………（115）
　　一、什么是家庭管理？……………………………………（115）
　　二、家庭管理的标准是什么？……………………………（116）
　　三、影响家庭管理的因素有哪些？………………………（117）

四、家庭管理的一般程序是什么？……………………………………(121)
　第二节　家庭理财……………………………………………………………(123)
　　　一、为什么要理财？……………………………………………………(123)
　　　二、如何设计家庭理财的方案？………………………………………(125)
　　　三、怎样控制家庭收支？………………………………………………(129)
　　　四、如何进行家庭投资？………………………………………………(138)
　第三节　家庭事务的管理……………………………………………………(146)
　　　一、如何有效运用时间资源？…………………………………………(146)
　　　二、如何有效运用精力资源？…………………………………………(150)

第五章　家庭饮食与健康………………………………………………………(155)
　第一节　饮食的选择…………………………………………………………(155)
　　　一、我们需要什么样的饮食？…………………………………………(155)
　　　二、影响家庭饮食习惯和选择的因素有哪些？………………………(157)
　　　三、饮食是如何影响人的健康的？……………………………………(159)
　第二节　家庭膳食的合理配制………………………………………………(168)
　　　一、如何建立合理的膳食结构？………………………………………(168)
　　　二、如何购买、储藏制备食品？………………………………………(175)
　第三节　不同年龄阶段家庭成员的膳食调理………………………………(181)
　　　一、如何为儿童和青少年调理膳食？…………………………………(181)
　　　二、如何为成年人调理膳食？…………………………………………(186)
　　　三、如何为老年人调理膳食？…………………………………………(189)

第六章　服装与礼仪……………………………………………………………(193)
　第一节　服装选择……………………………………………………………(193)
　　　一、我们需要什么样的服装？…………………………………………(193)
　　　二、影响服装选择的因素有哪些？……………………………………(196)

第二节 服饰礼仪……………………………………………(197)
　一、我们为什么要注重衣着？……………………………(197)
　二、不同场合的着装原则是什么？………………………(198)
　三、怎样搭配服装才美？…………………………………(202)
第三节 服装消费与管理……………………………………(207)
　一、怎样购置合适的服饰？………………………………(207)
　二、怎样管理自己的衣橱？………………………………(210)

第七章 住宅与居室……………………………………………(221)
第一节 理想家园……………………………………………(221)
　一、理想的家居环境是什么样的？………………………(221)
　二、影响家居选择的因素有哪些？………………………(223)
第二节 安家落户……………………………………………(224)
　一、怎样选择合适的住所？………………………………(224)
　二、怎样选择合适的住宅户型？…………………………(228)
第三节 创造属于自己的家…………………………………(229)
　一、家居装修时应遵循哪些原则？………………………(229)
　二、如何装修各个功能空间？……………………………(232)

参考文献…………………………………………………………(250)

后记………………………………………………………………(255)

第一章

生活与家政

本章将向你介绍家庭对个人与社会的重要性,并阐明每个人都可以通过种种决策创造和改变自己的家庭生活,而家政学将有效地帮助我们在建构美好家庭生活方面获得最实用的资源,作出最明智的决定。

第一节 家庭的含义

一、家庭有多重要?家庭的功能是什么?

没有人不向往幸福。一个人在漫长的人生道路上可以拥有无数幸福的时刻,可以有无数通向幸福的途径,但完满的幸福人生图景中往往少不了家庭生活幸福这一笔亮色。家庭是我们获得幸福最直接、最方便、最可靠、最持久的源泉。正如美国作家爱默生所说:"家庭是这样一个地方,在一日之中,人们的胃口得到三餐的满足,而人们的心灵却得到千百次的满足。"

确实,家庭绝不仅仅是我们吃饭睡觉的场所,它还给我们提供成长发展中所需要的一切。家庭的功能则是多方面的。

(一) 生物功能

家庭能满足我们的生理需求。人需要吃喝拉撒睡,否则便无法生存,而且，人类的社会性又使我们有别于动物，需要在相对固定的场所满足自己的这些需要。家正是这样一个场所。另外，家庭一直是人类繁衍后代的制度化场所。从人类进入一夫一妻制以后，家庭就成为人类生育子女的合法单位。家庭为未成年子女提供基本的物质资料和稳定的生活环境。家庭的生物功能还包括赡养老人，在生活上、经济上和情感上给逐渐丧失劳动和自理能力的老人提供支持和帮助。

现代社会中，人的生理需要似乎也可以在家以外的地方得到满足，吃饭可以去饭店，睡觉可以住旅馆，但谁都有这样的感触：山珍海味比不上家常菜肴；金窝、银窝比不上家中草窝。家庭能够最贴切、最细致入微地满足人们的生理需要。

家庭的生育功能开始减弱，除了国家政策和人们的观念产生影响外，试管婴儿、人工受精等生育技术的发展也给家庭的生育职能带来了冲击。尽管如此，繁衍后代仍将是家庭的基本功能，永远不会丧失。城市中，家庭的赡养功能在经济上有所减弱，而更多体现在精神抚慰方面；在农村，家庭仍是最根本、最主要、最合适的养老场所。（陈传锋，2006；李士梅，2007；杨复兴，2007；邹农俭，2007；王树新，2007）

（二）心理功能

家庭能给人提供情感慰藉和心理支撑。家庭有时好似安宁的港湾，工作中有再多的烦恼，只要一进家门就如释重负；有再大的困难，只要一家人在一起就安之若素。美国世贸大楼被炸的当天，曼哈顿交通中断，无法行车，许多人步行几小时赶回家，为的是及时向家人报平安，并在家庭的温馨中抚慰惊魂。家庭还能赋予人们生活的信念，卢旺达内战期间失去40位亲人的一名叫热拉尔的男子几乎万念俱灰，但当他辗转数地、历尽艰险找到5岁的女儿后，又坚定了继续活下去的勇气。他紧紧地抱着女儿说："我还有家。"家庭成为人们爱的寄托和心中的归宿。每逢春节，在外地工作的人再苦再累也要赶回家与亲人团聚。病危的人也常常有这样的遗愿：死也要死在家里。和谐美满的家庭给人带来的心理安全感和满足感是无可比拟的。

在现代社会中，生活节奏快、生存压力大、人际关系趋淡、个人的未来难以预测。这一切带来的心理紧张和焦虑，都需要在家庭中得到排解。因此，情感交流在家庭生活中越来越重要，家庭成员在心理上的依赖程度也日益增加，家庭的心理功能越发凸显出来。（王世军，2004；顾建军，2004）

(三) 经济功能

传统社会中，家庭既是一个生活单位，又是一个生产单位。家庭是物质生产资料的占有者和生产活动的组织者。虽然中国现代社会中随着社会化生产的普遍发展，一家一户自行组织生产服装、食物、住房、工具等生活必须资料的情况已经比较少见，但家庭仍是社会经济活动的直接参与者，家庭是社会经济发展所需人力资源的提供者，另外，家庭的经济功能还体现在消费上（刘灵芝，2006；李春玲，2007；楚红丽，2007）。家庭必须不断购买各种生活用品，支付各种生活费用来满足家庭成员的物质需要和精神需要。从个人角度来说，家庭经济资源的统筹运用，使得我们能够以更经济的方式满足各种需求。从社会角度来看，家庭和家庭成员的素质必然影响社会经济发展的进程。

(四) 教育功能

家庭是人生的第一所学校，也是终身的学校。家，作为孩子出生、成长的直接环境，对其性格气质、品德修养、价值信仰、知识技能、行为习惯等都有潜移默化且根深蒂固的影响。这种影响将贯穿人的一生。（张海芳，2007；周欣，2007；赵茂矩，2007；张树东，2007；林运清，2005）童年阶段，家庭教育主要是父母对孩子的教育，而成年之后，家庭的教育作用则更多地体现在家庭成员之间的相互提醒、劝导、协商、说服等方面。总之，家庭是我们储备生存技能和积累处世智慧的训练基地。

当今社会，家庭的教育功能已经有一部分转移到了家庭以外的学校，但家庭仍是儿童完成社会化过程的主要场所，家庭和其中家长的角色是学校和教师不可替代的。我们一生中在家庭教育中得到的裨益也是在其他场所无法寻觅的。

(五) 娱乐功能

家庭是生活乐趣的来源之一。娱乐对孩子和大人来说都十分重要。孩子可以从玩耍中学习并演练今后社会生活中必须具备的技能，成年人通过娱乐来缓解压力并增进彼此的感情。在过去，业余生活远不如现在丰富，家庭是人们闲暇时开展娱乐活动的主要场所，如家庭成员一起打牌、看电视、串门、聊天、说笑等。

现在，娱乐生活还有很多活动都在游乐场、展览馆、音乐厅、电影院、酒吧、茶馆等社会场所进行。另外，家庭成员都有自己的朋友圈，与好友共度闲暇时光也比较普遍。家庭的娱乐功能发生了变化，但家庭仍是很多休闲活动的首选团队，全家人一起旅游、运动、观看演出、参加比赛的场景并不少见。家庭让我们体会到生活的多姿多彩和无穷乐趣。（宋希仁，2002）

随着社会经济的发展，家庭各项功能的强弱主次发生了变化。总体上，家庭功能的变化呈现出由多到少、由大而全到少而专的趋势。但纵观古今，横观中外，家庭的基本功能并无本质上的差异。家庭始终是人类繁衍生息的场所和社会发展演进的源泉。家庭的重要性在以人为本的当今社会不但没有削弱，反而更加突出了。不过，今天的家庭确实和过去有了很明显的区别，家庭有了哪些变化呢？

二、家庭发生着什么样的变化？

从宏观角度看，家庭的发展表现出了家庭结构、价值体系、伦理道德和生活方式的变化。

（一）家庭结构

家庭结构是家庭成员的结合状态。工业化浪潮对家庭的影响首先是将家庭的部分功能外移，继而家庭结构也相应发生松动。例如，家庭生产功能外移后，家庭不再是一个集生产和生活于一体的单位，大家庭模式的必要性降低，取而代之的是更加适应这种变化的小家庭结构模式。家庭结构的变化又使得家庭内部人际互动形式也发生了变化。（田霞，2002；许放明，2006）

现代社会中，核心家庭在比例上占明显优势，达到70%以上。核心家庭是由父母及其未婚子女组成的家庭模式。这种家庭模式的盛行，是与社会工业化发展相适应的。人们为服从社会分工，需要经常流动，离开故乡在异地安家的情况越来越普遍，核心家庭比大家庭更能适应举家迁徙。此外，通信、交通的日趋发达以及社会福利设施的改善也大大消减了年轻一代赡养老人的后顾之忧。社会的发展促进了核心家庭的普及，个人选择也是重要因素。核心家庭成员人数少，家庭关系相对简单，有利于民主、平等关系的建立，也利于生活内容的丰富和生活质量的改善，因此，核心家庭是很多人倾向的家庭模式。（刘宝驹，2005；王跃生，2000，2006，2007）

主干家庭，即父母和一对已婚子女生活在一起的家庭模式，包括祖父母、父母和未婚子女三代直系亲属。在我国，主干家庭长期保持着20%左右的比例。主干家庭的稳定存在，除了受传统文化的影响外，还有一个十分重要的原因：年轻夫妇往往需要老人帮助照顾孩子和料理家务。主干家庭符合我们民族的传统伦理观念，少有所养、老有所终的基本思想一直受到社会鼓励和提倡。法律上对子女赡养义务的规定也对主干家庭的存在起到了保护和巩固的作用。当然，最直接最重要的原因还是社会生活的实际需要。目前，我国城市中大部分家庭是双职工家庭，而社会福利和社会服务的发展还不足以将养老和幼托等家庭需要完全接管，因此，家庭中两代人之间相互扶持才能解决生活中的很多实际问题，主干家庭的优势恰恰在此。

扩大家庭，是由有共同血缘关系的父母和已婚子女或已婚兄弟姐妹的多个核心家庭组成的家庭模式。扩大家庭中的核心家庭可能同居共财集体居住在一所大住宅内，也可能不同居共财，分别居住在自己的住宅里，但聚集在一处。像电视剧《大宅门》里几代同堂的家庭就是一个典型的扩大家庭。现代社会，这样的家庭模式在有些国家和地区还占主导地位，但从全球来看并不普遍。扩大家庭在传统社会中对于经济上的自给自足有利，也有助于提高个人的身份地位，但扩大家庭往往是依靠家长制来维持的，不利于民主氛围的形成；而且扩大家庭中人际关系复杂，易产生矛盾冲突。因此扩大家庭的日趋减少是必然的。

除了上述三种最普遍的家庭结构之外，一些新兴的家庭模式也随着社会生活的变迁而萌生了。因种种原因一方配偶缺位的单亲家庭、离婚或丧偶后再婚而形成的重组家庭，以及婚后保持两人世界的"丁克"家庭，也愈发常见。家庭结构的变化一方面反映出社会经济状况的动态，另一方面也折射出人的价值观和信仰的变化。

（二）价值体系

关于家庭的价值体系直接影响人们对家庭和家庭生活的种种决策。随着时代变迁，人们对于什么最重要也重新排列了顺序（赵德兴，2006；汪怀君；2003；何建华；2000）。是物质充裕重要，还是精神满足重要？是个人的事业发展重要，还是家庭的整体利益重要？是夫妻感情生活质量重要，还是孩子的成长环境重要？是新建立的小家庭重要，还是原来各自的家庭重要？这些问题，在不同的时代和文化背景下有着不同的答案。如何取舍，操纵着家庭发展的模式和方向，决定了个人的进退和家庭的分合。价值观念除了出现新旧的差异之外，还呈现出多元化的趋向。人们对很多问题不再表现出毋庸置疑的一致判断，而是倾向于对不同的价值取向表示理解和接纳。这使得现代社会家庭生活呈现出更强烈、更丰富的个性化色彩。

（三）伦理道德

家庭伦理是指家庭中人际关系的秩序和相应的行为准则。家庭伦理也非一成不变，传统伦理中有利于家庭和睦的准则对现代生活仍具有指导意义，但旧式家庭崇尚的等级分明的规则秩序，在现代家庭中就不再适用了。现代家庭中夫妻关系、亲子关系更趋向民主、平等。家庭中性别角色的分配也突破了原来的界限，两性合作的社会性别范式在家庭中越来越普遍（钱焕琦，2000；洪彩华等，2004；王虹，2004）。中国传统家庭代际之间的双向反馈式关系，即上代对下代负责，下代也要为上代负责的模式，也悄然出现了向单向接力式（上代为下代负责，下代不必为上代负责）转化的趋势。工作流动性加剧以及社会养老的兴起等客观原因是一方面，人们对子女角色和责任的主观界定也是决定家庭关系新秩序的重要因素。总而言之，家庭中你该做什么不该做什么，应该以什么样的态度和方式对待彼此，已经有了很多改变。而在这些规则的认同方面出现的分歧和矛盾也增多了。

（四）生活方式

近几十年来，中国家庭生活方式的变化是显而易见的。衣食住行、交际娱乐、扶幼养老，家庭的种种需要都通过更加科学、健康、高效的方法得到满足。（杨京英等，2007；王宝状，2007）人们可以以车代步日行千里，借助家用电器完成家务，利用手机、网络联络亲朋，通过商业服务解决困难。经济条件的改善、科学技术的进步和不同文化之间的交融都是促成这些变化的因素。现代家庭生活方式令人越来越舒适，但同时也带来新的问题和隐患，比如环境的污染、资源的过度使用、温室效应的产生等。人们也意识到，人类家庭的生活质量不能脱离地球生态系统的制约，人的生活享受不能靠破坏环境和滥用资源来获得，不能以牺牲子孙后代的幸福为代价。

综上所述，家庭的结构、家庭价值观、伦理观以及家庭生活方式，随着时代的发展在不断变化。影响家庭生活变化的因素很多，经济、政策、科技、传媒、传统文化、宗教、跨文化交流、全球问题等都从不同层面直接或间接地改变我们的家庭生活观念和方式。但万变不离其宗，家庭对人和社会的价值从古至今、不论中外，都是至关重要的。和谐美满、功能健全的家庭是所有人追求的目标。

家庭结构模式和生活方式的发展变化并不完全是社会变迁的必然效应，也是个人选择的结果。在社会发展的大潮中，个体家庭和个人不仅有能力，也有必要为自己的幸福生活作出最明智恰当的决定，创造高质量、个性化的家庭生活。

第二节 个人与家庭决策

一、家庭生活中需要做哪些决定？

家庭生活的美满和谐并不是唾手可得的，尽管拥有了享受高质量生活的条件，但如果选择不当、不够努力，幸福还是会擦肩而过。

为创造美好家庭生活，将会面临哪些抉择呢？

（一）个人生活方式

个人生活方式伴随着婚姻带入新家庭，双方在相互协商、退让、调整、适应中形成稳定的家庭生活模式。个人生活方式包括个人饮食起居习惯、社会交往模式、人际交流风格、个人管理方式等。如果你的生活方式中有不健康、不科学的成分，势必会影响你未来家庭生活的质量。例如，不良嗜好、懒散习气、交友不慎、消费无度等都会对家庭生活的成功构成威胁。而家庭的不幸反过来也会影响你个人的发展。因此在你展望未来发展前景之时，必须对自己的生活方式作出理性的选择。尤其在时尚潮流面前，在各种压力下，在价值体系有些混乱的社会转型阶段，你需要格外冷静，认清什么是最重要的，什么方式会产生什么样的后果，这样才可能以积极的生活方式迎接美好的家庭生活，家庭才可能成为个人发展的支撑，帮助你稳步达到人生目标。

家庭生活方式影响全家人的身心健康，当走进婚姻，承担起家庭生活的重担时，就必须时时考虑每个家庭成员的需要和家庭的整体利益，建立最适合自己家庭的生活秩序。从饮食保健、理财消费、休闲娱乐、家务分工，到人际关系的协调、孩子的抚养教育，小到每天的饮食，大到是否要移居国外，都需要有准则、有理由地进行选择。

（二）事业与家庭的平衡

事业与家庭经常被放在对立面上来看待，实际上，它们是相辅相成的。成功的事业能为家庭打下良好的经济基础，和美的家庭又能为个人奋斗加油添劲。最大的幸福感来自于这两方面的和谐统一，缺少任何一方，你都会感到遗憾。既然事业、家庭一个都不能少，就需要在平衡自己在职场和家庭生活中的角色。你要学会权衡轻重、学会取舍、学会说"不"，以保证不被家里家外的双份责任压得喘不过气，或顾此失彼，错过一半的精彩生活。

（三）家庭角色的承担

在家庭中扮演什么角色也是非常重要的决定。每个人在家庭中是身兼数职的，你要在不同的家庭关系和生活情境中发挥不同的作用。作为女性，你可能既要当贤妻，也要做良母；作为男性，你可能既要干事业，又要干家务。角色定位并非只有一种形式，因此，怎样才是符合家庭实际情况的最佳角色搭配，就需要你和家人通过讨论、协商、尝试来定夺。

家庭生活中处处都需要我们做选择，在决策时，除了要明确自己的目标外，还需要了解影响我们决策的种种因素。这样才能清楚地知道，哪些资源和力量可以借助，哪些限制不可超越，哪些目标不切实际。

二、哪些因素会影响我们的家庭决策？

（一）社会环境

1. 经济发展趋势

从宏观角度看，社会经济发展推动着整个社会家庭总体形态的变化。经济的繁荣使我们有条件改善物质生活环境，科学技术的发展促进生活方式的转变，大众传媒传播有关生活理念和方式的信息，能够选择更健康、更合理的信息。家庭所处的社会经济环境影响着我们的观念取向和选择范围。反过来，一个对社会经济发展信息敏感，并持开放心态的人往往能作出更加与时俱进的选择。

2. 社会文化的影响

家庭决策无法脱离所处的历史时代和文化背景。宗教、法律、道德规范、传统习俗等都约束着家庭生活决策。符合本土文化的选择会得到认同和支持，超出常态范畴的选择往往会导致非议，甚至被阻挠。因此，当你要做与众不同的"另类"决策时，需要格外的慎重和勇气。

（二）家庭环境

1. 家庭内部人际关系

家庭成员角色与责任的分配、相互之间依存和独立的模式、家庭成员个人发展的需要和期望、家庭权力的分配和权威的树立等，都直接影响你决策时对利弊的权衡和主次的考虑。家庭决策、家庭成员之间的交流模式和风格、彼此互动的水平、矛盾冲突解决的方式，也影响家庭决策时沟通、协商和共识的达成。

2. 家庭生命周期

家庭的发展与人的成长一样遵循一定的规律，家庭从形成到解除的过程中，一般都要经历特定的阶段，即形成期——扩展期——稳定期——收缩期——空巢期——解体期，家庭在这个周期中的每个阶段都会面临不同的发展任务和压力。因此，你在决策时必须要正确对待需要解决的首要矛盾和家庭成员特定时期的情绪转变。

3. 家庭外部的人际关系

家庭外部的人际关系，如友谊、雇用关系、同事关系，或多或少都会影响你在家庭问题上的看法和做法。外界的建议和帮助有时能令你在困境中豁然开朗，但有时也会成为你的干扰和压力。所以，你需要学会如何将家庭外部人际关系作为有价值的资源协助决策，而不被闲言碎语所困惑。

家庭生活中的决策不仅受环境因素的影响，更重要的是要依赖你自己明确方向、权衡方式，而明智决策，仅有良好愿望是远远不够的，还需要相关的知识和技能。学习家政能在规划、设计、管理家庭生活方面作出最恰当的选择。

第三节 家政与家庭生活

一、什么是家政？

家政这个词并不陌生。在报纸的广告、社区的宣传栏中经常可见"家政服务"这几个字，不同的家庭可以根据自己的需求寻求相应的家政服务。而在这里将要讨论的家政是一个不同的概念，它有着更广阔的含义。

我们这里所说的家政是指综合运用自然科学、社会科学和人文科学的知识，对家庭生活进行设计与管理，以提高人们的生活质量。换句话说，就是运用多种学科知识，巧妙地安排家庭成员的衣食住行以及休闲、娱乐等家庭活动，从而保证家庭的每一个成员身体健康、心情愉快，并使家庭生活井井有条、丰富多彩、和谐美满。家政涉及家庭生活的各个方面，内容十分丰富，它不仅涉及物质生活方面，如衣、食、住、行等，还包括精神生活方面，如家庭人际关系、休闲娱乐、艺术修养等。

那么，家政到底包括哪些内容呢？

一般来说，家政的内容包括以下几个方面，见表1—1。

表1—1　　　　　　　　　　家政的内容

范　畴	具　体　内　容
家庭关系	家庭的类型与结构，家庭成员的权利和义务，家庭成员的心理发展特点，家庭成员之间相处的技巧，合乎道德的行为规范，常用交际礼仪
儿童养育	儿童生理、心理发展的特点，引导和教育儿童的原则和方法
家庭管理	家务劳动的分工、管理，家庭理财，家庭安全与保健
饮食与营养	食品的营养构成，健康饮食结构与习惯，科学的烹饪方法
服装与织物	服装面料和家用织物的识别与选择，服饰礼仪，服装与织物的洗涤与保养
居室与环境	居室空间利用，家具选择与布置，室内环境美化，手工艺品制作，家庭污染的防治，公共环境的保护，园艺常识

1. 家庭关系

在家庭关系方面，家政的任务是协调好家庭成员之间的关系，包括夫妻关系、亲子关系（父母与子女之间的关系）、亲戚关系等。家庭是由不同的个人组成的，因为性格、年龄、身份、经历、习惯等差异，使得家庭成员之间的相处不可避免会产生摩擦，如果不能做到相互尊重、理解和宽容，就无法建立和谐美好的家庭关系，家庭就很难维系。了解家庭的结构、家庭成员的权利和义务，以及家庭发展过程中可能经历的变化，可以帮助人们确定合理的家庭生活期望，明确自己在家庭中应承担的责任。了解家庭成员的性格差异和不同年龄阶段的心理特征，掌握与家人相处时的礼仪和交流技巧，对于协调家庭关系，营造和睦的家庭氛围尤为重要。

2. 儿童养育

家庭的一个很重要的功能是抚养和教育下一代。父母是孩子的第一任老师，也是终身的老师。父母对孩子的教养方式直接影响孩子的生理、智力、性格、品德方面的发展。了解儿童发展的自然规律和不同年龄阶段儿童的心理特点，掌握有效的引导策略，有助于家长用恰当的方式引导和辅助孩子成长，保证孩子身心各方面的均衡发展，避免许多因为教育不当而发生的问题。

3. 家庭管理

家庭管理包括家庭财务管理和家务管理，是指充分合理地使用家庭的财力、物力、人力，既轻松又高效地打理好家庭事务。只有掌握科学的理财理念和策略，开源节流，理智消费，合理投资，才能确保家庭生活的物质基础，保证生活质量。树立健康、安全的意识，运用科学的管理方法，发掘家庭内外可利用的资源，可以帮助人们在处理繁杂的家务时节约时间、精力，能够更多安排有趣、有益的家庭活动，使家庭生活变得更加整洁舒适、丰富快乐。

4. 饮食与营养

家庭的日常饮食对人的健康有举足轻重的影响。只有建立合理的家庭膳食结构，养成良好的饮食习惯，运用科学的烹饪方法，才能保证营养的均衡供给，满足不同家庭成员生长发育、益智健体、抗衰防病、延年益寿的需要，同时还能保证菜肴的美味，使吃饭成为一种享受。

5. 服装与织物

服装的功能不仅是保暖、遮羞，还是人们社交活动中的一种语言。为家人选择或制作合身舒适的衣服，能保证家庭成员，尤其是幼儿和老人活动自如，更有助于家人的安全和健康。懂得不同场合的穿衣之道，能够帮助提升个人形象，表达对别人的尊重，促进人际关系的融洽。家庭使用的布艺制品有很多，如何辨别、选择、巧妙使用和洗涤维护各种织物，也是十分讲究的。

6. 居室与环境

创造一个井然有序的家居环境不仅为了方便人们的日常起居，还在于通过合理利用有限的空间，给家庭成员留有足够的活动场所和私密区域，有助于家庭成员之间相处时调节距离，避开冲突，减少矛盾。另外，优美的室内布置和庭院设计可以带来视觉和触觉的愉悦感受，帮助人们调节情绪、陶冶性情、发挥个性。所以，能否遵循以人为本和美的原则，创造出既方便实用又整洁美观的家庭生活环境，会在很大程度上影响人们在家庭中的行为和生活品质。

综上所述，家政所包含的内容是非常广泛和丰富的。家政的目的，是要把家庭变成一个更加有利于人们成长、生活的环境，使人的个性、才能得到充分的发展和发挥。要想管理好家庭生活的各个方面，光凭良好的愿望、责任心和经验还不够，还需要科学的知识来更高效、更合理地完成任务。

以日常饮食为例，在南方一些地区，人们习惯在喝汤时把汤里的肉扔掉，认为长时间熬制出来的汤里富含营养，而肉成了"肉渣"，没有营养价值。实际上，溶于汤内的蛋白质、钙等都是有限的，大部分营养成分还是在肉中，只喝汤不吃肉是很浪费的。像这样的饮食误区还有很多。如果我们了解食品的营养构成，不同营养成分对人体的作用，以及营养成分在加工过程中产生的变化等，就可以避免这些不合理的做法，使得饮食更科学，营养更均衡，更有益于身体健康。再比如，不懂得家人的心理和与人相处的礼仪规范和技巧，就很难协调好家庭成员之间的关系。不了解儿童成长的规律和教育儿童的恰当方式，就无法保证孩子身心的健康发展。不掌握家务管理的科学方法，就会为家务所累，也容易因家务事使家庭成员之间产生矛盾。不运用科学的理财理念和策略，就很难做到开源节流，确保家庭生活的物质基础。因此，只有树立健康科学的家政观念和掌握先进的家政技术，才能使家庭成为宁静的港湾，爱的源泉，学业与事业的加油站。

正因为家政内涵丰富、意义重大，才会有许多学者专门致力于对它的研究，并创立了家政学。那么，什么是家政学呢？

二、什么是家政学？

家政学是因家政而产生的一门科学。1912年，美国家政学会将家政学定义为："运用自然科学、社会科学以及人文科学的知识，研究家庭生活的需求，解决理家问题及相关问题的综合科学。"家政学是一个统称，它的研究领域包含家政的各项主要内容，即家庭关系、儿童养育、饮食与营养、家庭管理、居室与环境、服装与织物六个方面。对于每一项内容，都有学者在潜心研究家庭不断变化的需要，探求满足人们的需要的最好方式。例如：营养专家研究什么样的饮食结构最有利于不同年龄阶段或不同身体状况的人的健康；食品专家研制既富含营养又方便食用的新产品；家庭关系专家研究怎样使夫妻关系、亲子关系更加和谐持久；儿童发展专家研究什么样的教育方法最有利于儿童身心各方面的发展等。可以看出，家政学完全是以家庭生活为研究核心，从个人与家庭的需求出发，及时捕捉家庭生活中的变化和发展趋势，尽可能从积极的角度帮助人们建构美好家庭，减少因家庭而引发的问题。

随着时代的进步，社会经济的发展和科学技术的提高，家庭所面临的问题也不断变化，家政学研究的重点也随着时代的变迁不断更新和拓展。例如跨国婚姻中家庭关系的特点；人口老龄化带来的养老问题；网络时代的儿童教育问题；高科技产品在家庭中的应用等。

家政学研究的内容已不仅仅局限在家庭内部事务，而是从人——家庭——社会这个密不可分的关系中探求人类发展的最佳环境，并研究在社会——经济——自然这个复合性体系中，家庭和自然、和社会经济如何相互联系、相互作用，凸显出家政学在人类发展与社会进步中的作用。

（一）家政学的特点

家政学这门科学有两个显著的特点：

1. 综合性

综合性是指研究家政学需要多门学科知识的综合。家庭生活的丰富内涵决定了家政学必须建立在广博的知识基础上。学习或研究家政需要应从文学、历史、地理、数学、物理、化学、医学、生物学、心理学、教育学、社会学等多种学科中吸取养分。科学知识在家庭日常生活中的体现不是以门类划分、独立存在的，而是融会贯通的。解决一个家庭问题，常常需要用到自然科学、社会科学和人文科学的多方面的知识。因此这些知识必须经过整合，有机地应用到家政学的各个领域，最终为家庭服务。以饮食与营养为例，它不仅需要以生物、化学知识为基础来理解食物营养成分在不同条件下的变化，还需要医学知识了解各种营养成分对人的生理机能的影响，更需要掌握食品加工技术，在确保食品营养价值的同时保持其口味鲜美；它还需要文学、历史和地理知识来了解不同民族和地区的饮食文化和习惯，以及美学知识来掌握菜肴的配色、餐具的摆设和餐厅的布置。所以，研究如何让人们吃得有营养、有味道，又有情趣，这其中大有学问。

同时，家政学十分注重各研究领域之间的相互依存关系，家庭关系、儿童养育、家庭管理、饮食与营养、服装与织物、居室与环境等任何一项研究内容都是不能脱离其他内容独立存在的。如果一个研究家庭关系的学者，不了解儿童发展的规律，不了解家庭经济管理中可能出现的问题，不了解饮食习惯的差异，不了解服装在人际交往中的作用，不了解居住环境对人的情绪和心理的影响，他怎么能够充分理解影响家庭人际关系的种种因素，并能提供有效的建议来帮助人们协调家庭关系呢。一位家政学学者，不论研究哪一项内容，都需要掌握一些家政学其他领域的知识。所以，一般来说，家政学系的学生，无论主修哪门专业，都需要选修其他家政专业的知识，以充实自己的知识基础。

2. 应用性

应用性是指家政学注重实际应用，它的使命在于帮助人们掌握最科学、最经济、最有效的解决日常生活各类问题的方法。因此它尤其重视知识的应用而不仅是理论的探讨。家政学者研究出的成果，最终以各种形式投入到对家庭实际生活的改善中。其中，有的付诸于产品的开发和生产，有的应用到服务性行业以提高对家庭的服务质量，有的通过咨询机构、媒体、社会福利机构等为家庭排忧解难,还有的提交到政府决策部门,为政府制定有关家庭的政策提供科学的依据和建议,更多的则是以各种教育的形式,向广大群众普及和宣传家政学的知识和新发现,以及培养从事家政事业的专业人才。由此可见,家政学在社会发展中的应用范围是极其广泛的,家政教育可以为有关社会和经济许多部门输送专业人才,见表1—2。

表1—2　　　　　　　家政学研究领域及应用范围

研究领域	应用范围
家庭关系	婚姻、家庭等社会服务与咨询机构,老年公寓、社区服务、民政部门、妇联、妇女与家庭研究机构,法律咨询机构
儿童养育	各级学校,家长学校,少年宫,儿童心理咨询机构,儿童医院,儿童福利机构等
家庭管理	家庭理财咨询,消费指导和咨询,销售行业,银行,保险公司,广告业,法律咨询机构
饮食与营养	宾馆、饭店、快餐店、食堂、食品加工厂、食品店、医院、运动员集训基地,社区服务,媒体
服装与织物	服装设计、生产,纺织品设计、生产,服装销售,布艺设计
居室与环境	建筑设计,家庭装潢,房地产业,家具设计,宾馆、饭店、休闲娱乐场所

家政学对家庭生活、对人类发展的深切关注和实际作用是其他任何一门学科所无法比拟的。经过一个多世纪的实践,家政学对个人、家庭和社会的促进作用已为世人公认。家政学是如何发展起来的,现状又如何呢?

(二)家政学的发展与现状

家政学是由英文"home economics"一词翻译而来的。按其直译,应为"家庭经济学",经济的含义不仅指节约金钱,同时也包含合理使用家庭中的人力、物力、财力、时间等各种资源,有效地管理家庭事务,更好地协调家庭关系等。因此结合我国传统文化,将"home economics"译为"家政学"是很贴切的。

家政学的创立始于美国。早在1829年,美国某师范大学的创始人提出妇女应学习家事理论和操作。1841年,《家庭经济论文》出版,这是真正的家政论述的开始。1890年，美国已有4所大学开设家政系。到了19世纪末，设置家政系的大学已增至30所。1899年，美国11位致力于家政事业发展的人士在纽约的柏拉塞特湖上俱乐部召开了家政史上著名的会议，确定了家政学的重要意义，为家政学的学科建设和家政教育的推广奠定了基础。当家政学作为一门系统的科学出现的时候，立即引起了许多国家的重视。19世纪中叶，一些西方国家已经走上资本主义发展道路，由于经济的不断发展，新观念的逐步形成，为人们进一步追求高质量的家庭生活提供了物质文化条件。当时许多有识之士认为，促进健康、道德、进步的家庭生活是国家繁荣的基础。"再没有其他目标比发展家政学更重要了。"随着这些观点逐渐为公众所了解与接受，家政学在许多国家迅速发展起来。1908年，国际家政学会（IFHE）成立。1909年，美国家政学会（AFHE）成立。第二次世界大战后，发达国家更加重视家政学和家政教育，家政学的理论、家政教育的体系和组织结构日趋完善。根据统计，1964年美国设有家政专业的学校达406所。1970年至1983年，每两年全国获家政学学士、硕士和博士学位的人数在1.7~2.7万。目前美国3 000多所大学中，1/3的大学设有家政专业。家政学在欧洲许多国家，如加拿大、澳大利亚、日本、韩国、新加坡以及中国的香港和台湾地区等也很受重视。

实际上，家政学在中国并非完全的舶来品。中国的传统文化中包含着丰富的家政学的理论与思想。在"家为国本"的观念指导下，历朝历代都有专门的家政理论著作，倡导"诚意、正心、修身、齐家、治国、平天下"的儒家思想。其中具有代表性的有南北朝时期著名学者颜之推所著的《颜氏家训》、明末清初朱用纯所著的《朱子治家格言》等。他们所主张的道德培养、勤俭持家、知行并进、安分守己的理家之道，在封建社会备受推崇。从清末至民国初期，学校教育中纳入了家政的内容。1912年，民国政府教育部在《中学校令施行规则》中规定学生必须学习"家事园艺"，即有关衣食住行、照顾病人、育儿、理财、栽培、烹饪等知识和技术。总的说来，在中国漫长的历史过程中，流传下来许多有关家政的论著，其中一些有关伦理教育、礼仪规范、育儿方法、理家技巧的内容，在现代生活中仍有实用意义。

1919年，我国国立北京女子师范学校首创了第一个家政学系。不久，燕京大学、金陵女子文理学院、辅仁大学、震旦大学、福建协和大学等13所教会大学，都先后设立了家政系。

新中国成立后，由于种种历史原因，在1952年的全国高校院系调整中，家政系被撤销了。

20世纪90年代，随着我国社会经济的迅猛发展，家政学的发展和系统的家政教育中断了数十年后，重新出现了蓬勃发展的势头。经济收入的增加、对外交流的增多，带来了家庭形式、家庭观念、生活方式的变化。人们对于提高生活质量的愿望和需求愈发强烈，并寻找各种途径完善自己的家庭生活。于是，报纸、电视、广播、网络纷纷为公众提供有关婚姻关系、儿童教育、营养保健、居室美化等方面的家政指导。各种家政培训班也应运而生，如家长学校、礼仪学校、烹饪学校、美容健身培训班等。现代家政的科学观念和方法在逐渐推广，人们对家政这个概念也逐渐认识与重视。然而，许多人对家政的理解还很局限。由于家政一词被频繁地使用到家庭服务行业，有些人误以为家政就是培养保姆。还有些人认为家政就是培养专职太太，只有那些有钱、比较闲的人才去学。这些误区都是由于家政教育还不够普及而造成的。

令人高兴的是，家政教育的重要逐渐为人所识，许多中小学开始开设家政的相关课程或讲座。浙江省在全省中小学开设家政课程，小学为《生活与劳动》、初中为《家庭生活》，对提高学生的道德情操、生活技能、文化艺术修养效果十分显著。目前，国家教育厅正筹划在高中技术类课程改革中，将家政与家政技术作为一项重要内容纳入必修课之列。一些大学也已开设家政学选修课普及家政知识（1995年，浙江树人大学成立了家系，专门培养家政学人才）。

同时，许多学者也加入家政学研究的行列，为家政学的学科建设和家政教育的普及作努力。家政研究所在湖北武汉、广东佛山、北京、南京等地相继成立。自1986年以来，已召开了四届全国家政学术研讨会，家政事业的国际交流也在逐步展开。1996年，国际家政学会第18届年会在泰国曼谷召开，我国第一次派代表参加。会前，在南京召开了"国际家政研讨会"。会议围绕"中国家政学的发展与家政网络"这一主题展开了讨论，为家政学在我国的发展起到了积极的推动作用。

然而，同美国、日本等家政学的发展程度相比，我国的家政事业尚处在起步阶段，还有待更多人的理解和政府部门的支持。但家政学研究和家政教育的重要性是不容忽视的，它的前景也必然随着人们生活水平的提高和生活观念的变化而更为广阔。

三、我们为什么需要家政教育？

家政学要真正发挥它在现实生活中的作用，除了将其研究的成果和开发的产品推广到社会，服务大众，更重要的是通过教育让人们掌握科学的治家之道，靠自己来改善生活质量。1991年，我国第二届家政理论研讨会上指出，家政教育就是："运用科学的态度和方法，通过学习、教育与训练，使人们掌握尽可能多的知识和技能，健全家庭管理，调节人际关系，提高家庭的生活质量，满足人的物质和文化需要，全面提高人的素质，使家庭更好地发挥各项功能。"

每个家庭都有其独特的人员构成、生活习惯和交流方式，只有处于这个家庭的人才最了解它的特点，才能够根据这些特点创造出最适合的方式来提高生活品质。再周到的商业性服务也不可能满足每个家庭各方面的个性化需求。另外，感受家庭生活的乐趣，也只有通过自己的亲身参与才能够有最真切的体验，所以学会生活是非常重要的，也是家政教育的使命。

对于学生来说，家政教育的裨益还远不止家庭生活能力的获得和提高。它的价值还体现在以下几个方面：

（一）学会解决实际问题

家政的内容，反映了人类衣食住行的基本生产活动和人类的文化生活的典型活动。家庭生活的许多规则同样适用于社会生活。学生以家庭生活为切入点，学到做人的道理，锻炼处理各种事情的能力，能够为今后在社会大环境中应对各种问题打基础。

家政教育课程不是一系列公式的阐释和习题的演算，而是实际生活的模拟和演习。家政课的学习过程能促进学生将各门学科的知识融会贯通，灵活运用，并立即投入实践来解决生活中的实际问题。学生们所学的知识不再停留在书本上，而是可以立即得到运用和实践。因此，一方面，能够让学生直接受益——学会处理生活中的问题，养成良好的生活态度和习惯，培养自信和自立；另一方面，能够使学生立即体会到掌握科学知识带来的益处，增强学习的信心和动力，同时还能够检验学生对所学知识是否真正理解，并强化他们对知识的灵活运用能力。

（二）为将来事业发展打基础

在家政课中学到的一些知识和技术很有可能成为你今后事业发展的基础。许多产业、商业和服务性行业都与家庭密切相关，都需要应用家政学知识。多一分对家庭特点与需求的了解，就能更好地为家庭与其成员提供产品与服务。也许在学习家政的过程中，你会发现自己对家政的某一领域特别感兴趣或在某一方面有特长，这对于你将来确定未来发展方向，求职择业都有益处。

（三）提高综合修养和素质

学习家政的意义不仅在于最终学会了什么样的生活技能，更在于培养人的道德情操、文化艺术修养以及解决问题、协调关系的能力，提高综合素质。家政教育在许多西方国家，还是进行道德教育的重要途径。人们认为家政教育使儿童从小懂得如何做人，将他们培养成为一个有利于家庭幸福的人，进而成为一个辅助社会进步的人。这样才是一个完整的人。在这些国家，家政教育不仅广泛影响了家庭，并成了学校教育不可缺少的一部分。例如，在美国、英国、澳大利亚、日本、韩国、中国台湾地区等，家政课从小学就已进入了学生的课程表，使孩子们早早就对个人、家庭和社会的关系有了初步的理解，树立起爱护家庭、关心他人的意识以及科学生活、保护环境的观念。这些国家和地区几十年的实践证明，家政教育对公民素质的提高起到了深远而持久的影响。

家政教育应该从小学开始，因为一个人生活观念的建立和习惯的养成，是从小开始培养的。许多人都有体会，儿童时期形成的一些行为习惯很难改变。因此，越早接受科学的指导，越有利于长大后自然地用恰当的方式对待生活。另外，无论男性、女性，都在家庭中扮演着无法互相取代的角色，都有着同样重要的地位，并平等地承担着家庭的责任，所以家政教育绝不是仅仅针对女学生的。

大学里开设家政课，已经算是补课了。不过还不算太晚，从现在开始学会更好地照顾自己，使生活更有条理和规律，减少对父母的依赖，以便为将来离家创业、独立生活打下基础。另外，树立了健康的生活观念，选择了良好的生活方式，对今后你自己创建家庭的构想就会更加明确，也更能够得心应手地营造美好生活。

【思考与讨论】

1. 中国自古流传下来的家政格言很多，你能说出几个吗？并分析、评价一下它们在我们的现代家庭生活中的意义。

2. 你认为家庭生活的哪个方面（如：家庭关系、居室环境）对你来说最重要？为什么？

3. 在你生活的家里，你在家庭关系、饮食、服装、居室环境等各个方面有哪些贡献？你对自己扮演的角色满意吗？

4. 阅读下列案例，分析并评价其中反映出的家庭的演变。

　　郑强和卢晶一个是政府公务员，一个是公司秘书，两人结婚一年多了，依然分开居住。只有周末和节假日，才聚在一起共同生活几天。尽管租两套公寓分开居住比合起来住花费大得多，但他们认为很值，因为这样能够保证每个人有充分的自主空间，同时又保持了爱情的新鲜和浪漫。

　　陆政夫妇当初决定把家从辽宁搬到山东时，亲戚朋友都感到震惊和不可思议，因为他们在这里有令人羡慕的稳定工作和生活。但陆政夫妇有自己的考虑：陆政先生的前妻和他们的儿子一年前搬到了山东，孩子与父亲见面很不容易。为了维护孩子和父亲的亲密关系，陆政夫妇决意搬家。现在，他们在山东建立了新的生活。陆政先生的孩子常常和他在一起，与他现在的家庭的关系也十分和睦。

　　周老先生今年78岁，腿脚不太灵便但精神矍铄。他住在市郊的一所老人院，每天看书、练书法，跟人聊天、下棋，呼吸新鲜空气，十分悠闲快乐。儿女每个周末来看望他，节日就把老人接回家过节。周老先生说："是我自己坚持要来养老院的。儿女开始不同意，怕别人说闲话，骂他们不孝顺。可是我呆在家里不能出门很寂寞，儿女上班还得惦记给我做饭，带我看病。到了养老院，什么都解决了，多好！"

第二章

个人与家庭

本章将帮助你了解并评价自己的个性，指导你如何与异性建立亲密关系，为建立幸福家庭打好基础，并讲述在家庭生活中如何建立和维护和谐的家庭关系以及如何营造温馨和睦的家庭氛围。

第一节　了解你自己

一、是什么力量塑造了你的个性？

在人的一生中，逐渐形成对自己的态度和价值观。如何看待自己，很大程度上依赖与其他人的关系。周围的人影响你，反过来，你又影响着认识的每一个人（Ryder，1985）。为了了解自己和其他人，需要弄清楚是什么影响着你的个性形成，是什么让具备已经成型的特点和将来希望获得的品性。个性，是指能将你和其他人区别开来的一系列行为和情感特质。它是一个人已经是、现在是和希望成为的状态的总和。还可以将它看成是遗传和后天获得的特征的总体。当了解了个性形成的各个方面，你才能够回答："我是谁""我该怎样对待我自己"这样的问题。而这些是关乎你生活品质的重大问题。遗传、环境和对环境的反应是塑造你的个性的三股强大的力量。

(一) 遗传

祖先传递给你的特征在很大程度上决定着你的个性。遗传使人类拥有共同特征,例如我们都有形状相似的五官和四肢。同样,遗传也制造着差异,比如不同人种头发、眼睛的颜色,不同个体的身材、相貌。但遗传绝不仅仅影响人的外貌,还影响智力、行为和个性。

家族遗传会使你获得与其他家庭成员相似的骨架、肤色、面部特征,甚至疾病。除了这些显性的特征,遗传还决定着你综合智力的水平和特殊才能的潜质,如音乐能力、运动能力、数学能力等。如人们常说:"刘翔是体育天才"或"李云迪从小就表现出音乐天赋",这正反映了人们对遗传的影响力的认同。你的性格基调也同样受到遗传的影响。大量研究发现,气质(temperament)即一个人对待他人和环境的基本风格,是与生俱来的。与遗传因素最密切相关的性格特点有:活动水平、交往能力和羞怯、神经质的情绪反应等。遗传的作用虽然强大,但环境以及你对环境的反应会影响遗传在很大程度上的发挥。例如,一个具备长寿基因的人可能早早地死于车祸,一个有遗传疾病隐患的婴儿可能因得到及时的医疗救治而健康成长,一个智商很高的人可能因为失去上学的机会而遭到埋没,一个智力平平的人可能因为自身的勤奋和努力而成就斐然,一个天生羞怯的人可能因得到鼓励和锻炼而变得落落大方,一个活跃开朗的人可能因屡遭打击而变得退缩自闭。因此环境与遗传的作用往往是密不可分的。

(二) 环境

学校、家庭、邻居、朋友、社区、职业以及宗教等,构成了你成长的独特环境。随着你的成长与发展,各个环境因素的重要程度会发生变化。例如,当你还是个孩子时,家庭,尤其是父母的影响最为重要,学校、同伴的重要性逐渐增强。而当你完成学业、找到工作、成立自己的家庭开始独立生活后,婚姻可能会成为最重要的影响因素,而同伴被归为不同的类型,分别从不同的方面对你产生影响,教育作为经历成了过去影响的一部分,而职业对你的个性、自尊和生活方式的影响越来越举足轻重,社区的重要性也增强了。

(三) 你对环境的反应

遗传和环境为你的发展提供了潜在的可能性和限制,而你对环境的反应会使你发展成为与众不同的品质。人具备很强的能动性,对环境的影响并不是被动接受的,而会作出主观的解读并采取行动来应对。每个人对同样的事物或情境可能会产生不同的体验并作出不同反应。例如,辩论时有人面红耳赤,有人气定神闲；考试前有人通宵夜战，有人安睡如常；遭遇不平时，有人拍案而起，有人轻声叹息；面临挑战时，有人直接回应，有人畏惧逃避。不同的反应必然会造成不同的结果——千差万别的个性品质。在漫长的人生旅途中，你在逆境时的反应，也就是你面对压力时所采取的态度和行为，对个性的发展尤为重要。压力是生活的一部分，任何人不能豁免。压力可能是一个小挫折，也可能是一个重大问题。压力可能是短暂的，例如上台做演讲，也可能是长期的，例如从事一份挑战性强的工作。压力产生的主要原因是心理的，但压力的后果却可能涉及生理和心理两方面。

一个人对环境的反应，表现在其特定的行为模式、习惯和态度和价值观上。人们经常用"外向"和"内向"来表示人的行为模式，内向者，是那些喜欢独处并把感情和思想藏在自己心里的人。他们重视思想、梦想和感受。而外向者，是那些喜欢与人相处并向别人袒露自己的感情和思想的人。他们重视物质和众人参与的活动。极少有人是纯粹的内向者或外向者。大多数人兼有内向和外向的特征，他们内向或外向的表现取决于特定的情境。无论内向还是外向，都是可贵的性格。例如，需要内向的人来从事科学研究和发现，需要外向的人从事与人交流的工作，需要中间者来起协调和平衡的作用。

在日常生活中，按一定的规律重复某些行为，就形成了习惯。人的行为习惯包括饮食习惯、睡眠习惯、卫生习惯、学习习惯、交流习惯等。好的习惯，如守时、仪表整洁、谦让等能给人留下好印象，并促进你与别人的交往，而坏习惯则有着负面的、破坏性的影响。习惯养成于幼年，因为长期重复而成了自动化的反应，以至于有时我们淡化了对它的意识，要向改变它就需要很强的决心和意志力。但无论怎样，用一个好习惯去替代一个坏习惯是值得付出的，因为它对于个性发展起着关键作用。

态度是一种情感，它能导致一个人采取某种行为。你的亲身经历、你从间接经验中获得的概念，以及你所信服的人的观点都会影响你的态度的形成。而你的态度和表达态度的方式会给别人展示你是个什么样的人。消极的态度，例如自负、玩世不恭、敌意，会损坏自我形象和你心目中他人的形象。消极态度的产生往往和缺乏知识或周围人的影响有关，我们可以通过增加知识、改变交往圈和听取他人直接建议来培养积极的态度。

当一个人面对生活中的挑战时，就会体现出价值观。也就是说，你必须决定什么是最重要的。你的价值取向可能是爱、家庭、知识、权力、金钱或友谊。价值观成为你个性的一部分,并影响着你的行为。在发展的过程中,我们需要不断对各种信息进行评价、权衡和选择,作出价值判断,并确定价值的先后顺序,即创立一个价值体系。这是一项艰巨的任务。如果你能建立一个稳定的价值体系,就能够更有效地运用你的精力和时间,减少犹豫不决和举步不前。如果你不能建立一个可靠的价值体系,就可能因为缺乏自信而表现出摇摆不定,过于顺从或叛逆的个性。有时他们将真正的性格掩藏在无形的面具后面,扮演与他们自己的价值观和目标不一致的角色。他们往往需要依赖亲人或社会机构给予指引。没有人可以替代你生活,也没有人可以替你做决定。你必须自己作出价值判断,并为之付出努力。只有当你的价值观与你的行为一致时,它才是你个性的真正体现。

遗传和环境因素交互作用来塑造个性。你具备遗传基因决定的先天特质,生长在一个独特的环境中,又以你独特的方式应对所处的环境,你的个性就在这样一种日复一日的持续影响下逐渐造就并稳固。你在平衡这三种力量的过程中所做的决定影响着你如何应对挑战、成功和挫折,书写着你的未来。

二、你的个性是怎样逐步发展起来的?

有很多理论阐述了人的个性发展,其中最受推崇的理论之一是哈佛大学教授、发展心理学家爱里克·爱里克森(Eric H. Erikson)的理论。他指出人的个性发展受到人的生命周期中八个发展阶段的影响。在每个阶段,你会面临特定危机,你必须解决这个危机才能顺利进入下一个阶段。在这些阶段遭遇的成功与失败将导致发展和改变。

阶段一:信任相对于不信任

第一个阶段发生在婴儿期,是我们建立最基本的信任感的时期。得到爱和关注的孩子能够发展出对自己、他人和外部世界的信心和信任。他们具备基本的安全感和乐观精神,为发展健康的人格打下良好的基础。

阶段二:自主相对于羞耻与怀疑

第二阶段发生于2~4岁。在这一阶段,孩子开始体验自主性或自我指导的自由,在成年人的鼓励和支持下树立表现自己的信心。他们雄心勃勃地去探索外部世界,并开始自己做决定,但他们需要合理的限制。他们学到很多社会规范,并为自己的成就而自豪。如果孩子探索世界的欲望和行动受到遏制,他们将很难发展出自主性。当失败的经历多于成功的经验,孩子将感到羞耻、灰心,会对自己的价值产生怀疑。

阶段三：主动性相对于内疚感

第三阶段开始于4~5岁。这一阶段孩子的想象力得到发展，他们开始独立地做事情。同时，他们学习合作、领导和服从等社会交往技巧以与同伴友好相处。孩子需要得到自由想出新花样来活动，并有机会和同伴测试他们创造的新活动。如果不能与同伴一起玩耍并开创他们自己的游戏，将会感到内疚，且总是依附于成年人。这样他们无法展现出良好的游戏技能，而且会缺乏想象力。

阶段四：成就与勤奋感相对于自卑感

从6~12岁，孩子处于第四个发展阶段。这是一个建立成就感和勤奋感的时期。孩子认识到工作是值得并且是有意义的。他们学会自律和与人相处的规则。学校与家庭环境都十分重要。这一阶段的孩子可以计划自己的项目和活动，并且将之付诸实践直到完成，对他们的努力给予表扬可以帮助孩子获得成功。努力得不到肯定的孩子会产生失败感。深藏的自卑感将支配他们的人格发展。有些孩子消极地接受自卑心理，则走入歧途，用不诚实的方式补偿个人成就的缺乏。

阶段五：自我同一感相对于自我同一感混淆

第五阶段发生在青春期。这一阶段的发展重点就是建立一种同一感。要获得成功，青少年需要得到优秀榜样的引导和崇高理想的激励。随着青少年的逐渐成熟，他们开始从不同角度和层面审视生活和周围的世界。他们体验新的情感、点燃新的希望。他们需要时间梳理新的思想和情绪，来发现自己是谁。另外，他们需要发展与同龄伙伴的关系来学习接纳其他人。通过不断尝试的过程，会找到一个自己可以承担的稳定的社会角色。不能找到自己的社会角色的青少年心里总是想着别人眼中的自己，他们的自我身份变得破碎、不安定。这样的青少年会缺乏自信和自尊，以至于影响将来进一步的个性发展。

阶段六：亲密感相对于孤立感

第六阶段涉及亲密感的建立。成功渡过这一阶段的青年能够接纳自己，认为自己是有价值的人。他们能够将自己展现给其他人，而且有一种与人建立亲密、稳定关系的需要。由于内心缺乏安全感，而难以与别人建立亲密人际关系的人往往会感到被孤立的孤独感。有些人会一直生活在自己的内心世界，无法形成有效的人际关系。

阶段七：生殖感相对于自我停滞感

在第七阶段，成年人会发展出一种生殖感，他们开始关心直系亲属以外的其他人，尤其是下一代。生殖感并不仅仅存在于已为人父母者，任何一个关心年轻人和世界福利的人都是具备生殖感的人。不能建立生殖感的人会陷入自我停滞的状态，他们关心的只是自己的个人需要和舒适。

阶段八：完整感相对于绝望感

完整感形成于发展的最后阶段。成熟的人能够带着满足感回望自己的一生，他们带着自信展望余生，他们感到满足和安全。一个有着真正完整感的人会说："做我自己真好。"这是一个人人追求的境界。那些不能获得完整感的人容易感到绝望，他们会懊悔自己没有选择一种完全不同的生活，觉得自己过去的生活充满错失的机会和错误的决定。这样的人无法获得内心的平静与安宁。

爱里克森的理论可以帮助我们解释自己已经形成的个性特点，你的童年经历在很大程度上造就了现在。而对于未来将要经历的发展阶段，如果可以预见那些不可避免的挑战和危机，明确每一阶段人格发展的首要任务，就可以更主动地调节自己，让自己更顺利地度过人生的各个阶段，体会成功和满足。

爱里克森理论的最重要的启示是，人的发展是持续一生的，人的个性发展是在人与环境的互动中萌发、持续、刷新、改变、积淀和固化的。所以并非只能束手无策地等待环境来改变命运和禀性，而是可以发挥主动性来调节自己去适应人生发展的要求，去改变自己的经验，去优化自己的性格，让生命如水般丰富广阔、自如流畅。

三、你的个性是如何受到需要的影响的？

人有诸多需要，而且人与人有着同样的需要，但每个人满足需要的方式是独特的。例如人都需要食物，但不同民族的饮食却千差万别。你满足需要的方式影响着你的思想、行为和性格。亚伯拉罕·马斯洛（Abraham Maslow），一位著名的心理医生，创立了一个研究人的需要的理论体系，他的理论有助于解释需要对个性发展的影响。

（一）物质需要

马斯洛将需要按主次排列，最首要的是物质需要。这些需要包括食物、水、住所、衣服、睡眠和性。他们是身体健康、心理健全和生命持续的基础。人只有在这些需要得到部分满足的情况下才能考虑其他事情。你可以想象一个人在一日三餐没有着落时还惦记着看电影吗？物质需要是所有人最首要的考虑。

(二) 安全需要

物质需要得到满足后,你需要免受身体伤害的安全感。你还需要一种日常规律,好让你对要发生的事做到心中有数而不至于慌乱。另外,你还需要得到保障,确保自己不会陷入经济困境。当这些需要都得到了满足,你才会有勇气充实自己的人生经历,拓展自己的个性发展。从另一个方面讲,如果你的生活中心一直围绕着保护自己免受侵扰(无论威胁是来自动物、小偷、账单还是可恶的同学),你的个性发展的机会将会十分有限。

(三) 爱和接纳

每个人都会被别人需要。需要感到自己得到别人的接纳。需要在与家人和朋友的关系中感到安全。赞扬、支持、鼓励和关怀可以满足你的这些需求,而后才有机会发展出健康的人格。才有可能反过来接纳别人,并给予别人赞美、支持和温情。

(四) 自尊

除了爱和接纳,人也需要尊严(尊重和欣赏)。自尊必须最先建立,首先需要先尊重自己,这样才能有别人来尊重你。家庭成员和朋友可以帮助你建立自尊。让你会觉得自己是一个有价值的人,在别人的生活中有着举足轻重的位置。当你拥有自尊和别人的尊重时,你才能获得更伟大的个性发展的潜能,你才有信心为成功和独立去奋斗,你才能成为这个世界的一个不可或缺的部分。

(五) 自我实现

自我实现是人的最高层次的需要。要达到这一目标,其他层次的需要起码应得到部分满足。在这一水平,你的需要是实现自己的潜能,尽可能显示最好的自己。也就是说,如果你有艺术才能,就努力成为自己能做到的最好的艺术家。如果你有修理汽车的才能,就努力成为自己能做到的最棒的机械师。当你达到了自我实现,你会相信自己。你有信心表达并坚持自己的信念,你有能力向其他人伸出双手提供支持,你的个性也会得到充分发展。但这并不意味着你可以停止学习,或者你的个性不再发生变化。相反,对自我提升更感兴趣,会更努力地成为更好的人。

马斯洛的理论清楚地告诉了我们,在个性发展的道路上前行时,行囊里需要哪些储备,而又可以从哪里得到需要的资源。家庭是最可靠、最稳定、最方便、最持久的力量源泉。而这个源泉需要你付出努力去寻找、建设、维护和补充。

只有充分了解自己的个性特点和需要,你才可能更有效地调节自己,顺利地与别人相处,找到属于你的,踏上通向幸福家庭生活的道路。

第二节 你与你的爱人

一、什么是爱？

爱可以被定义为朋友或家庭成员之间的一种强烈的相互依恋的感情，也可以被定义为两个人之间的温柔和诚挚的感情。当你爱别人时，你会对他们的需要作出情感反应。相爱的人在一起的生活比独自一人时更美好。爱随着你个性的发展而生长，它可以在一生中变得越来越深厚、越丰富和强烈。有人说，只有经历爱才能懂得爱。其实，你已经经历了一些形式的爱，而且随着你的社会的、情感的发展，你将经历更多。你交往的人越多，爱的含义就越丰富。

关于爱，毁誉参半。有人将它比作琼浆，也有人将它比作毒酒。它既可以成就你，也可以毁灭你。无数歌曲、诗歌、故事、电影描绘过这两个极端。我们渴望获得的是那种积极的爱，那种能增加生命的质感和厚度的爱。是琼浆，还是毒酒，你需要学习如何去分辨，还要懂得如何去酿造它。

（一）积极的爱

真正的、持久的爱需要两个人之间的语言交流和行动的付出，它意味着和对方分享自己所拥有的。真爱的双方努力去达成共同的思想、感情、态度、理想、希望和兴趣。他们总是以"我们"的名义去思考和计划一切——"我们"要什么，"我们"感到什么，"我们"将去做什么。真爱激励着双方去帮助彼此成长和进步，他们希望对方拥有尽可能最好的生活。爱赋予他们能量，共同向目标和理想努力。

真爱又是现实的：它不期望完美。一个心怀真爱的人能接受对方的错误和缺点。双方愿意共同努力去克服任何障碍来完善彼此的关系。现实的真爱允许双方表达真实的情感，无论是快乐、愤怒还是伤心，而不需要担心失去对方的爱与尊重。

时间可以检验爱的真伪。如果爱能经受波动的情感气候、不断发展的兴趣、变化的价值观，它就能够和生命一样长久。

爱以不同的风格呈现。温柔的爱令人愉悦满足，它让相爱的双方感到温暖、安全和振奋，还能够提升爱人的可爱度。朋友式的爱建立在相互尊重和理解的基础上，彼此了如指掌，不会因出其不意的行为而震惊。这些形式的爱是积极的、美好的，能稳固和加深相互之间的纽带，但爱也可能被演绎得如荆棘般刺人。

（二）消极的爱

嫉妒的爱是一种占有式的爱。嫉妒的一方将另一方紧紧攥在手中，以至于将他/她与其他人的关系切断。嫉妒通常是不成熟和缺乏安全感的表现。当相爱的双方对爱情的信心增强，妒忌心理会减弱，他们会树立爱可以长久的信念，并意识到自己不需要不顾一切地抓住对方不放。

激情的爱是一种强劲的、粗糙的、坚持的、急切的感情。它往往以性关系为中心，受到原始欲望的驱使寻求生理上的满足，它的产生和发展常常显得缺乏理性。单纯的激情是自私的，因为双方为对方的考虑很少。激情本身如狂风暴雨般令人筋疲力尽，所以仅有激情可能是痛苦的。但如果激情与其他积极形式的爱相融合，它会令人振奋和满足。

敌意的爱表现出的是一种愤怒的音调。爱恨紧密交织，爱之深，恨之切。当你爱一个人时，偶尔也可能对他/她产生一种强烈的敌意。这种对所爱的人产生恨意的倾向被称为"矛盾情绪"。这容易理解，因为尽管一个人有些性格特点是可爱的，有些却可能十分恼人。当你以一种占有的方式爱一个人时，一旦他/她做了一件让你讨厌的事，你就会十分恼火。这时爱情就带有敌意。

痛苦的爱是充满挫折感的，因为它是一种得不到满足的爱。当你认识到你的爱没得到回报，你就会感到痛苦、伤感和无望。痛苦的爱可能无休止地延续下去，因为有时你会感到即使无望，也无法放手。但是，只要当你将精力聚焦于其他途径来获得幸福，这种折磨人的爱就可以被淡忘。

有人向往故事中流传的那种激情澎湃、可歌可泣的爱，并准备为此奋不顾身、全情以赴，但现实与文学作品的世界是两样的，现实生活中的爱情大多是细水长流的，是生活的一部分。只有在细碎、具体的日常生活中，真正的执手之爱、相濡以沫的爱情才会诞生。而一切没有进入生活的爱情，很多时候是对爱情的一种想法，一种激情的释放。妥帖的关爱、相互的熟悉、陪着对方慢慢变老的感觉，所有这些融化在微末而琐碎的生活中，这种生长着的、温润的、无私的爱情，更能使心灵不被单一的狂热情感所占据和驱使，而能腾出空间来包容更多的人生体验，发现自己更多的潜力，拥有更丰富的生活。

对爱情有了准确现实的理解，在寻找感情归宿的过程中你才不至于迷失方向。

二、你该选择谁？

择偶的过程受到很多社会和心理因素的影响，但有时对此却浑然不觉。

（一）择偶趋势

择偶的一种趋势是"同型相配"。一个人往往倾向于选择在种族、宗教、民族背景和社会阶层与自己的相似的人做配偶。没有结过婚的人倾向于选择没有婚史的人，而离过婚的人则倾向于选择离异的人。

"父母印象"也悄悄地影响你的择偶标准，男性很可能会选择与他的母亲相像的女性为妻，而女性则可能寻找一个与自己父亲类似的男性。实际上这是家庭文化对你的影响，如果你成长在一个讲究饮食的家庭，你就很可能想找一个会烹调的配偶；如果你的父母温和而包容，你也会希望在配偶身上看到同样的品质。

"接近原则"也是一个常见的趋势，也就是说我们倾向于在自己居住地附近的范围内选择配偶。（Ryder，1985）尽管现代生活的流动性已经拓展了我们交往的空间，你仍然很有可能与一个靠近你家附近的人结婚。当然这并不意味着你会和邻居结婚，而是说，如果你是江苏人，你找一个新疆伴侣的可能性就很小。

（二）影响择偶的因素

1. 个性特征

每个人都有着一系列独特的性格特征，这些特征会吸引一些人，也会让另一些人望而却步。你可能会将你所看重的品质列出一个清单，希望能够找到一个完全符合你愿望的人。如果这样，恐怕注定要失望。因此，我们需要将清单分成两栏：必需的项目和奢望的项目。"必需品"一栏中填入你认为绝对不可缺少的特性，原来清单上的剩余项目就成了"奢侈品"——你希望未来配偶具备的但也可以不具备的特性。当你的内心带着这样一个清单去"选购"配偶时请记住，想要改变一个人的性格来与你的清单匹配几乎是不可能的，除非他/她自己愿意并有内在动力为适应你的需要而努力改变。有趣的是，有时会不由自主地喜欢上某个人，而他/她并不那么符合自己预设的标准。那么这时，你该重写清单而不是更换这个自己喜欢的人。

在选择配偶时，我们需要了解哪些品质对婚姻的稳定性影响最大。价值观的相似性是美满婚姻的基础，它使得双方很容易达成共同的思想、感受和目标，也使得双方更容易沟通和理解。性格的互补性也有助于婚姻的稳定。（兰春明，1990）一方之长补另一方之短，恰好能搭建一个稳定的感情结构。例如，一个喜欢拿主意、做指挥的人，与一个随和、愿意跟从的人可以组成很好的搭档。事实上，人们也会由于这种"互补需要"而相互吸引。另外我们还需要明白，性格的相容有时不是简单的匹配和拼接，它需要磨合和调整才能达到和谐的状态，所以择偶不是"你＋X＝幸福"的数学题，而是能够产生幸福的化学反应式。

2. 家庭背景

有研究表明，在幸福家庭中长大的孩子更有机会获得幸福婚姻。因为幸福童年有助于形成感情上的安全感，而在充满敌意或纷争的家庭中长大的孩子在与别人的情感关系中容易感到不踏实。当然这个规律也有例外。见证父母幸福婚姻的人可能对美满婚姻充满期待，并认为幸福应该是自然而轻松地获得的，他们可能不愿意花费力气去经营自己的婚姻。还有一种可能是，如果一方或双方都曾经历过父母的婚姻问题造成的不稳定生活，他们会更有动力去追求自己的美好婚姻，他们愿意付出一切代价来建立一个幸福家庭。（Ryder，1985）

家庭背景能够除了对你的婚姻态度和期望有着潜移默化的影响，它还以一种更直接的方式介入选择配偶。那就是父母对你选择对象的认可。如果父母对你未来的伴侣感到满意，你婚姻就会有一个充满祝福和希望的起点，婚姻成功的可能性也因此而增大。得不到父母认可的婚姻会出现以下一些情况：（1）大多数时候，父母反对这门婚事是有一定的理由的。这些可能是恋爱中的人没有意识到的，或者没有重视的潜在问题。如果拒绝考虑父母的意见，你很有可能在婚后的生活中才认识到自己的错误，那时去纠正这个错误所付出的代价就很大了。（2）当反对意见存在时（不论这些意见是否有道理），恋爱的双方与父母在一起时就会感到紧张和不安，于是你会试图忽略父母的影响，坚持认为结婚是两个人的事，与双方家庭无关。但事实是，家庭的支持或反对将是影响婚姻质量的长期因素，那种紧张和不安很难摆脱，对双方的考验和挑战也会层出不穷。（3）如果反对的意见存在，在婚后生活中一旦矛盾出现，你和你的配偶可能很快断言："我父母的话是对的。"你很可能轻易放弃努力来维持婚姻关系。在有些情况下，你还可能在潜意识中利用父母的反对做借口来逃离婚姻。

3. 兴趣爱好

如今，人们的业余时间越来越多，业余活动的选择也越来越广，恋爱双方往往利用休闲活动来促进感情。一般来说,有着共同兴趣爱好的夫妻婚姻幸福的概率比较高。虽说过度的彼此依附可能会产生负面效果,但享受彼此陪伴的夫妻或恋人有更多机会创造出丰富多彩、生机勃勃的人生。志趣相投的恋人通过共同参与休闲活动缓解压力、提升自我、增进交流、巩固安全感,并产生一种相依相伴的感觉。同时,共享业余时间也为感情生活增加了一个有助于相互欣赏的层面。恋爱的人应该讨论双方的社交和娱乐的兴趣,了解彼此的期望,并尝试共同参与一些活动,这样才可能找到与自己最默契、最合拍的伴侣。

4. 教育

通常情况下,受教育程度相仿的人更容易找到共同语言。教育水平差异过大不利于交流,也会增加双方建立共同爱好的难度。学习专业的差异有时也会影响人的思维方式、兴趣爱好和知识面,从而影响双方的交流的形式和质量。受教育程度往往直接影响职业选择,而职业又进一步影响经济收入,有时,不得不透过教育背景来预测未来家庭的经济前景。

5. 社会标准

每个社会对择偶都有约定俗成的标准,有些标准未必合理,但它却能拨动我们权衡轻重的指针。例如:男女双方的学历、身高、年龄的差距。当我们的选择超出了人们广泛接受的常态,就可能遭遇阻力,如父母的反对、他人的揣测和议论、甚至嘲笑。对于这些,你需要有足够的心理准备和理性地判断,而且要有勇气坚持自己正确的选择。

很多人以为世界上只有唯一的一个适合自己的人,而且与这位"如意郎君"或"如花美眷"在一起时会事事顺心、美满一生。因而,有些正在恋爱的人总在疑惑自己是否找对了人,有些失恋的人抱定自己曾经沧海难为水,对发展新的关系失去信心。但是,很多事实表明,唯一者的说法是没有依据的。可以肯定的是,你绝不会以你现在爱这个人的方式去爱另一个人,原因很简单,因为每一个人都是不同的,所以你会以不同的理由和不同的方式去爱不同的人。而且你肯定能够发现值得你爱的不止一个人。否则我们如何解释,丧偶的人再婚后仍然会找到幸福,受过感情创伤的人在新的爱情中也会神采焕发呢?

三、怎样建立并保持爱的关系？

约会不仅是一种有趣的交友方式，也是进入成年期和婚姻的准备。约会有助于评估自己的个性，并发现什么样的个性最吸引你，什么样的个性与你格格不入。约会经验让你明白两性交往中有哪些要求和限制。有约会经验的人更容易获得成功的婚姻。

（一）约会形式

约会的形式多样，并且也在不断发生变化。从传统的经人撮合到茶馆里会面，到参加朋友的聚会，看似不经意的被介绍给某个人，以至当今流行的网络约会。每一种约会都有其优势，都可以为发展亲密关系提供机会。

非正式的约会可以为择偶打下好的基础。非正式约会的特点是强调与一群人朋友式的交往，而不是两人之间为寻求未来伴侣的约会。非正式约会的形式一般是由多个男性和女性共同组织的集体活动。参加者能够自由地和其他人交流，谈论想法和感受，从中可以更清晰地了解自己对人和生活的价值观。

网上交友也是一个时髦的选择，因为网络世界这个无限的空间里包含着无数可能性，因而很容易激起人们的好奇和期待。但同时，在这个虚拟世界里，真实和虚假很难分辨，没有面对面交往时流动的生物化学的信息，因此很难保证你与那个听起来条件相当，谈起来话语投机的人在面面相对时是否能产生怦然心动的感觉。在建立亲密关系时，那些举手投足、音容笑貌、眼神气息等细腻琐碎的信息是我们了解一个人真实面貌不可忽略的依据，所以网络约会可以作为拓展接触机会的平台，但真实而可靠的关系的建立还必须依靠身心的介入。

无论采用什么方式，约会的目的是为了扩大交往面，增加发展合适亲密关系的可能。与很多不同的人交往，积累各种各样的经验，对今后生活中作出明智决策会有很大帮助。

（二）约会过程

1. 接触

很多人感叹，在现在这个社会，尽管通信手段越来越发达，要结识一个人却并非易事。我们总是不信任陌生人，似乎有一条不成文的规定：在公共场合不要和陌生人说话。但社会也造就了一些例外的机会，例如，集会和旅行。相互接触总是开始于引起他人作出反应的交往行为。这种行为可能是一种引介，也可能是简单的相互对视、一个微笑或一句令人舒心的话。如果另一方反应积极，那么这种接触就会持续下去。

初次接触一般包含以下几项任务：(1) 判断对方是否值得一交；(2) 判断他人是否愿意与你交往，当然要判断他/她是否已有所属；(3) 寻找话题使交谈继续；(4) 要表现出一个有吸引力的或对别人有益的自我，吸引对方继续交往并接受今后的约会；(5) 如果对方发出了这种信息，就可以安排第二次见面。

在交往之初，双方会经历不知该说什么或做什么的迟疑和尴尬，但如果能够运用有效的开场白，并迅速找到共同感兴趣的话题，就可以将交谈顺利地继续下去。一些调查显示，无论男性还是女性都比较喜欢直接的开场白，如"我感到很尴尬，但我还是很想认识你"，或者无关痛痒的谈话"今天的天气真好"，而不喜欢油嘴滑舌的腔调。初次接触对方可能通过交谈对彼此的生活状况、职业、爱好、信仰及其他一些特点有所了解，但通常并不包括共享更深层次的隐私。事实上，在初次接触时过分暴露自己很可能被看成是自我中心或心理失调的表现。因此，初次接触中知道何时并如何终止交谈也是十分重要的。

初次接触中的交谈可以起到筛选装置的作用——通过它对交往对象作出初步评价，并判断双方是否具有足够的共同点继续交往。我们与他人的接触很多时候并不能发展出长久的关系，但这种短暂接触可以让我们发现人有着很多共同点，减少孤独感，丰富生活阅历，增强鉴别力，为我们发展亲密关系积累可贵的经验。

在与人的接触中，我们要学会观察他人。对他人不准确的判断会导致不幸或危害。有趣的是，我们对他人的第一印象几乎在瞬间就能形成。每个人心中都有一定的标准，当我们遇见一个陌生人时，会不由自主地根据自己的标准去评价他/她。我们总是用在短时间内得到的少量材料去再现一个人的总体形象，然后我们就根据这个形象来决定是否与他/她结识或继续交往。（兰春明，1990）一个人的外表、言行举止、观察者的期望和当时的情境都可能影响第一印象的形成。不准确的第一印象可能会引导我们对人作出偏颇的判断。

造成错误评价的常见根源见表2—1。

表 2—1　　　　　　　　造成错误评价的常见根源

根　源	错　误	举　例
不充足的资料	在有关一个人的有限资料上形成"总体印象"	他举止得体，谈吐不俗，一定是个受过高等教育、诚实可信的好人
绝对个性论	仅凭借自己的经历和关于人的本性和行为的臆想作出判断	人都是自私的，她这样关心我纯粹是因为我对她有利
刻板印象	把有关一些群体概念化的信念用于这些群体中的所有成员，而不考虑成员个体差异	他是个法国人，一定懂得浪漫情调；她是个美女，一定头脑简单，而且任性自傲
设想中的相似性	把自己作为一个参照点，设想他人很像自己	谦逊是我们公认的美德，所以无论在什么人面前都强调自己能力有限
晕轮效应	用某种积极的或消极的特性去概括一个人的总体印象	她笑容甜美，显得热情友善，交往过程中觉得她处处可爱
社会角色	认为人们具有与他们担当的社会角色相关的特性	他是个教师，一定品德高尚、知书达理
逻辑错误	认为人们具有某种特性，所以他或她就具有与其联系的其他特性	她写了一本关于爱情的书，她一定是一个伟大的恋人
归因错误	认为别人的行为源于气质方面的因素而不是情境因素	他迟到了，且心不在焉，说明他傲慢，而不认为他可能碰上了棘手的问题
宽厚效应	对别人作"善意估计"，用积极的观点去评价他们，除非消极的特征明显外露	他虽然只谈自己，但是可能是因为紧张，他不像是个自我中心的人

注：改编自兰明春等编译《婚姻与家庭模式的选择》，1990。

　　第一印象的偏差可能会使我们错失良机或走弯路，所以不必急于对有无交往可能下结论。一般说来，随着进一步交往，最初的简单判断很快会被更明了、更准确的知觉所取代。观察一个人要注意捕捉行为、表情的细节，细微之处见精神，很多时候，一个人下意识流露出来的举动能更真实地反映其内心。另外，不要指望短期的、寥寥几次相处就能了解一个人的全部。一个人性情只有在各种活动、场景和氛围中才可能得到全面展现。而且只有恋爱双方对关系发展有了一定信心以后，才可能逐渐松弛下来，把自己的本色暴露得更加彻底。

最重要的是，与人接触并交往的目的是要建立一种双方都感到舒服的联系。也就是说，双方都应该感到自在、放松，感到自己可以展示真实一面，而不需要费力地表现出对方喜欢的特点。因此，这个过程并不仅仅是考察对方，也需要考察自己，更需要考察双方是否相容和协调。

2. 自我暴露

亲密关系的建立需要一定的自我暴露——双方对彼此展示自己的个性（兰春明，1990）。但是，自我暴露并非易事，它既可能获得真诚和亲密无间，也可能破坏刚建立起来的关系。

交往之初，传统的做法是保持一副愉快的面孔，回避令人尴尬的话题，避免暴露自己内心深处。但人们倾向于暴露一些自认为会增加对他人吸引力的信息。最初的自我暴露可以起到一种自我表现的作用，也会告知他人该如何看待自己。不愿意或不擅长自我暴露的人可能会阻碍或减慢关系发展的进度，暴露自己生活细节过多的人，则可能被认为是在过分显示自己或不善于调节自己。因此适度的自我暴露在关系建立之初通常是最有效的，它能表明双方都是真诚的，而且都有发展更亲密关系的愿望。

自我暴露的广度和深度一般会随着关系的深入逐渐增加，当然这必须以双方对等的反应为条件。也就是说，当其中一方暴露了自己的某个方面，另一方也就以暴露同等的东西相回报。这是个互惠的过程，遵循等价交换原则——想要有所收获就必须给予。

在亲密关系中，我们希望共享彼此的经历和感情，以获得自我肯定和感情支持。袒露自己的感受可以帮助我们更清楚地理解自己的感情和需要，更客观地看待问题，消除内心的矛盾和伤痛。坦诚自己的难堪经历，可以帮助我们从羞愧和自卑中解脱出来。自我暴露有诸多益处，可以帮助你打开进入亲密关系的门。

但是，自我暴露几乎不可避免地要冒一些风险，暴露得越多，风险越大。一个过多暴露自己消极方面的人，可能遭到唾弃。过多的自我暴露还会引起别人的厌烦或议论。所以，我们在坦率展露自己时，同时需要考虑开诚布公的价值和诚实带来的风险。随着关系的进一步发展，问题就变得更微妙，什么该保密，什么该坦言，这一问题就越发重要。越走越近的人都很想知道彼此的过去，而且不满足于只言片语的介绍，支支吾吾或避重就轻往往被理解成城府太深、不可信赖。而我们对别人进入自己最易受伤害的内心世界又心存恐惧，或者担心彻底的暴露，尤其是消极一面的暴露，会在别人眼里降低身份，留下把柄，破坏了原有的关系。这时，如果你的愿望是保持并深化这段关系，最好依据你对另一方的了解，弄清楚他/她需要了解什么，他/她能接受什么，预测他/她会有什么样的反应，这样你可以对说不说、怎么说、说到什么程度有更清晰的思路。当然，对于一些你明知会引起对方取舍决定的、不可回避的重大问题，例如疾病、婚史等，则应当及早言明，否则就有欺骗的嫌疑，等到真相被发现，关系的破裂往往是难以挽回的。

尽管也许有时候我们不可能真正了解彼此的所有真相，但我们必须明白，只有更坦然、更全面的相互了解才更有可能建立彼此信任的亲密关系，这就意味着交往双方需要放松戒备并拿下面具，乐于共享信仰、希望、感情、价值观、成就、失望。

3. 交流

一个男孩遇上一个女孩，他们一见钟情，相爱直到永远。这个童话里的神奇方程，却无法在现实生活中发挥魔力。一种关系向亲密方向发展，是取决于彼此之间的有效交流。交流的信息有两种，一是认识方面的信息，这主要是获知有关彼此的事实；二是感情方面的信息，主要包括了解双方的感受。这就意味着恋爱的双方需要描述自己的实际生活情况，坦陈自己的信仰、价值观、目标、思想，还需要表达感情，尤其是对彼此的爱慕之情。

交流包括有声的表达和无声的表达两种。一般来说，有声的表达多用于认识方面的信息交流，而无声的表达则主要运用于交流感情方面的信息。无声的信息是通过面部表情、眼神、手势、身体的姿态、人际距离、语调的变化和停顿、气味、服饰、触摸等肢体语言传递的。如果有声的表达和无声的表达发生冲突，那么说话者的肢体语言更能反映他/她的真实感受。事实表明，女性比男性能更好地理解无声的暗示，但这个优势微小，大多数男性和女性都不擅长理解和使用肢体语言。

有意义的交流并不会自动发生，为了有效地进行交流，你要学会做一名好的信息发送者和善于倾听的信息接受者。发送信息时，必须明白你想交流的是什么，如何让别人准确地理解你的信息。你还需要反省你的肢体语言，无条理的措辞、恼人的语气、单调的声音会使听话者失去兴趣。此外，过多的眼神变化、毫无意义、重复性的紧张手势会扰乱你发送的信息。考虑他人的看法也非常重要，了解对一个人的需要、目标、志趣、信仰、价值观的了解及关于某一话题的知识，有助于你更清楚、更恰当地传递你的信息。所以表达自己的观点之前先问问别人对这个问题的感觉是极为有用的。判断你的信息是否被人理解的一种方法是捕捉接受者的反应或直接询求反馈。听话者一般会以某种方式作出反应，不但要让你知道信息是否被接收，还会让你知道信息是怎样被接受的——满意或不满意、准确或不准确。如果你从对方得到的反馈是恼怒或防守，你就该停止说话，问问自己有没有更好的方式交谈。寻求并接受反馈的态度除了有助于自己调整交流方式，还相当于给对方同等的时间，确保他/她有一个表达的机会。

乐于听他人谈话是交往中极为重要的一部分。集中注意力是理解信息的首要条件。目光接触、点头赞许以及直接简短的语言反馈都是鼓励对方表达的好方法。阅读对方的肢体语言可以更准确地理解信息，尤其在有声信息掩盖下的含义。在有些情况下，人们所说的话中隐藏着别的含义，而且可能是真实的意图。例如"你爱我吗"可能是"我感到不踏实"的暗示，"我恨你"也许是"没有你我就心烦意乱"的表达。只有这些含义得到正确解读，交流才能顺畅地继续下去。

已经产生爱慕之情的双方格外要重视感情的交流。感情可以通过很多途径表达，除了语言外，会心的对视、轻柔的触摸、微笑、吻和拥抱都可以传递爱意。随着两个人相互了解的加深，共处时快乐体验的增强，他们会发现更多表达爱的方式。

身体的吸引是爱的一部分，它能协助表达深层次的情感。但仅靠这一点是不能充分达到双方思想和情感的沟通的。通过身体接触来表达爱是正常的、健康的，但它必须是双方真实情感的表达。频繁的身体接触有时会引发性欲望，当情绪冲动占了上峰，会发生出乎自己料想的结果。当恋爱中有了性关系的介入，你应该认识到这意味着你需要为自己和他人承担更大的责任，你需要想清楚你是否已经准备好接受这样的责任。

在感情深度相等的情况下，男性和女性在性唤醒方面差别很大。男性的性兴奋反应比女性更直接、更迅速、更强烈，因而女性更容易控制住自己的情绪。另外，女性可能意识不到自己的一些不经意的多情举止，会被男性看成是进一步的邀请。恋爱双方可以坦诚沟通彼此对性的理解和期望，女性不必为迎合对方而勉强自己的意愿，因为真正美好的性关系应该是生理和心理的双重满足。有人以为性经验的积累是择偶过程中必需的，但实际上，这是将性知识和性经验混淆的误解。当恋爱双方真正准备好为稳定的两性关系坚守承诺并愿意付出的时候，通过性来表达爱会更自如、更安心。满足对方需要的满足感比任何技巧更重要。恋爱双方带着对性的慎重的、健康的态度进入婚姻，更有助于婚姻的和谐。

4. 建立基本规则

随着关系的发展，建立基本规则的过程便开始了。这个基本规则主要包含两个方面，一是目标——双方想从这个关系中得到什么，二是角色和责任——为了达到目标，明确双方该做些什么，并建立一种适合于自身情境的、理想的或可接受的行为模式。

(1) 目标——你想从这一关系中得到什么

在亲密关系中，人们尽可能想满足自己的各种需要——爱和感情、自尊与价值、情感支持和安全、共同的志趣和活动等。当一种关系满足了一方的需要而没有满足另一方时，这种关系就很难维系下去。所以两个人要有共同的目标，以使彼此的互动和谐，双方都满意。

在制定共同目标时，最重要的是要表达自己的思想、感情以及对这段关系的理想状态的想象。明确地表达哪些结果是自己不希望得到的，这也同样重要。这种交流有助于确保相互的了解和形成一致的目标。否则，双方的努力不能汇集到一个方向，甚至产生消解。例如，你煞费苦心制造惊喜，而对方却厌恶猝不及防产生的尴尬；你不以为然的仪式可能恰好是另一方追求的雅致情调；你希望朝夕相处，而他/她则愿意保留自己独立的一份生活；你幻想儿女绕膝的天伦之乐，他/她却憧憬两人世界的轻松浪漫。目标的分歧往往会导致关系的终结。

当然，感情在关系发展中起着重要作用。很少有人在接触之始就花时间去确立基本规则和目标。很多目标只有在关系发展到一定程度后才变得重要。但在深入发展关系之前，双方应公开、理智地讨论一些关键问题。

(2) 角色和责任

一旦确立了角色，随之而来的问题是：为了达到这些目的，各自应该做些什么。"角色"这一术语是从戏剧中借用来的，戏剧中某一角色的台词和动作是由剧本的要求决定的。在社会关系中，虽然每个人可以带着自己的理解去担当某个角色，但是剧本中也有许多限制，你不能超越所允许的范畴。因此，一种角色有其特殊的"角色期待"，你需要表现出人们所希望看到的行为。处于亲密关系中的人都被期待着去扮演某些角色并承担与此有关的责任。只有被期待的角色和责任分配明确且受到双方一致认同，关系的发展才能继续。否则会出现很多问题。问题可能来自于角色的冲突，如一方期望平等的关系，另一方则强调支配和被支配的关系。问题还可能产生于角色超负荷，例如，一位职业女性同时需要扮演妻子、母亲、女儿的角色，她被这些角色的不同要求搞得筋疲力尽，以至于认为自己不能胜任任何一个角色。如果任何一方偏离自己的角色太远，以致对双方的共同目标构成威胁，也可能产生问题。在这种情况下，受威胁的一方就可能施加强大的压力来迫使另一方回到他/她应该承担的角色上来。一般来说，随着关系的进一步发展，双方会越来越依赖于彼此的角色扮演，要求一致的角色行为也变得更加容易。当然，如果一方不能担当其角色，就必须进行调整。

在亲密关系中建立基本规则的过程很复杂，受到很多因素的影响。例如，潜意识中的某种期望希望自己的女朋友像自己的母亲。另外在急于建立关系时，人们常常答应一些自己并不赞同或不切实际的规则。有时人们会过高估计相互了解的程度和对规则理解的一致性。例如，一方说："我们应该孝敬父母。"另一方回答："当然。"但实际上有可能双方对"怎样算孝敬"的理解相差甚远。

另外，并非所有的人都能积极地、有意识地确立规则。但是，即便你随遇而安，两人的关系仍会自然形成一种关系结构，这种结构可能是协调的，但也有可能是不满意的。一旦关系结构形成，要改变是很困难的。例如，一个女孩在男友工作忙时，经常去他的住所帮他打扫卫生、烧饭做菜，结果她发现，男友越来越依赖她的照顾，工作不忙的时候也等着她来做家务，认为这是她应该扮演的角色。

因此，为了达成利于关系发展的基本规则，双方应共同讨论达成一致的目标，对于具体规则应进行细致的描述和分析，以确保双方的理解是相同的。规则应该是现实的，而且是双方都不感到勉为其难。对既定的规则应该注意检查和修订。

5. 规划婚姻

在恋爱的初期，双方的首要任务是增进彼此的了解，测试双方在价值观、态度、习惯等性格特征方面的相容性。当两人的感情发展到一定程度，就可能萌发结为夫妻的意愿，有的恋人会以订婚的形式来宣布这一决定，有的不借助任何仪式，但无论怎样，双方对未来生活的憧憬和筹划更多地进入交流的话题。共同对未来生活进行规划是非常必要的。这一阶段，恋人的关系向着更现实的方向过渡，这恰好可以成为进入婚姻提供心理准备和物质准备。热恋阶段充满浪漫的、理想化的色彩，每个人都努力展示自己最好的一面，彼此的注意力也往往在对方可爱的一面，因此在这一时期你很难看到一个"完整"的人。可是，你能否接受或忍受对方身上你不喜欢的性格特点，对今后的生活更为重要。当恋人在关系稳定逐渐踏实下来后,会在很多细节上放松警惕,在讨论今后生活的具体问题时,我们能看到双方更本质的一面。

检验彼此的关系能否保证共同生活的和谐顺利,你需要关注以下问题:

(1) 我能够接受他/她的缺点而与之一起生活吗?

(2) 我能想象并接受他/她在婚姻中所要做的各种角色扮演吗?例如在配偶、父母、同事、朋友、爱慕者等面前的表现。

(3) 我愿意把自己托付给这种关系并为之作出必要的牺牲以满足他/她的需要吗?

(4) 是否感到我的伴侣真正接受了我,愿意满足我的需要,并能在关键时刻提供可靠的感情支持?

(5) 我们之间有款款深情和持久友谊吗?

(6) 我们之间有身体和性的吸引力吗?

(7) 我们有共同的兴趣和一致的目标吗?

(8) 我们在一起时,我喜欢我所扮演的角色吗?

(9) 我们已经战胜了过去的恋情所带来的情感伤害和"威胁"了吗?

(10) 我们有共同的价值观吗?我们的关系公平、平等吗?

(11) 我对自己、对方和彼此关系的期望现实吗?

(12) 我们是否比较、讨论过彼此对婚姻的目标和期望,并妥善处理了分歧达到了双方满意的结果?

对上述问题的否定回答并不必然导致婚姻之路的终结,虽然你必须停下来考虑一下可能出现的潜在障碍。你对这些潜在问题所采取的态度和解决措施将最终决定婚姻的结果。

四、怎样让婚姻成为爱情的新境界?

"婚姻是爱情的坟墓"已是老生常谈,它是已婚者对婚姻不满的怨言,也成了未婚者惧怕为婚姻付出行动来兑现诺言的借口。其实,婚姻应该是爱情的另一种境界。在这个境界里,火热感情随着时间渐渐变淡,渐渐变成可以滋养我们的温暖;童话殿堂般唯美脱俗的爱情世界,逐渐变成炊烟缭绕的凡间小屋;热恋时带劲的酸甜苦辣在婚后油盐酱醋的腌渍下越来越耐人寻味。但进入这个新境界并非易事,毕竟单身生活与婚姻生活的差别很大,所有的夫妻都会不可避免地在不同程度上遇到某些婚姻问题。尽管每一对夫妇都以独一无二的方式经历了向婚的过渡，但通常都必须经过三个阶段。

（一）婚姻的阶段

第一阶段："幸福的蜜月"

婚礼过后，夫妻两人仍沉浸在罗曼蒂克的情绪当中，对未来抱着乐观的憧憬，并期望这种激动和喜悦能够永远持续下去。这时候的一切家务琐事也好像"扮家家"似的新鲜有趣。这段婚姻早期的旖旎时光被称为"幸福的蜜月"时期。虽然一桩婚姻不能单靠欢乐维持，但"幸福的蜜月"依然是稳定婚姻基础的一个重要环节。夫妻双方在一起分享的快乐时间是双方满足感的源泉，这将有助于他们提前渡过艰难时期和保持亲密关系。

第二阶段：幻想破灭与悔恨

幻想破灭与悔恨，又被称为"蜜月结束"症候群，它以冲突、悔恨和对婚姻既爱又恨的矛盾心理为特征。夫妻中一方或双方感到自己犯了个不能容忍的错误，而从这个错误中脱身不是不可能，就是太困难。蜜月期间的希望和幻想被幻灭感和挫折感所取代。这一阶段出现消极情绪是容易理解的，因为前一阶段双方对伴侣和彼此关系的认识都带有理想的光环，一旦更客观的知觉取而代之，失望几乎是不可避免的。当目前的状况不能达到自己的理想要求时，夫妻双方会互相指责对方没有履行信誓旦旦的允诺，或不再表现出求爱时的那些举止。不断的挫折感令双方心烦意乱，情绪躁动和争执不休，又使双方容易说些过头话，甚至去做一些过头的事情，结果把关系搞得更糟。

夫妻双方在第一阶段的愉快任务是发现彼此的相似之处，而在第二阶段却是千方百计地对付彼此的相异之处。第一阶段充满彼此赞美和感激，而第二阶段却更多充斥着埋怨和责难。如果双方不能尽快回归到客观评价的视角，问题就会越发严重。有些夫妻感到理想和现实的差距无法弥补，变得灰心丧气。如果其中一方觉得自己受到了欺骗和愚弄，更容易感到绝望。这种情况如果一再加剧，婚姻幸存的可能性就很小了。所幸的是，大多数夫妻都能成功地越过第二阶段。

第三阶段：调适

调适，是指夫妻双方把对亲密关系的期望值调整到现实水平，并重新点燃将他们结合到一起的生活火花。这意味着浪漫爱情和婚姻初期的积极品质逐渐积淀成了稳定持久的婚姻所必需的牢固基础。当然，这个过程丝毫都不轻松，因为这个过程不仅要求继续运用恋爱时的那些技巧，包括有效交流、相互的自我暴露、建立规则以及灵活地调节冲突，更需要有一种共同生活的整体意识和全身心的投入。在这个过程中我们要有准备去面对一系列问题：自我调整以适应一种变化了的个性发展需要，承担一种新角色和职责，更少的社交自由，以及伴随着"婚姻联合"产生的许多其他要求等。

（二）夫妻关系的调适

在任何一桩婚姻中，冲突是不可避免的。如果不能很好地处理冲突，婚姻的稳定和和谐就会受到威胁。冲突有很多潜在的原因，这跟双方的个性、婚姻所处的社会环境、婚姻关系所处的阶段都有关系。但一般说来，导致婚姻问题的根本原因是需要和期望不合理、对性别差异的理解不足以及对冲突的应对不当等。

1. 调整需要和期望

每个人对婚姻的期望来自很多方面，如对自己父母婚姻的亲眼所见，朋友、同事对他们自己婚姻的描述和评价，报刊、电视里的报道、电影、小说里的故事等，都是我们构想自己未来婚姻状态的素材。每个人的资料库不一样，所以每个人想象的故事也都不可能相同。夫妻双方期望不一致是十分普遍的。如果在婚前双方没有在这方面沟通好，或者只是宽泛地交流了自己的意向，如"我希望稳定的生活""我们在生活上互相帮助"，而没有讨论对一些具体问题的设想，如自己的工作流动性可能对家庭定居地的影响，各自愿意并有能力承担的家庭角色，婚后就容易因准备不足而感到巨大的心理落差。

另外，因为没有婚姻经验，对婚姻生活的构想可能会放大其诗情画意的一面，而低估了它琐碎平凡的一面。同时，对自己、对对方的评价也可能因恋爱时的相互取悦而失真，除此之外，很多人对幸福婚姻的获得也倾向于过度乐观，认为娶到老婆、嫁了人就高枕无忧了，低估了经营婚姻需要付出的努力，而高估了爱情战胜一切的力量。但如果双方及时意识到了自己的期望偏差，并能采取积极的态度进行调试，建立和谐婚姻的脚步就会加速前进。

2. 理解男女差异

人们对男性与女性在亲密关系中的心理特征差异常常理解不足。美国的一位经验丰富的婚姻咨询师约翰·格雷就曾用"男人来自火星，女人来自金星"这样的隐喻来描述男性与女性不同的价值观、思维方式、交流习惯和语言。他指出，男性和女性在对何为亲密的理解上和面对冲突的反应上有很大区别，男女之间的误解可能导致关系的裂痕甚至破碎。

一般来说，女性关注个人成长和人际关系，擅长捕捉自己和他人的心理变化，预测别人的需要，以能体谅他人的需求和感觉为荣，喜欢提供帮助，甚至不等别人开口。而男性则关注成就、结果，并以此来诠释存在的意义和价值，他们更善于解决理智层面上的、规则清晰的问题。女性遇到压力时，大多数需要找人倾诉，解释自己的行为和感受以获得理解，从而宣泄和舒解压力。男性遇到压力时，有时喜欢躲进心理洞穴，试图避开其他干扰，自己解决问题，以忍耐来应对。女性觉得自己受到珍视时，可以越发自信、有热情和动力；而男性觉得自己被需要时，会受到鼓舞和激励，充满成就感。女性讲话时，时常运用概念化、笼统、随意的语言，有时偏激、有时隐晦。很多时候她们交谈是为了表达感受，并不一定是要求帮助或寻求答案。男性讲话一般以解决问题、交换信息为主题，谈事情多过谈感受，语言精确、顶真。男性与女性一样都有情绪波动的周期，女性的感情周期如波浪，在浪峰时愿意给予丰富的爱，在低谷时，需要用爱来填补无助、孤单的情感饥渴。她们最需要的感情支持是关怀、理解和尊重。男性的情绪周期如橡皮筋，时松时紧，有时沉迷于和伴侣的亲密，有时则专注于个人的活动，而将女伴冷落一旁，实际上这是因为男性有着亲密与自主交替的需要，以确保自己没有迷失在感情世界里。他们的感情要求是信任、接受和感激。

当然这种概括只是粗略地勾勒了人际关系中男女差异的大致趋向，每一个男人和女人都有其独特的个性，没有深入的交往是很难细致地相互了解的。但需要注意的是，在对彼此的行为和语言作出解释的时候，要注意到作为异性的他/她，视角和出发点可能跟你的不一样。

（三）夫妻冲突的解决

夫妻之间的冲突一部分源于价值观或个性的根本差异，而很多则是由于家庭生活中具体事物的处理意见不一致导致的，这些冲突的发生不可避免，但并不可怕，如果能够得到妥善处理，它们甚至可以促进夫妻的相互理解。相反，对这些矛盾的不当处理也会损害夫妻关系。应该特别注意避免以下几种会对夫妻关系会产生破坏性影响的处理方式：升级、负面理解、价值否定和躲避（马克曼，1997）。

1. 阻止冲突升级

很多时候，冲突的发生只是为了一件鸡毛蒜皮的小事，例如洗碗、刷牙。但由于提出要求的一方言语中流露出的指责和攻击，使另一方立刻站到了抵触和防御的对立面，你来我往，恶语相向，彼此的消极应对，使争执恶化，导致冲突升级。

防止升级的对策是：一方要学会提要求，用正面的、直接的语言和平和的语气提出你希望对方做的事情,如"今天你洗碗好吗?""请你记得睡前刷牙。"而不是用反问的口气或指责的口吻,如"你就不能洗碗吗?""你总是不记得刷牙!"更不能牵扯不必要的枝节,"你一点都不懂体谅人,嫁给你我真倒霉!""你们家的人就是不讲卫生。"就事论事永远是最好的处理问题的方法,不要把冲突的焦点放大,尤其不能把攻击的目标扩大到对方的家庭。另一方要学会接受意见,不要急着辩解和自卫,而应缓和语气,先答应对方合理的要求,然后再对他/她的说话方式提出意见:"好吧,我洗就我洗。但你能不能说话温柔一点。"

有时不知不觉冲突就升级了,当你察觉到火药味越来越浓时,应该及时缄口,使升级短路。不要被输赢心理所支配,其实夫妻之间任何一方输了,对夫妻感情来说都不会有加分。如果只为自己一时占上风,是你只考虑了个人的感受,而忽略了双方长久的利益。所以时时把"我们"放在心头,而不是只用"我"来考虑问题,会有助于化解矛盾。

2. 避免价值否定

价值否定是指一方以直截了当的批评,或以不以为然的态度贬低另一方的想法、情感或人格。"为这事也哭哭啼啼,真没出息。""你怎么这么胆小怕事!""这你也不懂?"这种反应会有意无意地伤害人的自尊。避免价值否定的策略是,学会聆听对方的想法和感受,不要急于发表评论和意见,而是顺着对方的思路,鼓励对方把话都说出来,这样才能透彻地理解对方的心思,这种耐心倾听的行为本身就是一种尊重的体现,而且有时你不需要多说什么,给了对方倾诉的机会就已经帮助他/她解开了心里的疙瘩。

3. 减少负面理解

负面理解往往发生在已经产生成见的情况下,这时,夫妻双方可能对彼此的言行作出过于消极的判断。"你送我的礼物八成是开会发的吧。""又加班,都是借口,其实你就是不想跟我在一块儿!"

克服负面理解只有依靠自己调节看问题的方式。在你对另一方处处看不顺眼,甚至产生了怀疑或怨恨的情绪时,首先不要急于发难,而应先冷静下来,问自己一些问题。对他/她意见最大的是什么?然后努力去寻找反例。例如,你最不满意的是他/她对你的关心太少,那么就努力找找他/她关心你的例子。这时,你可能发现他/她实际上也为你做了不少事。另一个自问的方法是你当初喜欢他/她的那些优点还在吗?如果你发现这些优点并没有从他/她身上消失,这就意味着你可能受到了不满情绪的驱使,对他/她的评价有失公允了。

对于猜疑,记住一条原则:在证明配偶错之前,要假定他/她是无辜的。

4. 克服躲避心理

对问题的回避,或解决问题时敷衍了事的态度对化解冲突是很不利的。对问题避而不谈,看上去好像风平浪静,但有些问题并不会自动消解,如果不及时解决反而会造成相互理解的障碍,掩盖住了症状却留下病根,说不准什么时候大问题就会爆发出来,并且难以收拾。躲避的表现方式是离开冲突的现场、转换话题、沉默不语、很快同意对方意见急于摆脱。在一方试图躲避时,常常是另一方穷追不舍,执意要解决问题。逃者退一步,追者追两步;追得越紧,逃得越快。在这种情况下,追者不必步步紧逼,可以给对方一些缓解焦虑情绪的时间,但同时坚决地告诉对方,不正视问题是不利于夫妻长远关系的,而且问题不谈开是不会罢休的,让对方放弃拖延以求不了了之的幻想。此外,追的一方应该多采取一些建设性的行为,例如一些增进感情的举动,先做一些努力来缓解压力,这样可以为开诚布公的讨论铺设道路。

婚姻的美满除了依靠择偶时的慎重和明智,更主要的是取决于婚后夫妻双方长期持续的磨合、调整。近几年来,婚姻咨询在西方国家已经成了解决婚姻冲突中广泛运用的一种辅助手段。典型的做法是一对夫妻一起或与其他夫妻在一组有婚姻顾问进行咨询治疗。整个咨询过程集中在弄清问题、解决冲突和改善夫妻的关系上。虽然在中国,这样的职业机构和职业服务还不成熟,但打破家丑不外扬的心理,向更有经验的人讨教和寻求帮助已经成了很多夫妻积极寻求解决婚姻问题的途径。毕竟,婚姻的幸福是一个人总体幸福的重要标志,所以为婚姻付出怎样的努力都是值得的。

第三节 你与你的家人

一、何为家庭关系?

家庭是由具有婚姻、血缘或收养关系的人们组成的长期共同生活的群体,婚姻关系、血缘关系或收养关系构成家庭的基本关系。家庭关系与其他社会关系相比,具有显著的特殊性。家庭成员之间在空间上最为接近,因此交流大多是以面对面的方式进行的;家庭成员之间互动的频率很高,因为大家朝夕相处;而家庭成员之间的相互控制和影响是在渗透在日常生活中不知不觉地进行的；家庭成员彼此利益相关，目标一致，联系格外紧密；家庭纽带维系的时间最为长久（关颖，2002）。由此可见，家庭关系是人际关系中最为亲密的一种关系。建立、协调和维持和睦的家庭关系对任何人来说都至关重要，因为它是满足我们诸多心理需要的源泉。

家庭关系既简单又复杂，简单是因为对外人我们可以简单的用"家属"或"亲戚"指代与我们有家庭关系的人。复杂是因为我们身处一个家庭体系的时候，它的根系深长，枝蔓错杂。

家庭关系有横向和纵向之分。横向家庭关系主要包括夫妻关系、兄弟姐妹关系、姑嫂关系、妯娌关系等。夫妻关系一般是家庭关系的核心，是产生血缘关系的基础，是扩展其他关系的中轴。夫妻关系的好坏直接影响到家庭关系的和谐与否。纵向关系包括亲子关系、婆媳关系、翁婿关系和祖孙关系等。自然的血缘纽带使亲子之间充满深厚真挚的情感，而"隔了一层"的婆媳关系一般被看做是最微妙、最复杂，也是最难相处的一种关系，翁婿关系的线条粗些，因而疙瘩、牵绊也少些。祖孙关系一般比较融洽，祖辈对孙辈大多比较宽容宠爱，因而有着"隔辈亲"之说（王世军，2004）。

家庭关系还可以从其他角度分类。从性质上看，家庭关系可分为婚姻关系、血缘关系和非婚姻非血缘关系。从来源上看，家庭关系可分为基本型关系和派生型关系。从家庭成员之间互动的方式来看，家庭关系可分为社会生物学关系、构成家庭物质生活基础的家庭经济关系、法律关系、道德关系、心理关系、教育关系和美学关系等几个方面。

家庭关系随着社会的发展也在不断变化。现阶段中国社会的家庭关系就呈现出以下特点：

女性在家庭中地位明显提高。在传统家庭中，家庭关系的重心是亲子关系，婚姻在很大程度上被视为传宗接代的手段，而不是为了情感满足的需要。因此女性在历史上曾沦为生儿育女的工具，在很多时候妻子不如兄弟和朋友重要。现代家庭中，女性仍然没有完全摘下"主妇"的头衔。

现代社会的家庭规模越来越小，伴随这一趋势的就是家庭关系的简化。在小型化家庭中，代际层数少，家庭成员数量少，家庭关系的类别也减少，复杂性自然就降低了。

家庭关系最明显的变化是由传统的人身依附关系和等级隶属关系转向了民

主、平等关系。夫妻关系取代亲子关系成为家庭的轴心,多数夫妻享有平等的家庭财产占有权、支配权和继承权、夫妻共同决定家庭事务、分担家务劳动(杨菊华,2005;何建华,2000)。而在亲子关系中,传统的父权已明显衰落,多数父母开始尊重子女的自主权,亲情与友情渗透、父母与子女以朋友方式相处已经成为一种时尚。亲子之间的互动也由单向的命令与服从、教育与被教育朝着双向的相互促进和共同发展转化。亲子关系总体上呈现一种淡化的趋势,年迈父母与成年子女之间尤为如此,处于一种不分不离的状态。

家庭关系的变化还表现在法律和道德规范方面。当代的家庭伦理中摒弃了传统教条中的不合时宜的部分,强调家庭成员之间的尊重和责任。

二、怎样营造和谐、美好的家庭氛围?

和谐、平等、民主、和睦的家庭人际关系是家庭幸福的催化剂。俗话说,家和万事兴。"父子和而家不败,兄弟和而家不分,妯娌和而争讼平,夫妇和而家道兴。"可见,如果一个家庭所有成员能团结一致,家庭生活中的各项事务就能轻松处理,无论什么样的困难、问题都能迎刃而解。人生最大的快乐与最深的满足,最强烈的进取心与内心最深处的宁静感,莫不来自于亲密温暖的家庭。

(一)建立安全感

要让家庭成为避风的港湾,成为冬夜旅途中你最向往的灯光,最首要的就是营造一种令人感到安全的心理氛围。安全氛围由四种元素构成:

第一元素:信任。家庭成员之间的信任应是双向的。一方面家人能够满足自己的需要,并能够在关键时刻得到支持和帮助。另一方面家人也相信你能同样把他/她的事放在心上。

大家彼此信赖的基础首先是相互间足够的关心。忙得忽略家人的父母不可能得到孩子的信任;仅靠礼物来表示关心的丈夫也不能令妻子信赖。只有敏感的体察、耐心的倾听、无私的帮助才能使大家相信彼此是可以倚靠的大树。

第二元素:无条件的爱。无条件的爱并非无原则的爱,只是父母的爱不应该用孩子的"乖"和"好"来交换,夫妻的爱不应该"你一瓢,我一勺"地斤斤计较。在孩子犯错时,父母应该就事论事,而不要借题发挥贬低孩子的品质,或以收回爱为要挟,应该把孩子和他的行为分开,让孩子明白你不喜欢的是他的某些行为,但你始终爱他。夫妻之间应该有的是长久的相互陪伴和扶持,需要的是彼此的感激和欣赏，而不是一次次条件的等价交换。

第三元素：彼此珍视。任何人不论相貌美丑、言行敏拙，都是唯一的，不可替代的。赏识并不只是孩子需要，每个人在任何年龄都需要有被认可、被接纳和被欣赏的眼光，才有动力去变得更好。老说自己的孩子不如别人，作为父母真的愿意用自己的孩子与别的孩子交换吗？如果不，那就别总是拿他的缺点去比较别人的优点，还一脸恨铁不成钢的遗憾。或许孩子是一块稀有金属，只是作为父母的没有发现。夫妻之间也是如此，虽然知道他/她不是最优秀的，但他/她是与你的要求最贴近的，那么就该时时提醒自己注意他/她那些曾让你心动的优点，而不是挑剔彼此的缺点。只有相互接纳，才可能觉得家是一个不怕"出丑"、不怕暴露自己脆弱和无助的地方，一个完全属于自己的安全空间。

第四元素：共情。试图站在别人的立场上去体会他/她的经历与感受，理解他/她的所思所想。首先我们应该尊重彼此的情感。你可以不接受他/她所有的行为，但必须接受其所有的情绪感受。我们必须认识到自己对某个情境的情感反应不是唯一合理的反应。别人站在一个不同的角度上，根据他的经验作出的推断，完全有可能与你的不一样。不要笑话或轻视其他人表现出的幼稚、"小题大做"。给家里的每个人自然流露情感的空间，不要压抑自己的感受。如果我们真正学会换位思考，并对彼此的反应表现出理解和安慰，情绪激动的一方更能够尽快冷静下来，主动调节自己的情绪，表现出大家所期望的理智行为。

充满心理安全感的氛围会感到自己在家中是无价之宝。自我价值得到肯定是树立自信心的基础。心里踏实、自信的人能够在更广阔的世界中勇敢探索，实现更大的自我价值。

（二）鼓励坦诚交流

坦诚开放，意味着每个人在家里都应坦白、自在，无须掩饰，能够坦率地说出自己的意图和感受。这样的氛围中，无论是大人还是孩子都能够自如地展示自己的本色，卸去不必要的心理包袱，有利于大家的交流、沟通，家庭关系也更容易亲密融洽。

要让每个人感受到宽松的氛围，对彼此诚实、坦率，最根本的要求是相互尊重。这种尊重不应包含屈尊俯就的迎合，而是对每个人（无论其年龄大小、无论其职场地位高低）生活的价值的真正确认。重视孩子所描述的每一件小事，欣赏他的奇思怪想，给他的笑话捧场，为他的发现欢呼。重视老人的意见，即便他/

她的观点早已过时,也不该表现出不胜其烦的神态。如果你对其他人的一切感兴趣,他们没有理由不向你说心里话。如果你在听话时老走神,别人就不会再开口来面对你的敷衍。

交流应该是双向互动的,如果没有互相倾听和回馈,那就只是两个人的独白,不是交流,更不可能因此加深理解,结成纽带。彼此之间应该坦率地交换看法,尤其是苦口良药一类的意见,当然必须尽量使它不那么逆耳。

家人间的交流应成为习惯,但不见得要排在日程表上,一周几次,一次多长时间,像吃药似的刻板、无趣。真正乐于交谈的家庭中大家随时都能搭上茬,谈话自然地开始,轻松地进行,愉快地结束,整个过程对谁都像是一种享受。谈话像喝茶一样随意、舒畅,亲人之间的感情才能更加交融。

遇到难以公开交谈的话题,或因为时空阻隔,家人之间还可以采取纸笔交流的方式。写信、留言、发短信或发电子邮件都是不错的选择。当涉及敏感话题,如性、恋爱,或自己的难言之隐,纸笔交流可以避免面对面谈话的尴尬,也可以防止谈话中双方的情绪引起的争吵。纸笔交流还可以谈得更透彻,因为落在纸上的话一般都是经过深思熟虑的。

因为传统文化的影响,许多人在表达感情方面很拘谨、克制。虽然一家人在耳鬓厮磨、朝夕相处中蓄积了深厚的亲情,似乎已经一切尽在不言中了,但再深厚的情感也需要表达和交流才能互相带来激励、慰藉和愉悦。可以用各种各样的方式表达相互的爱——语言、微笑、拥抱、亲吻、抚摸、拍打、嬉闹、善意的玩笑等。并不一定非要学习西方人把"爱"字挂在嘴边,含蓄的语言和动作也同样可以充分表达关爱。

(三) 添加盎然情趣

安排得当的家庭活动能够活跃家庭气氛、调节家庭关系、沟通情感、增加生活情趣。家庭活动包括有规律的家庭日常活动,特别日子的家庭活动,如节日、生日或纪念日的庆祝活动,以及因特殊事件而安排的家庭活动,如庆祝乔迁、欢迎远客等。

家庭日常活动从早晨起床到晚上入睡,平凡而琐碎,日复一日,它们构成了家庭生活的主旋律,有节奏地持续着。我们需要这样有规律的生活,安心和从容,但却不希望生活变得单调和乏味。如何处理日常生活的细节,是营造情趣盎然的家庭氛围的诀窍之一。

家庭日常活动的安排不要打乱原有的生活规律,并应充分利用现有的条件和便利,这样不需要花费很多心思去筹划和实施,不会因此而增加心理负担。兴致所至,信手拈来,家庭里的笑声却平添许多。节假日可以策划集体活动好好乐一乐,去郊游、看演出,撺掇上亲朋好友来个家庭游艺会。活动不在形式,大家开心就好,生活的情趣自然而然地就丰富起来了。

每个家庭都有一些特别值得庆祝或纪念的日子,这些浓墨重彩的日子为家庭生活增添跳跃的音符,使生活充满快乐和期待。

亲人的生日、传统节日、结婚纪念日等一年一度的重要日子都是进行家庭活动的好时机。现代生活由于事情繁忙、工作紧张,人们常常将这些庆祝活动简化成吃一顿饭了事。其实,家庭庆祝活动是非常有意义的,我们通过这些应时应景的活动可以感受民俗风情、家庭传统和浪漫情趣。

(四)创建民主家风

家庭中的民主意味着人人平等,个个有发言权,孩子也不例外。凡事总是各人自作主张,不算民主;某个人拥有特权,不受约束,也不算民主;家里某一个人至高无上,颐指气使,更不算民主。

家庭的民主氛围,首先体现在所有家庭成员之间平时相处时的互相尊重上,更体现在决策时的共同参与方面。生活在同一个家庭里的人,包括保姆在内,不论辈分,不分男女,都应该平等相处。互敬互爱、民主协商的处事风格,不仅有利于问题的有效解决,而且能让每个人都更愿意为这个家庭承担责任、献计献策,从而增进家庭的凝集力。

家庭中的每一员除了分享关爱与亲情,还要分担责任。家长提供给孩子食物、住房、娱乐、教育,孩子也必须通过打扫自己的房间、帮忙跑腿、做家务等为家庭作贡献。老人虽然腿脚不便,仍可以请他们帮忙做一些简单的家务。免除老人、孩子分担家务的责任实际上剥夺了他们在家庭生活中获得成就感的机会。为家庭做贡献可以肯定自己在家庭当中的身份和地位,增强自信心,大多数孩子都会为自己"有用"而自豪,很多老人会因为自己还能发光发热而心安。

民主的家庭生活赋予每个人自由,同时不将任何人排除在家庭的规则以外。日常生活的稳定规律、家庭成员的明确分工,家庭的合理规矩,能够保障家庭生活的有效运转。

(五)营造学习气氛

学习已经成为现代家庭生活不可缺少的一部分。勤奋学习已经不仅是孩子的任务，在知识爆炸的年代，每个人都需要不断学习、充实知识、拓展视野。学习氛围浓厚的家庭中，书香四溢，每个人谈吐间闪现智慧的光芒，家庭活动充满时代气息。

热爱学习的家庭氛围应该是时时刻刻自然流淌在家庭生活之中的。父母给孩子读书讲故事，家庭成员之间交换获得的最新信息，谈论读书体会，谈论学习带来的进步和变化，这些轻松愉快的家庭活动能潜移默化地促进家庭成员的学习兴趣和热情。

游览名胜古迹，参观动物园、博物馆，全家一同探讨宇宙的奥秘、人类的起源与大自然的神奇，一起了解动物世界的趣闻、历史的演变和未来世界的科学幻想。这样不仅可以丰富家庭生活，还可以激发家庭成员对世界万物的探究精神和学习求知的热切渴望。

不是读所有的书都需要伏案攻读，一些增长知识、打开眼界的读物，可以随手放在桌角、床头，以便可以信手拈来，随时翻阅。学会合理利用时间，制定科学的学习时间表，既利用整块时间，又利用"边角料"时间，有助于养成惜时如金的读书习惯。

除了读书、看报，现代家庭可以获得知识和信息的渠道还很多，学习的形式越来越多样化、趣味化。每个家庭成员可以选择自己喜爱的、符合自己生活节奏并且效率最高的方式进行学习。

三、怎样解决家庭矛盾？

家庭的氛围就如天气一样，不可能永远晴空万里、风和日丽，家庭成员之间闹点矛盾就像刮风下雨，十分常见。重要的是不能让家里总是阴云密布，更不能兴风作浪对家庭造成灾害。

现代家庭关系已不同于传统的等级森严的家长制家庭关系。现代家庭中的成员虽然所承担的角色不同，但成员地位是平等的，因此，互敬互爱、通情达理、求同存异是处理家庭矛盾的主要原则，保持冷静、就事论事、互谅互让是解决问题的关键。

（一）理解个人差异

不同年龄的人处于不同的发展阶段，每个发展阶段都有其特定的目标和要求。处于不同发展阶段的人的生理、社会性、情绪、智力方面的特点是不一样的。因此可以想象，祖辈、父辈、自己及晚辈思考问题、处理问题、表达情感的方式会有很大区别。另外,每个人自出生起就表现出独特的个性,加之受到生长环境、经历、教育的影响,家庭成员的性格、喜好、观点的差异是在所难免的。因此,相互之间的了解和理解,是达成相互尊重和宽容的前提条件。

人在不同的年龄阶段有各自的生活重点,会经历那个阶段特有的困难和烦恼。例如:蹒跚学步的孩子在跌跌撞撞中探索世界,常因力不从心而焦躁;青春期的少年苦苦找寻"我是谁?"的答案,力图确定自己的人生坐标;而立之年的青年为成家立业而辛勤奋斗,经受成功与失败的考验;上有老、下有小的中年人为背负的家庭重担操劳,在事业的沉浮中拼搏;刚刚进入人生新境界的退休老人,可能为离开原来的生活轨迹而感到不适与失落;垂暮之年的老人则可能因为对别人的依赖而苦恼,沉浸于对逝去岁月的追忆。

每个家庭成员在家庭生活中都扮演着不可替代的角色,承担着一定的责任和义务。理解其他家庭成员的角色和责任,有助于我们站在别人的立场上看待问题,体谅别人的难处,感激别人为家庭幸福所付出的每一份努力,有利于家庭成员之间的配合协作和解决矛盾。

一个家庭成员可能需要扮演多个角色,承担多种责任。另外,家庭成员的角色不是一成不变的,每个家庭成员应该根据家庭生活的需要及时调整自己的位置,主动承担责任,尽自己力所能及的力量。例如:一个孩子在母亲出差时可以客串几日家庭的炊事员和保洁员。

(二) 保持情绪冷静

当人们发生争执时,都容易情绪激动,言语过当,如果继续争论下去,不仅不能解决问题,还可能因为生气时的过激言论伤害彼此的感情。这种情况下,采用冷处理的方法,不让战火升级,给双方创造冷静反省的环境,有助于大家回到理智状态后,重新谋求一致。

冷处理的方式有视点转移法和暂时回避法。视点转移法就是双方都主动把注意力从可能发生分歧的问题上,转移到能够很快取得一致意见的问题上来。先求同,后求异,使问题水到渠成、迎刃而解。暂时回避法是在即将发生冲突或已经发生冲突的时候,其中一方暂时离开冲突现场,以避免直接接触,待双方冷静下来以后,再重新商量问题。

体育活动可以发泄因怒气而激发的能量,蒸发掉不快的情绪。打扫房间、擦地板也既可以释放能量,还可以增加成就感。如果孩子在场,可以告诉孩子父母争执的原因，以免孩子以为是自己惹父母生气而负疚。

孩子也有生气发怒的时候，教会他们如何发泄怒气，也是保持家庭愉快氛围重要环节。允许孩子有脾气，告诉他们发脾气的正当渠道。可以教孩子在生气的时候去打球而不是打人，去跳绳而不是跳脚，去唱歌而不是骂脏话，去找朋友谈心而不是躲在屋里生闷气。

（三）学会就事论事

一般的家庭矛盾都是由具体的事件引起的，可是在争吵时，人们往往喜欢把对方过去的过错、甚至对方亲戚朋友的缺点统统拿来作为攻击对方的武器，结果是问题没解决，怨气倒越积越多。采用诱因封闭法，也就是把争论的焦点控制在引发这次矛盾的直接诱因上，就事论事，可以避免把单一的、具体的矛盾扩大成复杂的、无限的恩怨。使用这种方法，大家都要遵守同一规则：凡是已经过去的事，无论谁对谁错，都不要再提；凡是别人家的事情，无论与谁有关，都不要随便牵连。

最重要的是，当矛盾发生时，不要将家庭成员的意见分歧看做对自己的反感或排斥，不要将对别人看法的不赞同演变成对别人的否定或厌烦。对事不对人，理智地将注意力集中在如何解决问题上，而不是一定要分个你我高下、对错输赢。

解决问题时，需要尊重事实，以理服人。自以为是，忽略别人的意见，或拿自己的特权地位强迫别人按自己的意愿行事，只能导致不和谐，并不能真正解决问题。因此，公开民主的家庭讨论会常常是解决矛盾的最佳平台。

（四）努力互谅互让

当利益冲突时，就要站在对方的立场上分析利弊得失，不能只考虑自己的利益。"退一步海阔天空"，在家庭生活中没有什么比和睦的家庭关系更重要了，为家庭和亲人做一些让步，甚至牺牲是值得的。

宽容大度是化解矛盾的良方。凡事不斤斤计较，即便有时受了委屈无法申辩，也不要钻牛角尖，而应通过自我的力量求得心理平衡。

自我批评是消除隔阂的妙药。当意识到自己错了，或某些地方不对，就应该主动诚恳地向对方承认自己的不是，求得对方谅解。为了面子而拒绝认错的做法不利于矛盾的缓和。千万不要以他人是否自责为条件，"他的毛病比我多，为什么他不自我批评？"如果大家都这么想，矛盾永远不会解决。

（五）坚持合理合法

家庭关系不仅依靠伦理道德来维系，还受到法律的保护和约束。与家庭关系相关的法律法规有很多，如《婚姻法》《继承法》等。在家庭生活中，需要法律来维护家庭的总体利益或家庭成员的个人权益；在家庭内部发生纠葛，亲情的杠杆不能调节时，也需要借助法律公正地解决问题。

四、怎样应对家庭危机？

家庭危机可以定义为家庭遭遇的使人们生活发生变化的重大事件。家庭危机是人们毫无防备的，也是没有现成的解决方案。对于一些人来说，家庭危机是幸福和成就的终止，他们在此后的光阴里终日幻想能恢复昔日的生活；对于另一些人，家庭危机而可能成为他们追求更远大的目标的动力。

家庭危机有很多种，常见的包括失业、灾难、家庭解体或家庭重组、亲人去世、精神崩溃等。我们不见得会在今后的生活中遇到所有这些危机，但了解家庭生活中可能出现的困境，可以帮助我们在真正遭遇不幸时减少震惊和慌乱。

面对危机时，有的家庭一下子陷入混乱和痛苦，摇摇欲坠，有的家庭却仍能保持快乐、稳定的生活。为什么这些家庭能经受风霜呢？这是因为，他们能迅速利用各方力量支撑起受创的家庭，这些力量包括内在的精神力量、健康的身体、家人的相互支持、经济资源和来自朋友、社区的帮助。

（一）未雨绸缪

能够成功逾越危机的家庭大多根据多年的生活经验，在物质与心理上对可能出现的不测风云有所准备。这样，当危机发生时，人们就不会惊慌失措，而能够迅速调整心态，冷静考虑对策，调集各种资源应对危机。

（二）积极面对

当家庭危机发生时，以积极乐观的态度对待危机是战胜危机的关键。有些情况下，人们需要勇气做一些改变，重新计划和调整自己的人生。实际上，如果我们能够充分利用这种处境，就可能使危机变成改善生活的起点。有些时候，我们需要接受一些无可挽回的损失，如灾难发生、亲人去世。对于这些不可逆转的危机，我们只能接受现实。回避、消沉、怨天尤人不仅于事无补，反而会影响精力处理问题，使正常生活恢复缓慢。

（三）相互扶持

当家庭陷入危机时，牢固强大的家庭关系能够成为家庭的支柱。在艰难处境中，如果爱与安全感依然照亮全家，家庭就能顺利渡过难关。在这种时候，如果家庭成员相互指责、推卸责任，只能是雪上加霜，甚至会使人绝望。但如果家庭成员相互体谅、彼此安慰，就能使人有勇气走出困境。

（四）转变角色

有时家庭危机给家庭生活带来的变化可能导致家庭成员的角色的转变。例如当一个位老人中风卧床，儿女就需要承担起照顾老人生活的责任。父亲失业了，母亲就需要承担更多的工作以增加经济收入。如果家庭成员拒绝角色的转变，就可能造成家庭更大的困难，甚至导致进一步的危机。

每一个家庭成员都需要知道家里发生了什么，需要理解危机会对他们的生活产生什么样的影响，他们需要克服哪些困难，他们能做些什么。

（五）科学救助

当家庭危机超出了家庭所能控制的范畴，就应该寻求社会各方的支援和专业的救助。尤其是家庭成员遭遇的精神打击可能导致心理障碍时，仅靠劝说和安慰是不行的，还需要专门的心理医生进行科学疏导和治疗。

【思考与讨论】

1. 你认为你的个性特点是什么？你希望成为什么样的人？你能够通过什么样的努力达到你的目标呢？

2. 电视剧《新结婚时代》中有这样一句台词："你嫁给他就是嫁给了他们家社会关系的总和。"你赞同这样的观点吗？并说说你的理由。

3. 阅读以下案例，回答后面的问题：

张老汉夫妇有一儿一女，女儿已出嫁，儿子张军在省城念大学，即将毕业。寒假张军回家过春节，和父亲商量找工作的事。张军一心想去深圳闯一闯，张老汉觉得儿子离家远了，自己和老伴将来没了依靠，心里不大乐意。张军说姐姐家就在本村，可以照应老人，张老汉却说嫁出去的女儿就等于是泼出去的水，是别人家的人，不能指靠。张军提出给老人买养老保险，张老汉却责备儿子没孝心，说"古人说：'父母在，不远游'，你倒好，跑得远远的。我真是白养活了你！"母亲在一边抹起了眼泪。见父母伤心，张军十分不忍。他的内心矛盾极了。

如果你是张军，该如何处理这个问题？

艾伦是一家保险公司的职员，妻子在一家超市工作。因为某种原因，夫妇俩同时失业了。他们四处寻找工作，但一时难有着落。艾伦和妻子决定开个家庭会议，将家庭目前的状况告诉孩子们——12岁的杰克和10岁的路易丝。"孩子们,你们都是这个家庭的成员,因此有权知道家里的真实情况。"艾伦平缓地说道,"我和你们的妈妈最近都失去了工作,想要找到新的工作还得等一段时间。你们可能已经看出来,因为生活压力很大,我们的心情很糟,有时候会对你们发火,请你们原谅。""我们能理解。"孩子们抢着说。"谢谢,"艾伦的妻子接着说:"不过别害怕,我们的生活只是遇到了困难,这不是你们的错,也不是爸爸妈妈的错,我们要一起勇敢面对。""放心吧,爸爸妈妈,我们会好起来的!"孩子们伸出手和父母握在一起,他们仿佛一下长大了好多。

  魏师傅夫妇双双下岗,儿子在外地上大学,生活很不宽裕。魏师傅一直靠蹬三轮挣点外快补贴家用,可最近魏师傅又被查出患了严重的胃溃疡,医生建议不要再从事重体力劳动了。魏师傅家的生活更拮据了。但他和妻子商量,不要把家里的困难告诉儿子,以免影响儿子的学习。每次儿子打电话回家问及情况,他们都回答说很好,只字不提魏师傅生病的事。

同样都是面临家庭危机,以上两个家庭的应对方式很不一样,原因是什么?你更赞成采用哪种方法?为什么?

  4. 请根据自己家庭的情况,为庆祝春节设计一些能增进家人感情、活跃家庭氛围而且可行的活动。

第三章

父母和孩子

本章将讲述养育孩子的意义和为人父母必要的准备，介绍孩子成长的规律和各发展阶段的特点，并传授教育孩子的基本原则和策略。

第一节 父母必备

一、为人父母意味着什么？

为人父母养育孩子被描述为人的成年阶段最具挑战性，最复杂的工作，同时，它也被认为是人类社会最重要的任务。在绝大部分情况下，是父母为下一代的生存和发展准备物质、经济和社会心理条件。（Brooks，1991）不论孩子的成长历程受到什么样其他的影响，父母的抚育方式给孩子留下的印记是最难淡化的。

抚养孩子对父母本身来说也最令人激动和满足的生活内容。一位心理学家采访调查了来自不同文化背景的家长，发现大部分父母认为养育孩子是生活意义的最终来源。许多人说"生活的意义是什么"的问题在孩子降生以后就自然有了答案，而且从此不再困扰他们。父母们虽然深知抚育孩子的辛劳，不时感到疲惫和焦躁，但仍觉得这是他们生命中最无怨无悔的选择。

然而，为人父母却总是缺少足够的指导、辅助和准备。人们要开车需要驾驶证，当律师需要律师证，当会计需要会计证，唯独当家长这项最重大的职业不需要任何资格证书。这并不意味着会生就会养，做父母不需要学习。而是反映出在没有制度约束的情况下，需要父母认识到养育孩子的重要性，自觉提高抚养和教育孩子的能力和素养。养育人类的后代不能只靠与生俱来的本能，还需要依赖学习获得智慧和才干。缺少为人父母的必要准备，养育孩子的过程会一波百折，父母和孩子都会失去很多应有的快乐。

养育孩子的任务究竟是什么，是父母首先需要明确的问题。

（一）养育孩子的任务

简单地说，养育孩子就是辅助孩子各方面的成长。父母的任务在于抚养、保护、指导新生命经历其发展过程。养育意味着家长建立与孩子之间温暖、亲密的情感纽带，给孩子提供发展能力与个性的适当机会。父母养育孩子的难点在于把握好"养"和"育"的尺度，即如何给孩子充足的关怀使他们形成良好的心理性格而不会因溺爱造成人格缺陷；如何提供适当的自由让他们充分发挥出潜力而不至于信马由缰使孩子误入歧途；如何施以合理的约束帮孩子适应社会，成为合格的公民而不至于扼杀孩子的天性，束缚他们的成长。

养育孩子的过程远比描述出来的要复杂、艰难。每一对父母和子女都有其独特的个性和生活环境，每个父母都有不同的优势和弱项，可能遇到不同的问题和烦恼。

（二）父母的角色

父母的角色和功能一代一代持续不断地发生着变化。在欧洲，17世纪以前没有"儿童"的概念。孩子自出生起就被看做是迷你的成人。穿着与大人同样的衣服，玩大人的游戏，十六七岁就出去工作。学徒是孩子唯一受教育的途径。直到19世纪后期，家长最关心的问题一直是孩子的生存，同时人们受"原罪"教义的影响，认为孩子天生具有邪恶禀性，需要通过严格的约束和严厉的惩罚来培养好孩子。渐渐地，人们才意识到并开始重视儿童独特的心理，在探索儿童世界的奥秘的同时，寻找促进孩子成长的最好方式。

父母——孩子的行为训练师

20世纪初，早期的行为学家改变了孩子"性本恶"的观念。以约翰·华生（John B. Watson）为代表的20年代的心理学家，认为孩子是一张白板，需要学习好的行为习惯。行为学家特别强调父母在决定孩子情感和智力发展方面的重要作用。华生在给儿童父母的建议中曾写道：

"父母需要理智地对待孩子。对待他们要像对待成年人一样。让你的行为保持客观和善意的严格。永远不要拥抱和亲吻孩子，不要让他们坐在你的大腿上。如果你实在忍不住，就在孩子向你道晚安时亲一下他们的额头，在早晨握握他们的手。如果孩子出色完成了一件了不起的工作，拍拍他们的脑袋。试一试，只需一周时间，你就会发现客观而又和善地对待孩子会使事情变得多么容易，你会为以前抚养孩子的情绪化的方式感到羞愧。"

尽管这样的建议在今天看来太极端，甚至可笑，但当时它对美国和英国的母亲所产生的影响却是巨大的。母亲们绝不会比规定的喂奶时间提前几分钟喂孩子，哪怕孩子哭闹不休。她们不敢过多地搂抱自己的孩子，因为据说如果不想让孩子变坏就必须对他们严厉。

父母——孩子自然成长的观察者

19世纪三四十年代，两种思潮引导着父母远离过去对孩子严格的习惯训练。心理学家弗洛依德倡导家长对孩子宽容，不要压制孩子的冲动，允许孩子无忧无虑地成长，以免孩子内心冲突和神经症状的发生。同时，另一位心理学家阿诺德·格塞尔（Arnold Gesell）发表了儿童正常发育量表。格塞尔认为孩子健康成长的模式存在于孩子自身，家长只要放松，孩子就会自然地成长。弗洛依德和格塞尔的观点强调了孩子的需求，认为应该培养自然的孩子，让孩子的自然冲动得到理解和一定的满足。

父母——孩子成长环境的创造者

近几十年来，养育孩子的做法又渐渐脱离了"自然孩子"的框架。因为，越来越多的研究证明，孩子需要规范的约束和对自然冲动的干预，抚养孩子不能完全采纳三四十年代的心理分析学家认为明智的方法。人们相信过分的宽容会造就顽劣不堪的孩子，导致孩子最终的不幸。而格塞尔的论点低估了环境和家长对孩子成长的作用。对不同社会经济阶层的孩子的研究表明，环境可能促进，也可能阻碍孩子的发展。

近期的三种心理学理论的发展进一步改变了人们对孩子的特性与父母角色的理解。瑞士心理学家皮亚杰（Piaget）描述了儿童思维与成人逻辑的许多区别。他强调孩子通过自己接触环境中的人和物产生的经验形成对世界的看法。孩子是好奇的探索者，在不断地调整思维适应他们的经验，同时以自己的方式解释自己的经验。孩子的成长往往会经历不可预测的认知发展的阶段。父母的任务是给孩子提供各种体验的机会,让他们形成对世界的丰富认识。

最新的观点是成长的互动模式。它强调发展是孩子与环境互动产生的结果。这种互动改变双方参与者,产生新的行为方式。这里所说的环境不仅包括父母等与孩子关系密切的人,还包括其他许多因素,如地理位置、家庭的社会经济状况、种族背景、学校、电视等各种媒体,孩子生活中发生的重大的意外事件等。孩子在与环境的互动中不是被动地接受影响,而是以自己的行为影响环境,使之改变对自己的作用。例如:一个天性好动而倔强的孩子,经常闯祸并不服管教,父母渐渐失去耐心,放松了对他的管束,结果孩子的顽皮变本加厉,又使母亲更加恼火和失望,亲子关系恶化。若换成一个温顺乖巧的孩子,很少添乱,还能给父母帮忙,母亲对他的喜爱之情就会与日俱增,亲子关系也越来越亲密。可见,孩子的所作所为很容易影响与其共处的其他人,改变人们对待他的态度和方式,从而改变外界对其发展的影响效果。

显然,这三种理论的提出,使家长的任务变得复杂起来,不能单纯的"严",但也不可一味的"松"。父母的角色不再是教育的施加者,而是互动的参与者。在孩子没有能力控制外界环境的种种因素的影响时,父母必须帮助孩子甄别和过滤环境中的杂质,为他们提供最有价值的生活体验。

二、今天的父母面临着什么样的挑战?

抚育孩子不仅依赖家长的责任心和才能,还深受社会环境的影响。可能给父母带来压力或支持的因素包括婚姻、工作、父母的社会网络,以及社区、社会和文化因素。当今社会的发展与变革,使得上述因素也随之发生迅速变化,父母抚育孩子因此面临前所未有的困惑与挑战。

(一)婚姻 VS 孩子

父母的婚姻状况影响着家庭的分与合、聚与散,也必然影响父母对孩子的抚育。近几年来,离婚率上升,单亲家庭和再婚家庭也越来越多。因此孩子需要承受重新适应生活的压力,父母也因孩子可能受到伤害而背上沉重的心理负担。是否为了孩子忍受不幸的婚姻,是许多父母的艰难选择。但人们越来越相信一个仿佛战场的家庭对孩子造成的负面影响比离婚更可怕。单亲家庭的父母除了要面对孩子受伤的眼神,还可能要为抚养孩子的经济压力而苦恼,为兼顾工作、家务和孩子而疲惫不堪,为重新寻找自己的幸福而顾虑重重。再婚家庭的父母则需要帮助孩子逾越心理上的障碍，为建立没有血缘之亲的亲子关系而煞费苦心，为处理错综复杂的家庭人际关系而感到困难重重。

父母追求自己的美满婚姻与培养身心健康的孩子同样重要，让自己和孩子都生活得有信心、有快乐，面临婚姻困境的父母格外需要有勇气、爱心和智慧。

（二）事业 VS 孩子

中国的父母一直都要兼顾事业与家庭。承担着抚养孩子主要任务的上班母亲，整天忙里忙外，压力尤其大。当今社会工作竞争激烈，许多父母不得不把很多的精力花在工作上。"没时间陪孩子"成了他们无可奈何的抱怨或是推卸责任的借口。最近在广州市进行的一项家庭教育状况调查发现：在"每天与孩子交谈沟通的时间"问题上，母亲"没时间、无法交谈"的有29%，而父亲则高达56%。父亲在家教中严重缺位。很多家庭的父亲在家教中没有发挥应有的作用，而是把教育孩子的责任推到母亲身上。另一项调查显示，一些经济水平较高的中产阶层家庭，父母因忙于工作而忽略孩子的抚育的问题也十分突出。有些父母以为花钱把孩子送进好学校就万事大吉，有些父母则因为"实在太累了"而无力过问孩子的事，还有些父母因追求自己的高品位生活而放任对孩子的管教。

打工一族的孩子的抚育更容易受到父母职业因素的影响。一项调查表明：父母长期外出务工家庭子女由于缺乏亲情关爱和良好的家庭教育，容易产生各种行为、性格、道德品质方面的问题。（贾金玲，2007）父母双方或一方长期外出务工造成家庭教育管理责任空缺，在农村特别突出。在许多地区，隔代抚养孩子的现象相当普遍。孩子的抚养者祖父母、外祖父母往往体弱多病，文化水平很低，对孩子的教育力不从心。他们大多数都是将孩子完全托付给学校，有些孩子的监护人连孩子在校读几年级几班、班主任姓甚名谁都不知道。跟随父母走南闯北的流动儿童的健康问题和教育问题也越来越受到关注。

与无暇顾及孩子的家长相反，有一群人，绝大多数是母亲，选择了放弃工作，专职抚养孩子。有些母亲是计划在孩子入学之前全心全意照顾好孩子，有些则打算一直陪伴在孩子左右。

无论怎样，在事业与孩子的问题上找到平衡点越来越不是一件容易的事。父母需要正视自己的责任，分清轻重缓急，学会寻找和利用各种家庭与社会资源，这样才能在实现自我价值的同时，培养出优秀的下一代。

（三）期望 VS 现实

中国人口众多的现状，使得孩子受教育和就业也面临激烈的竞争。几乎没有父母不希望自己的孩子受到好的教育，将来有好的前途。全国高考录取率在20世纪90年代初时到30%，2006年提高到了75%以上。（国家教育部网站）然而上大学成了父母的最低要求，让孩子上名牌大学，读热门专业则成了父母新的目标。知识经济年代中国父母对学习的重视无以复加，望子成龙的父母自从孩子出生心中就潜藏了担忧。甚至胎儿还在腹中时，心急的母亲就隔着肚皮给孩子戴上了耳机，让他/她接受音乐、语言的熏陶。出生后两岁学英语，三岁学钢琴，刚上小学就向着奥数竞赛进军了。孩子学习父母奉陪，父母再累也咬牙挺着。孩子的教育费用永远是父母省吃俭用最理所当然的原因。实际上，许多父母的期望超出了现实的目标。这无疑会给他们自己带来又一层压力，使得养育孩子的过程充满不必要的焦虑和失望。（林玉芳，2007）

父母培养孩子成才的决心和责任感是难能可贵的，但不要让社会压力扭曲孩子成长的正常轨道。这需要父母正确理解人才的含义，什么是真正的抚育之道，明白自己需要做什么，不需要做什么。

（四）独生子女的问题

看着现在的许多父母为一个孩子忙得精疲力竭，老一辈的人常说："我们那时候带三四个孩子都不像现在这么累。"独生子女成了父母倾情奉献的唯一对象，同时也成了许多父母对自己"只许成功，不许失败"的死命令。"要是孩子没出息，那就是百分之百的失败啊。"这是父母在解释他们为孩子不惜一切时常说的话。独生子女可以得天独厚地获得父母最大限度的爱与关注，拥有最丰厚的物质资源、情感资源和教育资源。然而，祖父母、外祖父母和爸爸妈妈组成的421阵型，却常常不能使这些资源得到恰到好处的利用。孩子在蜜汁中浸泡出来的弱点，反过来又令父母忧心忡忡，并百思不得其解："还要怎样才行呢？"

被父母无微不至关怀着的孩子要比那些被忽略的孩子幸福多了。但父母过多的给予也不利于孩子独立地成长。独生子女也是普通的孩子，他们的需要并不比别的孩子更多。父母倾其所有的做法是出自感情而非理智，而不加克制的情感适得其反地阻碍自己成为成功的父母。独生子女的父母首先需要的是理智。

（五）信息时代的烦恼

信息时代的生活丰富多彩，新鲜的事物层出不穷。孩子天生对新生事物充满好奇，乐于尝试和接受。但他们尚未成熟的判断力常常误导他们作出蠢事。父母则担惊受怕，怨恨交加。在网络纵横的今天，父母感受到的不安尤为严重。孩子看电视尚可控制，但他在哪里上网，在网上干什么却无从得知。而网络比其他任何一种媒体更包罗万象，无奇不有，也潜伏着更多危险的诱惑。（陶维梅，2007）另外，孩子获得信息的渠道越来越多，父母言论的权威性因此大打折扣。孩子与父母因知识更新的速率不一产生交流障碍，造成知识领域代沟的现象也越来越多。有位父母问别人："我儿子跟我顶嘴，说我是286，什么是286？"可见，教养孩子对父母提出了新的要求，你的知识必须像计算机一样不断而迅速地更新换代。否则就很难做到"魔高一尺，道高一丈"，有效地帮孩子把握鼠标，不至于在网络世界迷失方向。

父母面对科技的发展作出的反应不该是恐慌，网络对孩子的影响终究是利大于弊，但它给家庭教育带来的挑战是毋庸置疑的，父母需要掌握新的知识和技能使网络为己所用，成为促进孩子发展的积极力量。

（六）家长教子的困惑

随着家庭结构的变化和家庭的流动性的增加，抚育孩子的传统智慧的延续也变得不在普遍。即使有祖父母辈的慷慨相助，传统的育儿理念也不再完全适应当今社会的要求。那么，"谁能告诉我该怎么抚育孩子？"成了父母心中关切的问题。在我们国家，除了幼儿教育专业的学生，没有人在课堂上学到为人父母的常识。大部分的父母靠着从自己父母那里得来的经验，以及与同事朋友交流的体会，边摸索边实践。有位自称过来人的父母说："唉，我们那时候什么也不懂，直到后来才意识到不对，已经迟了。现在又只生一个，连改正的机会也没了。"为在职父母举办的系统的培训班不多见，能随时为父母提供咨询、辅导的机构也很少。父母读物增多了，关于儿童教育的书籍、杂志种类繁多，但也良莠不齐，有些以商业赢利为目的的产品，不仅不能为父母排忧解难，还可能误导父母，更不利于孩子的培养。

除了知识，父母所能获得的其他社会性支持也十分有限。婴儿时期，父母为找合适的保姆头痛；孩子上学，父母为孩子中午在哪儿吃饭，下午放学后在哪儿打发时间忧虑；孩子生病，父母必须上班，就得为找人来帮忙照顾费心。父母在抚养孩子的过程中可能遇到各种各样的困难，却不容易得到相应的援助。

在这样的情况下，父母的困惑和烦恼大部分还需要靠父母自己去解除。

三、为人父母该做哪些准备？

尽管明知养育孩子并非易事，但绝大多数夫妇还是选择接受这一挑战。毕竟，将一个胚胎孕育培养成一个健全的人所带来的回报是无法估量的。为人父母,光有雄心和热情还不够,你还需要在很多方面为扮演这个角色做好充分的准备,在生理、心理、知识技能以及社会支持方面储备必需的资源,同时要调整自己的生活节奏和结构,这样才有可能做一个从容不迫的快乐父母。

(一) 选择适当的生育时机

什么时候生孩子,已经不再是一个可以不假思索的问题。在作出这个决定之前,需要考虑身体健康状况、经济状况、婚姻状况和事业发展。

对于大部分双职工家庭来说,在不影响夫妻双方工作的同时抚养孩子,真的不轻松。父母必须学会通过调整生活的节奏和重心把抚育孩子的压力减轻一些。与过去一结婚就生孩子不同,现在不少年轻夫妇选择了延迟生育。有些人担心孩子的过早到来会影响自己事业的发展,希望趁着年轻,没有负担多学点东西,对走南闯北积累些经验。有些人担心自己的目前的经济实力不足以抚养一个孩子,等有了稳定的收入和一定积蓄之后再要孩子。还有些人打算等到自己心理再成熟些,能够承担养育孩子的重任时再生孩子。人们因为自己的心理、性格、生活方式等各种各样的原因选择暂时或永远不要孩子,都有各自的道理。但普遍反映出人们对抚育孩子的重视,希望在迎接一个新生命到来之前,确保自己具备承担这一责任的信心和能力。同时这也反映出许多人对生儿育女之外的个人生活和事业发展的重视,意识到孩子的降生会给生活带来很大变化,并且在权衡这些变化给自己带来的利弊。

将生孩子纳入议事日程的夫妇就应开始注意身体保健、寻找合适的医院、打听可靠的保姆或联络家人,为孩子的健康孕育、降生和婴儿期保育做精心的安排。生孩子的生理年龄不宜过迟,超过35岁的女性妊娠和分娩的过程中发生危险的概率明显增大。另外,生育迟的父母在日后孩子的抚养方面也容易感到体力不济。心理年龄则不宜过早,父母缺乏成熟的责任心和独立性,对养育孩子也十分不利。无论怎样,在决定怀孕之前一定要做全面的健康检查,有家族遗传病史或携带传染病病毒的夫妇更应该咨询医生,以采取干预措施来阻断疾病的母婴传播。

(二) 加固婚姻的基础

不少夫妇决定在婚后暂缓几年再要孩子,是希望在夫妻关系磨合得更协调后,再迎接孩子的到来。许多研究表明,婚姻质量与父母的抚养能力密切相关。如果夫妻双方互相感受到关怀、接纳和支持,会给予孩子更多的关注和及时的回应。相反,关系不融洽的父母更容易埋怨、嘲讽孩子,冲他们发火、或对他们过于严厉。所以和谐、坚实的婚姻基础是抚养孩子的最好条件。

抚养孩子的过程中，会给父母带来压力或支持的因素有许多。夫妻之间的相互体谅和照顾是最好的支持。孩子的天真烂漫不但可以给家庭带来快乐，还可以成为夫妻关系的调节剂和纽带。有了孩子以后，有可能因为夫妻双方的注意力都集中在孩子身上，而减少了互相的挑剔和不满。但更多的情况是，夫妻因为照顾孩子的烦琐劳动或是教育孩子的不同观点而产生矛盾。很多夫妻是在孩子降生之后多了口角和冲突。有些年轻的母亲，一腔热情都扑在了孩子身上，却无意间冷落了丈夫。这样既不利于夫妻关系的维持，也不利于父亲与孩子建立感情的纽带。这时候，夫妻之间其实更需要关心与交流，排解心中的疑惑、担忧与烦恼，沟通抚养孩子的心得与见解，寻求互相的理解和支持。作父亲的应当同妻子一道共同投入到抚养孩子的任务中。孩子幼小的时候，照料孩子大多是由母亲承担的。俗话说"一个孩子三亩地"，可见抚育孩子的辛劳。一方多做一点，另一方就减轻一点负担。两人世界时的山盟海誓，此时都要化作实际行动来体现互相的关怀和体谅。

（三）寻求支持和帮助

在平衡事业与家庭的努力中，亲戚朋友可以成为年轻父母求助的资源。许多老年人很愿意做儿女的坚强后盾，帮助他们料理家务、照看孩子。这种来自亲人的支持会带来体力上的照顾和心理上的宽慰，更有利于家庭关系的融洽。只是隔代教养也会有一些问题，最好不要将抚养孩子的责任完全托付给祖父母一辈。另外，两代人教育孩子的观念会有分歧，你有时需要费些心思与老人沟通思想，达成共识。

一些社会性服务也能帮助家长减轻负担。家庭服务公司可以为家庭提供训练有素的保姆，一些儿童保健教育的机构能给父母一些知识、技能上的指导，书报、电视、广播、网络等媒体也提供越来越多的有关儿童养育的信息和资料。学会利用这些资源，父母可以更轻松地打理家庭的日常事务，增强育儿的能力和信心。

（四）调整对孩子的期望

人人都希望抚育孩子的过程充满快乐，怎样才能使自己保持快乐的心态呢？最大的快乐源于愿望得到实现，烦恼的根源往往是失望和不满。如果你的期望超出了孩子和你的能力限度，或者偏离了孩子发展的一般规律，就注定了会不快乐。因此，快乐的起点是你对自己和孩子有恰当的期望值。

在孩子出生之前，准父母就开始憧憬未来宝贝的模样，希望宝宝漂亮、聪明、健康,幻想他将来成为什么样的人,探讨用什么样的方法去培养他。当孩子出生后,初为父母的人们满怀激动地端详着自己创造的可爱生命,暗暗发誓要让孩子拥有自己所能奉献的一切,愿意付出所有将他塑造得更加完美。作父母的所有这些美好愿望和期冀十分可贵,也是成为好父母,培养出好孩子的前提。只是有时,望子成龙心切的父母难免一厢情愿,使期望脱离了现实的基座,为孩子设定了很多扭曲的目标。孩子是父母爱的寄托和快乐的源泉,但不应是生活的全部。

1. 走出期望的误区

有些父母,希望孩子继承自己的某些性格优点或是具备自己所欠缺的特质;有些父母希望孩子子承父业或是从事自己曾经梦想却未能如愿的事业。期望或未尽的期望,不知不觉地背负在孩子的肩上,如果孩子恰好能如父母所愿,皆大欢喜。但如果孩子并不想或不能成为父母所希望的那样,孩子会承重巨大的心理负担和不必要的内疚,父母则体味着无尽的失落,

几乎所有父母都希望孩子有出息,在谈论出息的时候,多半是指孩子未来的学业发展和事业走向。有人认为世上唯有读书高,孩子读大学、硕士、博士,书读得越多越有出息;有人认为出名就是有出息;有人认为要能挣大钱也是有出息。在许多调查研究中,80%以上的父母认为教育孩子最重要的事是抓学习,大部分孩子也反映父母和自己的谈论的话题主要是学习。只有孩子患了重病,父母才真正意识到身体和心理健康的难得。直到孩子犯了大错,父母才认识到性格和品德的培养多么重要。其实,拥有活蹦乱跳的乖孩子的父母也都不要忘记,孩子健壮的体魄、良好的性格和高尚的品质就是成就,就是出息,这才是最值得我们去为之努力和珍惜的。

有些父母将孩子视做自己创作的产品,孩子相貌、学习成绩、所得的奖项成了父母与朋友、同事、亲戚攀比、炫耀的资本。每当客人来访,有些家长总要让孩子出来表演节目,在客人的恭维声中感到得意与满足。孩子不愿意或表现不好,父母就生气,责备孩子。这样的做法实际上是忽视了孩子的独立人格,把孩子看做自己的附属品,十分不利于孩子的自信和自尊的培养。如果孩子只是因为物质的成就而被认可,他会觉得只有这些才能获得父母的喜爱。渴望让父母满意的孩子会为此作出超负荷的努力。然而,并不是所有的孩子都能轻松地满足父母的愿望。最终在经历了多次打击和失望之后,孩子会觉得没有了那些成就,自己毫无价值。父母也会因失望而怨恨,甚至惩罚孩子。父母与孩子之间难以建立爱

的纽带。

有些时候孩子被看做是能给家庭带来收益的劳动力的来源。还有些父母希望养儿防老，指望着孩子将来照顾自己的晚年。养育孩子是对将来养老的一种投资。还有少数的父母希望通过管教孩子感受权力，建立权威。也有父母不自觉地希望孩子永远长不大，永远需要父母的呵护。如果这些期望在父母的心目中占据太大的比例，会严重地影响亲子关系的和谐。

2. 保持平常心

朱自清先生在一篇文章中写道："……近来与平伯谈起教子，他毫不踌躇地说'总是不希望比自己坏罗'。是的，只要不'比自己坏'就行。'像'不'像'倒是不在乎的。职业、人生观等，还是由他们自己去定得好；自己顶可贵，只要指导，帮助他们去发展自己，便是极贤明的办法……人的好坏与成败，也不尽靠学校教育；说是非大学毕业不可，也许只是我们的偏见。在这件事上，我现在还不能有一定的主意；特别是这个变动不居的时代，知道将来怎样？好在孩子们还小，将来的事且等将来吧。目前所能做的，只是培养他们基本的力量——胸襟与眼光；孩子们还是孩子们，自然说不上高的远的，慢慢从近处小处下手便了……光辉也罢，倒楣也罢，平凡也罢，让他们各尽各的力去。我只希望如我所想的，从此好好地做一回父亲，便自称心满意。"

朱自清先生的这番见解与许多有识之士的观点不谋而合。老舍先生表示对孩子的期望是："只要身强体壮，将来学一份手艺，即可谋生，不必非如大学不可。"台湾著名漫画家蔡志忠先生教育孩子的信念是："让孩子快乐地当'自己'一辈子。"他的最大心愿是女儿能够健康快乐地成长，成为她自己，别的都不重要。如果为父母的都能如此通达，不仅孩子快乐，父母也会快乐的。对孩子的期望的首要准则就是尊重孩子和了解孩子。

孩子的性格、智力、才能、兴趣因人而异，父母必须充分理解孩子的个体差异，尊重孩子的独特个性。只有让孩子顺着自己的天性和特长去发展，成长的过程才会充满向上的动力、奋斗的激情和乐观的情绪，孩子才能成为自己愿意成的"才"，真正实现自己的理想。父母所做的应该是帮助孩子发现、发展和发挥自己的潜能，在孩子学习、成长的过程中助一臂之力，而不是替代孩子设计通向未来的路，甚至强迫孩子服从父母的意愿。孩子并不完全是白纸，他们有自己的底色、材质、软硬度和光泽，父母需要根据其特点帮助孩子创作才能画出最美好的图画。

把孩子当孩子，他们不是迷你版的成人。他们有着与成年人不一样的思维方式，父母认为不重要的事可能在孩子心中占重要的地位。儿童经常对大人不以为意的事物兴趣浓厚，他们对事情的前因后果的理解也有着与成人不同的角度。孩子的认知和社会交往能力的发展都要有一个渐进的过程，父母不能从自己的角度去要求孩子有成年人一样的理解力、自制力和判断力。玩是孩子乐此不疲的工作，孩子专心参与的活动有时在父母看来没有价值，但实际上孩子的任何玩耍都是身体的锻炼、智力的开发和社会交往的演习。不要压制孩子纯真的天性，体谅尚未发育成熟的孩子所犯的错误。不能拔苗助长，带这耐心去欣赏幼苗发芽、抽枝的过程，花开的日子会格外令人喜悦。

与对孩子期望过高一样，期望过低也不利于孩子的发展。如果孩子发现父母对自己要求很低，会自认为不行，自尊心和自信心都会受到伤害。有些父母对孩子的期望往往不平衡，在学习方面要求很高，但在生活独立能力方面却始终把孩子当幼儿，事事由父母承包。其实孩子的学习新技能、适应生活的能力是很强的。只要给他们足够的机会锻炼，孩子能独立完成很多任务。他们可能会出错，但也能很快改错，取得新进步。如果父母一味包办，实际上就剥夺了孩子学习创造自己生活的能力，影响了孩子对未来幸福的追求。

3. 建立合理的期望

父母洞察孩子的个性特点，建立合理、敏感的期望值，对孩子提出恰当的要求，给孩子提供一个与之相适的环境，才能真正有利于孩子健康快乐的成长。

所以，父母在对孩子设定期望值之前，首先需要做到的是接纳，接受孩子的天性，因为孩子的性格基调是基因所决定的，不要强求去改变它。其实，任何一种个性的孩子都有其独特的可爱，为什么不去发现他的可爱，并欣赏他呢？接下来，在接纳孩子个性的基础上需要做的是了解孩子。了解他的优点与弱点，强项与弱项，爱什么怕什么……只有洞察孩子的内心世界，才有可能帮助孩子发掘他自身的潜能，引导他走上最有利于他发展的道路。在接纳和了解的基础上所设的期望才不至于变成失望的伏笔。

期望是逐步建立的，因为孩子的性格特点和能力特长，是逐步向我们展开的。孩子成长过程中的新发现，常常激发着父母对孩子的未来进一步的预测和想象。期望是需要不断调整的，因为在努力了解孩子的过程中，难免有判断上的偏差或错误。及时调节期望值，使之与现实的差距不至太远，才能保证孩子少承受一些不必要的压力，父母少一些没来由的烦恼，多一些快乐与满足。

有爱心，负责任的父母，不仅对孩子有着很高的期望，对自己也有颇高的要求，希望自己能够给予孩子所需要的一切，尽可能给他们创造好的生活条件和教育机会。许多父母宁可自己节衣缩食，也要保证孩子在吃穿用上不受委屈。为培养孩子的一技之长，多少父母牺牲周末的娱乐休闲，守候在各种培训班的门口。这样是不是就足以成为好父母了呢？

（五）调整对自己的期望

父母对孩子充满期待的时候，对养育孩子的任务也有自己的理解和预期。父母对自己的合理期望有利于父母树立教养孩子的信心，体验为人父母的快乐。不切实际的期望则容易引起父母因达不到目标而产生的挫折感、焦虑感或负疚感。当父母审视自己的内心指标时，需要提醒自己：

1. 爱孩子不等于就能教育好孩子

许多父母认为只要自己爱孩子，所做的一切都是为了孩子好，就能教育好孩子。但是，爱的给予与接受是双方面的。爱必须转化为孩子可接受的形式，转化为恰当的抚育与教导，才能真正发挥它的作用。在婴儿时期，爱在定时的穿衣、洗澡、喂饭中传递。幼儿蹒跚学步、摸爬滚打的时期，爱包含在父母鼓励的眼神和保护的双手之中。学龄儿童逐步适应外部世界的时期，爱是父母的谆谆教导和言行一致的榜样。青少年需要学习自己决策和选择的时候，爱则化作信任和允许。所以，仅有爱心是不够的。要让孩子感受到你的关爱，理解你的苦心，父母要学会在儿童不同的成长时期与孩子交流的方式和技巧。

2. 父母与孩子都不可能完美，问题无法免疫

许多父母以为自己付出足够的爱、时间和精力去关心孩子，并注意学习用恰当的方式教育孩子，一切都会比较顺利，孩子会一直很快乐。实际上，科学研究证明，平均每个孩子在任何一个时期都会出现几个行为方面的问题。一项跟踪调查显示，每个孩子每年有5~6个问题。另一项调查发现几千个9、10、11岁的孩子，平均每人有3~4个问题。这些问题并不一定很严重或持续很久，但反映出即便是很平稳的成长过程，孩子也会经历一些压力。所以，父母应该有思想准备，你可能会遇到各种意想不到的问题。但是，不必紧张，这是普遍的现象。也不必因为孩子一时的不快乐而内疚，因为有些事情是你无法控制的。再说，孩子不可能永远不受挫折，总是帮助孩子避开痛苦是不明智的。孩子要经受考验才能长大。

父母也不要指望自己永远冷静理智、温文尔雅，养育孩子的过程对父母忍耐力、心理调节能力是巨大的考验，负面情绪的产生常见而自然，只要不让情绪失控，就不必心存内疚。再好的育儿指南也不可能帮你对付所有问题，书上提供的方案也不一定适用你的具体情况，你只能掌握原则，自己尝试着寻找最好的对策。你很可能犯错，但这并不可怕，只是你需要勇气承认，否则很难得到长进。

3. 父母和孩子的需求同样重要

有些父母准备着永远将孩子的需求放在第一位，宁可牺牲自己的利益，也不委屈孩子。的确，孩子需要得到一些特殊照顾，尤其是在他们年幼的时候。但随着孩子的长大，许多被认为是孩子所"需"的东西实际上是他们想"要"的。如果家长一味满足孩子的要求，不利于孩子的成长。而且，家长会渐渐产生不满甚至怨恨，因为自己付出太多而被孩子认为理所当然。所以，面对孩子的要求，首先应该分清是"需"还是"要"，是孩子生活、学习不能缺少的东西，还是出于虚荣或是其他原因提出的要求。其次必须考虑这些要求是否过多地超出了你所能付出的能力。有位专家曾说过："父母可以对孩子好一些，但不要好太多。"

父母有权利追求自己的完美人生。养育孩子是成年生活中一项重要内容，也是人生价值的一种重要体现。但如果它成了你生活意义的全部，你的人生就会缺少许多其他精彩体验，它可能影响你在社会其他领域的贡献，减弱你自我价值的充分实现。人的发展是持续一生的，因此父母自身的成长与进步也是不可忽略的。当你将所有时间和精力投入在同一件事情上，你就失去了许多发现自己潜能的机会，无形中阻碍了自己的完善和发展。另外，如果你的一切理想就是培养孩子，使之成为你成功的唯一方式，你对孩子和自己的期望就很有可能超出现实的范畴，同时你对孩子的依赖增强。这显然不利于孩子的成长。所以，为孩子完全放弃自己的追求，无论对孩子还是父母都暗藏着一些不利因素。当然，如果你经过透彻地思考，依据自己的价值观选择以养育孩子作为自己的人生事业，就另当别论了。但仍必须充分考虑到这些不利因素，并确信有把握控制这些因素的影响。

在父母建立对自己的期望时，除了充分认识到自己的义务，也应该考虑自己的需要。保持自己的目标和理想，平衡和调度个人与家庭生活的方方面面，会使生活充实而不单调，繁忙却和谐快乐。同时父母对可能遭遇的困难也有思想准备，不是所有的希望都能如愿实现，不是所有的问题都能迎刃而解。养育孩子除了需要爱心和责任感,还需要知识和方法,学习是必不可少的。

第二节　孩子的成长

一、遗传与环境怎样影响孩子的成长?

孩子从出生开始,几乎每天都在发生变化。他们的身体、智力、语言、记忆、情感、社会交往能力随着年龄的增长,展现出令人惊喜的进步。了解孩子每个年龄阶段的发展特点,是成功抚养孩子的关键。

孩子成长的过程是有规律可循的,比如什么时候开始说话,什么时候会写字等。这些规律是自然所决定的,是人类特有的共性。但当我们近观每个孩子,他们又都是不一样的。长相、身高、身体素质、性格、智力,千差万别。有些似乎是遗传所决定的,有些则是环境所造就。那么,遗传与环境对这些差别的产生都有什么程度的影响呢。

关于遗传与环境的问题人们已经探究了许多年。一个人的发展,究竟有多少受遗传决定,有多少受环境影响?尽管我们都相信这两种力量是相互作用产生影响的。但弄清楚,每种因素影响的程度仍是有价值的,因为这将影响人们对待孩子的方式。比如,当父母知道智力在一定程度上受环境影响,就会注意给孩子提供有助学习的环境。当父母理解孩子活跃好动是遗传的,就容易接纳孩子的特点,可以调节对孩子的期望和要求,有针对性的指导孩子的行为。

(一)成熟

分解遗传和环境的影响是困难的,其中一个主要原因是因为人在一生当中是不断变化的。有些变化似乎是有环境促成,另一些则是基因所设定的。比如:爬、走、跑是在特定年龄阶段按固定顺序发展的。这就是心理学中所谓的"成熟",即随着年龄增长,按生物遗传决定的顺序而出现生理变化和特定行为。这样的生理变化或行为发展不是习得的或来源于生活经验,而是天生的(林崇德,2001)。受"成熟"机制所控制的行为,一般在人的机体发育完备后自然产生,不会提早,也很少推迟。

然而,环境因素会影响遗传的发育时间表。如果长期得不到适当的刺激,孩子的行为发育会推迟。在20世纪60年代一项对伊朗孤儿院孩子的调查中显示,长期得不到关注和身体锻炼的婴儿，学会坐和走路的年龄比一般儿童晚很多。尽管这样，他们最终还是完成了这些行为的"成熟"。可见，自然的力量是强大的。相反，如果在孩子某个行为"成熟"的阶段，父母能及时地提供恰到好处的刺激，孩子的行为发育会更快更好。比如：当孩子的神经系统和肌肉发育到一定程度，孩子开始咿呀学语。当孩子发出第一个音以后，家长积极作出回应，并开始经常跟孩子交谈，孩子的语言发育就会比得不到父母及时应答的孩子快一些。当然，孩子的行为发展是以其生理发育为基础的，如果人为地使行为发育过于提前，不仅是毫无意义的，而且是有害的。

遗传与环境的合力除了影响成熟的时间、速率与方式，还影响孩子的很多品质。

（二）生理特征

孩子的相貌、身高、体重都是遗传的结果。寿命在很大程度上也是由遗传决定的。但这些特定的趋势可能一定的限度内受到环境因素的影响，因而表现出差异。比如，父母严重近视的孩子患近视的可能性就大，但如果严格注意用眼卫生和视力的保护，就有可能不近视。只是他们要比没有遗传近视倾向的孩子付出更多的努力才能保持良好视力。再比如，长寿世家的人大多活得长久，但如果某个人饮食状况和医疗保健条件很差，就很难长寿。

（三）智力

研究者对遗传与智力的关系做了广泛的研究，发现不同文化背景、民族或种族的人智商的差异不是遗传造成的。也就是说，没有一个群体天生比别人更聪明或更愚笨。但在同一群体之中，存在着个体之间的差异。

遗传对智力的影响的证据发现在对领养儿童和孪生子的研究中，被领养的孩子尽管从出生的第一天就离开了亲生父母，但多年以后的智商测试显示孩子的智力水平与其生母的最为相近。而且有趣的是，年纪小的孩子智力测试分数与领养家庭的兄弟姐妹的更相近，但随着年龄的增长，智力则与领养家庭的成员越来越不相关，反而更接近亲生父母的智力水平。一项对500名双胞胎的跟踪调查表明，同卵双生的孩子从婴儿期到青少年阶段，智力水平越来越相近；而异卵双胞胎则越来越不相像。可见，遗传对智力的影响是强大的，但不是全能的。

儿童心理学家维恩伯格（Weinberg）在研究中发现，大约50%的智力差异是受遗传的影响，而另一半则与个人的经历有关。这个结论对帮助智力较低的儿童有着深远的影响，因为这意味着可以用各种方法帮助这些孩子在学习上和社会交往方面取得进步。一些实验证明，环境的差异造成的智商分数差异可达到20～25分。

（四）性格

人的性格很复杂，很难说清其形成过程是因遗传决定，还是受环境影响。但心理学家们发现，性格的很多方面很大程度上是遗传的。从1956年开始，美国的两个心理学家和一位儿科医生对133名孩子进行了从婴儿到成人的跟踪研究，得出结论：气质，即一个人对待他人和环境的基本风格，是与生俱来的。许多其他研究也发现，与遗传因素最密切相关的性格特点有：活动水平、交往能力和羞怯、神经质的情绪反应等。也就是说，孩子好动、害羞或经常性歇斯底里等都主要受遗传影响。当然，环境的作用仍不可小觑。一个生性羞怯的孩子，能够在家长的耐心帮助下，渐渐对陌生的人和场景不感到害怕，并逐渐变得外向、勇敢、自然大方。

（五）缺陷与疾病

许多生理缺陷和疾病是遗传的，比如唐氏综合征、精神分裂症、自闭症、抑郁症、酗酒等都与遗传有关。虽然生物技术的迅猛发展使我们对治愈遗传性疾病越来越充满希望，但很多问题至今还无法解决。因此，预防疾病的遗传，努力做到优生优育是打算做父母的人应该注意的。

遗传的力量是强大的，环境的影响力也同样令人惊异。父母在设计孩子养育计划时，必须综合考虑着两方面的因素。实际上，遗传早已为孩子的发展描绘了蓝图，而环境则影响工程的建设进度和质量。不要试图按照自己的意愿强行修改孩子的成长轨迹，违背自然的结果最终是苦涩的。但你可以在适当的时机加油，在合适的地方添砖，让孩子天赋得到最大的发挥，达到他所能达到的最大高度。

二、孩子是怎样逐渐成长起来的？

孩子从出生到长大，个头越来越高、动作越来越灵巧、语言越来越流畅、思维越来越敏捷、感情越来越丰富、朋友越来越多……不难看出，孩子的成长是全方位的。

（一）儿童发展的维度

我们可以把孩子成长中的可喜变化分为三大方面：

1. 生理发育

生理发育包括孩子身高、体重的增长，感觉能力、运动能力的发展、大脑的发育，以及其他与身体健康相关的方面。

2. 智力发育

智力发育包括学习、语言的发展、记忆的发展、思维的发展等。

3. 人格社会性发展

人格与社会性发展是指一个人对待外部世界，与他人相处以及情绪感受的风格的发展变化，包括情感发展、行为发展、社会交往能力的发展等。

成长历程中这三个方面的均衡发展，才能造就一个完整的孩子。这三个方面也是相辅相成，互相影响的。孩子运动能力的发展必须等到孩子身体骨骼、肌肉、神经系统发育到一定程度才能完成。比如：孩子学会自己控制大便，必须在神经系统和括约肌发育到一定程度后才行。孩子的身体健康状况可能影响孩子学习的效率，因而影响其智力发育。比如：一个体弱的孩子在学习是很容易疲惫，身体瘫痪的孩子因行动不便而缺少了许多与外界接触的机会，都会影响孩子智力的开发。孩子的思维发展到一定程度，才能理解事情的前因后果，并对事情的发生作出准确的预测和归因，因而采取恰当的行动，有助于朋友之间的友好交往。比如：当孩子能分辨别人撞倒自己是处于有意还是无意时，就能更好地处理与同伴相处的问题。

因此，父母在养育孩子时千万不要顾此失彼，不能光强调智力的开发而忽略孩子其他方面的培养。一个全面发展的孩子才是饱满的、健康的，才能够调动所有潜力获得幸福人生。

（二）生长发育的规律

身体的发育遵循由上到下、由近到远、由粗到细、由低级到高级、由简单到复杂的基本规律。

由上到下，是指发育从头部到躯干、从上肢到下肢的发展顺序。比如：出生后运动发育的顺序是：先抬头、后抬胸、再会坐、立、行。

由近到远，是指从身体中央到四肢末端。孩子控制上臂和大腿在控制前臂和小腿之前，控制颈部和肩部在控制手和手指之前。

由粗到细，是指孩子动作发育一定是遵循从大动作到精细动作这个步骤的。比如，拣东西这个动作，孩子最初只能笨拙地，手像爪子一样向这个物体扫过去，渐渐地，这个动作变得越来越精确和有条不紊，最后孩子可以用大拇指和食指捏起一个小玩意儿。

由简单到复杂：是指孩子从能完成简单任务到能完成复杂任务的进步顺序。比如：孩子先会画直线，后会画圆。

由低级到高级，主要指孩子智力发展的一般顺序。比如孩子先会看、听、感觉事物，认识事物，再发展到有记忆、思维、分析和判断的能力。

（三）儿童发展的阶段

1. 婴儿期（0～1岁）

新生命的第一年对孩子还是父母都是最激动人心，最奇妙的一年。婴儿从整天酣睡到神气活现地东张西望；从不能抬头到会爬、会走、会说，忙个不停；从完全依赖父母喂食到坐在加高的椅子上自己吃饭；从只会哭和笑到用各种神情和语言表达对这个新世界的种种感受；第一年的成长的确令人惊异。

婴儿身体发育

婴儿身体发育的速度惊人，几乎每个月都有显著的变化。平均说来，孩子出生时平均体重为3.2～3.3千克，男孩比女孩略重一些。体重在1周岁时是出生时的3倍。孩子出生时的平均身高是50厘米，1周岁时平均身高为75厘米。

婴儿出生最初的几天，处于酣睡和清醒的模糊状态。平均每天需要睡16个小时。和所有人一样，婴儿也有生物钟，睡、醒、饿、活动、体温升降都遵循生物钟循环。不过，新生儿的身体节奏还不是很规律，睡、醒、吃只间隔几小时。

大约3个月时，婴儿的神经系统发生变化。随着中枢神经和的以及神经元的增多，婴儿对行为的控制力加强了，动作的稳定性也提高了。神经系统越来越完善，婴儿的身体功能也更有规律。这时的孩子大多已形成白天醒着，晚上睡觉的作息规律了。到6个月时，大部分婴儿能建立起比较固定的起居习惯。

婴儿的感觉能力

刚出生的新生儿对光和亮度的变化就很敏感。他们能辨认物体，虽然他们所看到的只是模糊的影像。新生儿对距离他们的脸大约20厘米的东西看得最清楚。婴儿最喜欢看有图案的东西，而不是涂满单一颜色的某一形状。新生儿喜欢看物体的边缘，也许那儿的对比度最强烈。到六个月时，婴儿的视力就和成人没多大差别了。

出生后几小时的婴儿就能辨别音高、音量、长度不同的声音了。有研究表明：当婴儿听到节奏类似心跳的声音，睡觉更香，吃饭更好。婴儿对人的声音最敏感。

几天大的婴儿就能对不同的气味作出反应，味觉在婴儿出生时已发育完好，新生儿几乎都偏爱甜食。

新生儿手的本能性触觉反应刚出生时就表现出来。4个月后的婴儿能够伸手够物，触觉和视觉的协调能力已发展起来。

新生儿不仅能通过感觉器官感知周围的许多事物，他们还能很快学会运用感觉刺激获得奖励。刚出生几小时的婴儿就能学会在听到一个音调后，把头转向右边得到一个甜的食物，听到一个滴答声后，把头转向左边得到另一个奖励。

有一个试验发现，新生儿能够随着大人有意义的语言的节奏移动身体，对敲击或其他无意义的声音没有反应。新生儿天生具备了与人进行语言交往的能力，因此父母与婴儿之间的语言交流对孩子的社会性发展十分重要。

婴儿气质类型

从一开始，每个孩子就是一个独特的个体。婴儿一出生就表现出了气质。哭的频率和持续的时间、是否容易安抚、喜欢被抱着的时间长短等都各不相同。婴儿对外部的刺激的反应也不一样。有的孩子很警觉，一有动静，就立即作出反应，有些则浑然不觉。因此，父母需要仔细观察，了解孩子的气质特点和特殊需求。对于天生爱哭闹的孩子，父母就需要格外的耐心，不要对自己的能力产生怀疑，失去信心。对于特别敏感的孩子就要注意，逗弄和交流不要过量，以免孩子过于兴奋。而对于反应缓慢的婴儿，则要多一些交流、抚慰，多一些耐心等待。

婴儿运动发育

婴儿的身体和动作的发展取决于他们大脑和肌肉的发育，也遵循着特定的时间表。比如大部分孩子在7个月时能够独立坐稳，14个月左右学会走路。当然，动作发育的个体差异是很大的。1周岁时，有的孩子几个星期前就能独自行走了，而有的孩子离迈出第一步还差得很远。

运动发育对婴儿的探索性和社会性行为影响很大。当婴儿爬来爬去时，能够看到、摸到或摆弄周围的物体。这些新发现往往会带来新的社会性反应。比如，当婴儿够到一个东西，母亲常常会告诉他这样东西的名称，这就增加了孩子的语汇。运动发育有助于婴儿主动与别人交流。他可以爬到大人的跟前，对着他们微笑或咿呀学语，父母和孩子就会更亲近。

婴儿智力发育

生理和智力的发育在婴幼儿时期是交织在一起的。要了解这个世界,孩子需要有能力与之接触,四处走走看看,探索一下周围的一切是怎么回事。

皮亚杰,一位瑞士的心理学家,他的理论加深了我们对孩子智力发展的理解。他认为,孩子是用行动来探索世界,并通过他们自己的行动和其他人的行动形成思想。关于这个世界的知识并不是一个又一个事实的累积。相反,成长是按阶段进行的,每个阶段都与前一个阶段有着质的区别。所以,婴儿处理外部信息的方式不同于大一些的儿童,而儿童又不同于青少年和成人。皮亚杰将人的智力发展分为由不同阶段组成的四个时期,见表3—1。

表3—1　　　　　　　　　智力发展的四个阶段

年龄	认知阶段	认知特点
0～2岁	感知运动阶段	儿童靠感知与运动适应外部世界,构筑动作格式。10个月时,形成客体永久性概念,即认识到即使物体从视线中消失,仍存在
2～7岁	前运算阶段	符号功能和象征功能出现。表象思维和直观形象思维为主。思维具有自我中心的特点和"泛灵论"的特点,即倾向于将任何物体都视为有生命的人
7～12岁	具体运算阶段	思维具有了内化性、可逆性、守恒性以及整体性等特性。形成"守恒"的概念是这一阶段的标志,即儿童认识到物体形式上发生改变,但物质含量没有增减。儿童具有运算性的心理操作,但需要具体事物为依托。儿童形成了完整的分类系统,会排序、能认识事物的关系,并能理解整体与部分的关系
12岁以后	形式运算阶段	思维具有灵活性、系统性和抽象性。儿童思维已摆脱具体事物的束缚,而着眼于抽象概念,能把内容与形式区分开来,对假设进行推理

根据他的理论,0～2岁的孩子处于感觉运动阶段,这个时期的孩子主要是感知,其次是通过行动探索世界。这一时期几乎没有什么思想交织在孩子看到、听到的或做到的事物中。初生婴儿一开始的行为——踢腿、玩手指——只是为了活动活动,而不是为了完成什么事情。渐渐地,婴儿的活动开始指向外部环境。接着,婴儿重复某个行动来观察环境中的变化。例如,孩子踢小汽车让它跑或者按动琴键听声音。最初这些行为没是有目的,目的是孩子在行动过程中偶然发现

的。到 8～12 个月时，婴儿学会运用事物的反应解决问题或达到目的了。比如，拿起拨浪鼓就知道摇，以听声响；拨开父亲挡在前面的手去够一个玩具。在第一年中，婴儿开始认识到物体的恒久性，也就是意识到看不见的东西依然存在。新生儿的记忆是十分有限的，一样东西，他一旦看不见，就以为它不存在了。渐渐地，他们才能够回忆起一样东西或一个人。

孩子对世界的很多了解是通过玩获得的。随着婴儿的长大，孩子玩的方式也在变化。最初孩子主要靠父母做动作，逗他们乐。六个月左右，孩子会对玩具的形状、质感、重量、动作很感兴趣。一件玩具，可摸索的东西越多，孩子对他的兴趣就越长。玩熟了，就搁到一边了。一段时间以后，再对它产生新的热情。开始婴儿喜欢咬、摔、挤、拍，用感觉器官去感知这个玩具，渐渐地，他就变着法子摆弄玩具使它发出响声或产生其他变化。太简单或太复杂的玩具，孩子都不感兴趣。

婴儿语言发展

语言发展在 1～4 岁之间发展最为迅速，但孩子出生后第一年的经验对孩子的语言能力的获得极其重要。婴儿语言习得的机制看来是天然设定的。因为全世界的宝宝语言发展的时间表都是相似的。所有国家的宝宝都在 4～6 个月时开始咿咿呀呀，在一岁时说出第一个词。聋儿在 4～6 个月是也能发出咿呀声，但六个月以后停止发声。显然，婴儿需要听到声音，接受发音刺激才能继续语言的发展。

在和婴儿的交流中，母亲常常对着孩子说大段的话，询问孩子，给孩子发布指令。这使孩子逐渐学会了参与对话的规则——一次一人，轮流说话。婴儿在懂得声音所代表的意义之前就开始学习模仿声音。学会说话前，他们发出声音获取父母的注意，也用声音表达情绪、要求、命令和疑惑。刚会说话时，婴儿说出的一个字，可以代表很多意思。"妈"可以是一个问题，一个命令，一个请求或是一声撒娇。

第一年的语言发展依赖于智力的发展。婴儿必须理解物体的恒久性，并知道人、物体和事件都有名称，这些名称可以用来与他人交流。婴儿还需要记住每一种事物的名称，能够回忆起他想要说的那一种事物。

亲子关系的质量也影响婴儿的语言发展。哭是不舒服的信号，也是婴儿与父母交流的手段。如果哭唤来的是安抚和不适的消失，婴儿就会知道交流是值得的。哭总是得不到回应的婴儿在语言和手势的发展上比其他孩子慢一些。

第三章 父母和孩子

婴儿情感发展

人的情感是与生俱来的。心理学家们一致认为情感在婴儿出生时就有所表现。快乐、愤怒、伤心、惊奇、害怕、害羞都出现于一岁以前。

每个婴儿都有独特的情感反应特点。不同孩子的活动水平、社会性回应程度、易激怒程度都不相同。也就是说，有的孩子活跃，有的却不好动；有的一逗就咯咯笑，有的逗半天才略有愉快的表示；有的孩子稍有不适就会哭闹，有的情绪则平稳许多。这些特性是孩子天性的一部分，是持久的。

婴儿和父母的情感交流是双向的。出生没几天的婴儿就能察觉其他人的情感变化并对此作出反应。婴儿对父母的情感回应不仅仅是一时的，他们还会受父母的影响形成自己的持久的情绪模式。如果父母总是情绪愉快，孩子也会经常露出笑容。

所以你需要控制自己的情感来引导婴儿积极情绪的发展。你可以尽量多做愉快的表情让孩子模仿。对孩子说："笑一笑。""不要哭。"当然，孩子并不完全依赖父母控制情感，遇到不愉快的情景，婴儿会转过头，吮手指头、看别的东西来安抚自己。他们还会给自己找乐，比如把玩具弄响，自己呵呵笑。

总的说来，婴儿世界里，安慰和积极情感的最重要来源是他们身边的人。

人格和社会性发展

根据心理学家艾里克森的理论，婴儿阶段是建立信任感的关键时期。父母对婴儿的抚摸、亲密的身体接触，有助于孩子心理功能的调节。如果你经常逗孩子笑，和孩子玩耍，对孩子的照顾有条不紊，孩子就会更活跃，能掌握更多的运动技巧。温馨的亲子关系能帮助孩子形成对父母和对家庭环境的信任感，并由此推及其他人和更广泛的外部世界。

对于这个时期的婴儿，你可以作出各种表情让孩子模仿，婴儿喜欢模仿。你还可以常常解释孩子的行为，对所发生的事情进行流水账似的描述，如："你哭啦，一定是饿了，妈妈去拿牛奶。""你尿湿了吧，让我来看看。"就这样，婴儿逐渐参与到与家长的对话当中，也在这样亲近、密切的交流中建立对与父母的依恋。

依恋是婴儿与主要抚养者（通常是母亲）之间的最初的社会性连接，也是情感社会化的重要标志。大约从5～6个月时起，婴儿就表现出最喜欢同母亲在一起，与母亲的接近会使他感到最大的愉快。同母亲分离则感到最大的痛苦。遇到陌生人和陌生环境时，母亲的出现会使他感到最大的安全；当婴儿饥饿、寒冷、疲倦、厌烦或疼痛时，往往首先寻找自己的母亲。依恋对婴儿整个心理发展具有重大意义。婴儿是否与母亲形成依恋及依恋的性质如何，直接影响婴儿情绪情感、社会性行为、性格特征和对与人交往的基本态度的形成。（赵茂矩，2007）

母亲及时满足婴儿吃喝拉撒的需要还不足以使婴儿形成安全型依恋，母亲与婴儿在一起待的时间长短也不能单纯决定婴儿依恋的性质。母亲对婴儿所发出的信号的敏感性和她对婴儿是否关心是最重要的因素。如果作为婴儿的主要养育者，你能注意观察婴儿所处的状态，听取婴儿的信号，并能准确的理解，作出及时、恰当、抚爱的反应，婴儿就能形成对你的信任和亲近，从而建立安全型依恋。

婴儿虽然主要与父母交往，但也开始了与同伴间的接触，并且表现出各个婴儿在社交方式和社会接受性方面的差异。随着婴儿活动、认知能力的增长，活动范围的扩大，他们与同伴交往的时间和数量越来越多，同伴交往在婴儿生活中所占的比重越来越大，对婴儿个性、社会性发展的影响也越来越重要。年龄越大，孩子越喜欢与同伴玩耍。

婴儿大约从出生的后半年起开始真正意义上的同伴交往。最初婴儿交往的注意力集中在玩具上，而不是同伴本身。6～8个月的孩子通常互不理睬，各玩各的，偶尔互相看一看，或抓一抓。渐渐地，婴儿对同伴的行为作出反应，企图去控制别的孩子的行为。比如，把小朋友从椅子上拉下来。再大一些的婴儿之间会出现更复杂的社交行为，互相模仿，并开始简单的合作。比如：相互给取玩具。当然，第一年中，婴儿之间的同伴交往距离友谊还差得很远。

父母的任务

父母在这一时期首要的任务是满足孩子吃饭、穿衣、爱抚的需要。家长需要细心观察孩子的行为，发现孩子的行为规律、喜好和个性特点，相应地调整自己的抚养方法。其次，父母要帮助孩子逐步建立合理的起居规律。另外，父母要与孩子进行交流，与孩子谈话、做游戏，促进孩子情感和社会性发展并刺激和辅助孩子的动作发育，但要注意根据孩子的性格特点控制孩子的活动量和强度。

2. 幼儿期（1～3岁）

这个跌跌撞撞的年纪对孩子和父母都特别重要，是因为孩子在这个时期里迈出了第一步，说出了第一个句话，学会了自己吃饭，上厕所，变得更加独立和能干了。然而，他们一刻不闲的忙碌、没完没了的好奇，出其不意的冒险，不可理喻的倔强，往往令父母兴奋之余，又累又恼。

生理发育

1周岁时，孩子身高、体重的增长速度比婴儿时期有所减慢，但仍是3～5岁的增长速度的两倍。1～2岁内，全年身高约增长10厘米，以后则每年递增5～7厘米。体重增长约为每年2千克。到三周岁时，幼儿的平均个头是95厘米，体重12～14千克。当然孩子的个体差异很明显，遗传、食物的质量和数量、活动量、疾病、医疗条件、家庭经济状况都和孩子的身体发育密切相关。慢性疾病或长期营养不良会导致孩子发育的停滞。

根据乳牙萌出的情况，大概可知骨骼的发育情况。发育好的孩子按时出牙，牙质优秀；发育差的，出牙延迟，牙质欠佳。2岁孩子一般出牙18～20颗。2岁半以前乳牙应该出齐了。有了牙齿，孩子不仅可以享受品种丰富的食品，更重要的是可以更好地消化食物，吸收营养。另外，牙齿也是辅助语言发育的重要器官，有了齐全的牙齿，吐字发音就清楚多了。

运动发育

这一阶段，孩子对身体的控制能力和运动能力大大加强了。随着直立行动经验的积累，2岁的孩子比以前走得更稳、步伐更大，步调也更协调了。到3岁，走和跑已经成为孩子自然的活动。大部分3岁的孩子能够骑小三轮车。除了粗大运动技能的发展，两三岁的孩子的精细运动技能也有长足进步，例如，他们会把积木叠在一起，把纽扣放进小瓶，用笔在纸上涂写。

运动能力的发展将孩子带入更广阔的天地。他们可以自由地跑来跑去，能接触并控制更多的东西。他们十分乐意练习或尝试一下新本领，充满跃跃欲试的豪情，压根儿意识不到自己能力有限，因此也经常"闯祸"。

智力发育

这个时期的孩子兴趣已经超越了自己的身体，他们对事物产生了更浓厚的兴趣。每个孩子都是一个迷你科学家。他们观察这个世界，尝试各种做法看看会有什么反应。随着他们的观察和试验，孩子对事物的认识逐渐丰富和复杂起来。比如，孩子发现东西从手里滑落，会掉在地上。渐渐又发现弹子球掉得快，气球却要飘忽一会儿，玻璃杯则会碎。皮亚杰将孩子内心对事物的认识称为"图式"（scheme）。孩子的认识或图式，随着经验的积累逐渐完善，并引导孩子的行为。

这个阶段的孩子的模仿更精确了。他们模仿大人走路的样子，说话的腔调。学妈妈喂饭的样子给布娃娃吃东西，模仿爸爸抽烟，表演电视广告。他们往往不是立即模仿别人的行为，而是记在心里，过后再模仿。虽然孩子还不能完全用语言描述将所看到的景象，但他们可以把这些图像储存在记忆里。所以，这个阶段，孩子的模仿性游戏和延时模仿大大增多。

语言发展

1岁的孩子已经能够改变语调，用单个的词表达陈述、要求、疑问和命令了。19个月的孩子一般能说出约50个词。此后，孩子的词汇量增长速度更快，大约每个月学会25个词。到两岁时，能用简单的句子描述所看到的事物。

是什么使孩子的语言能力发展得如此之快？一些心理学家们认为孩子学习语言的能力是天生的。孩子天生具有学习语言结构的信息处理能力或策略，去理解词是怎么组合在一起成为句子的。他们能学会连接词语表达意思的方程和法则，他们似乎还有一种"快速搜索"的本领，能使他们迅速找到一个并不完全理解的大致准确的词表达意思。然后经过重复接触这个词来掌握对它的准确理解。

当然父母对促进孩子的语言发展也功不可没。从婴儿时期起，父母就鼓励孩子咿呀学语，让孩子意识到语言在满足需要时的作用，给孩子做榜样，让孩子模仿发音。这些都在孩子的语言获得中起着重要作用。父母与孩子的情感关系与孩子的语言能力密切相关。父母乐于和孩子说话、讲故事、谈孩子看到的事物，能强化孩子对语言作用的认识，增加模仿学习的机会和表达的机会。父母又是幼儿语言交流的主要接受者，如果父母能及时对孩子说出的词句作出回应、解释、纠正，孩子对语言表达的兴趣和信心就会增强。对外部世界的探索也有益于孩子语言的发展，孩子经历的越多，想要表达的东西就越多。

2岁孩子的语言是十分有趣的，虽然已经具备语句的主要成分，但仍过于简略、断断续续、不完整。听起来像是发电报。比如："宝宝，街。"（宝宝要上街）"球，姐姐。"（球是姐姐的）。另外，幼儿的语言还存在"过度规则化"或"规则扩大化"的现象。比如，孩子可能把所有青年男性都叫做爸爸。孩子在说话时，还会出现重复、犹豫。这往往发生在孩子学习把单词句变成双词句，或试图用更多的词组成句子表达意思的时候，这种现象会随着孩子表达的熟练而自然消失，不必担心孩子结巴。

语言发展的快慢因人而异，语言习得的模式也各不相同。有的孩子先学会主谓结构的语句，如"猫咪叫。"有些孩子则先学会指辨事物，"车，那。"通常，女孩的语言能力要比同龄的男孩强一些。

情感发展

2岁左右的孩子更加喜爱探索、更独立，自我意识也更明确了。他们常常用拒绝来表现自主性。"不！"是他们对任何要求的第一反应。吃饭的时候从饭桌上溜开，穿衣服时扭来扭去不配合。不让他做的事情却异常积极，"我要拿！""我来！"有时他们还会学着大人的语气对父母发号施令。

当孩子不能完成他期望能做到的事情时，会很急躁，甚至大发脾气。当孩子疲倦、饥饿或不舒服时，最容易哭闹。孩子发脾气的原因多半是与父母发生冲突，通常发生在当父母要孩子遵守规则时，或者当孩子提出要求时。当然，三岁以下的孩子发作的时间一般不会超过5分钟，而且很快就没事了。心理学家发现，孩子哭闹的发作与家长的教养方式和处理方法密切相关。如果家长能够转移孩子的注意力，不理睬孩子的发作，暂时孤立孩子，批评，给孩子讲道理，孩子就会少发脾气。如果孩子一发脾气就满足他的要求，哄骗，安慰或威胁，孩子会更经常哭闹。

在孩子怒气冲冲的表现越来越多的同时，对爱和同情的表达也在增加。两岁开始，孩子会向父母，尤其是母亲发出爱的信号——亲昵地拍打或抚摸，他们还对小动物和比他们小的孩子表现出爱抚。

同情在这一阶段也得到发展。一岁多的孩子就知道触摸、拥抱或抚摸受伤哭泣的同伴。有时会把自己玩具送给伤心的孩子。18个月到两岁之间，孩子开始模仿受伤时的情感反应，作出痛苦的表情。许多孩子还会将痛苦联系到自己身上。比如，妈妈撞疼了胳膊，孩子去抚摸她的手臂安慰她，然后又摸摸自己的胳膊。父母的行为与孩子同情的获得有很大的关系。有爱心的父母不仅通过自己的言行给孩子做榜样，还明确地指导孩子爱护同伴，不伤害别人。一两岁的孩子对父母之间的怒气十分敏感。父母一吵架，孩子会哭、皱眉、垂头丧气，孩子会跑到父母中间试图转移他们的注意力。看到父母打架的孩子，容易攻击同伴发泄自己的怒气。

快乐，对于一两岁的孩子来说有的是。令孩子最兴奋的是，他们能够成功地按照指令完成一项任务。他们会一遍一遍地重复新学会的游戏，表现出成功后的自豪和快乐。

人格与社会性发展

一两岁的孩子逐渐具备了基本的自我意识。他们通过说"不"和"我自己来"表现自我。他们希望按自己的愿望行事，去想去的地方，吃想吃的东西，得到想要的东西，支配其他人。孩子的自主性和独立性也加强了，但仍需要家长的帮助和指点。比如一些动作的完成或游戏的进行，都需要父母的鼓励、示范和辅助。如果父母没有足够的耐心帮孩子达到目标，孩子常常会失败。过多的失败会导致孩子感到羞怯,对自己和自己的能力产生怀疑。如果经验是积极的,孩子的信心和意志力会得到加强,并能更好地自我控制。

孩子对父母的依赖的质量影响孩子对其他人的态度,对事物的摸索和对环境的探究。一个对母亲有安全依赖的18个月的孩子,能够更勇敢地在新世界里摸爬滚打。父母适当的保护、鼓励、支持和控制能帮助孩子建立和维持安全性依赖。

自我控制

孩子的自我控制能力是逐步建立的。一开始,孩子通过别人的要求控制自己的行为。妈妈说:"不行。"孩子收回自己的手。慢慢地,孩子自己知道一些事是不被允许的,会试图克制自己。比如,孩子看着桌上的糖,犹豫是不是去抓,并喃喃自语:"不能吃。"孩子能够记起一个行为的后果,父母不在时也能回忆起他们可能对此作出的反应,因而努力约束或延迟行动。但如果目标太诱人,孩子就很难控制自己了。大部分两岁的孩子大约能独自等待4分钟,去触摸一个未经允许去拿的东西。可见,这个阶段孩子的自我控制力还是有限的,最好的防止不当行为产生的方法是转移注意力。把孩子的视线引向别的东西或活动。

孩子的自我控制的发展受许多因素的影响。比如,孩子自身的记忆能力、运动能力、语言发展、认知水平以及父母的教养方式等。随着孩子越来越感受到运动的乐趣,对他们行动的控制就越来越难。因为记忆能力有限,孩子会很快忘记规则,难以用纪律约束行为。不过,语言的发展有助于孩子理解、回忆和应用规则,并且孩子对后果和标准的概念也逐渐清晰。父母如果能尽量用语言明确地告诉孩子哪些事能做,哪些事不能做,为什么?并经常重复,同时用自己的行为为孩子树立榜样,孩子的自我控制能力就能得到更好的发展。

有趣的是,在孩子自我控制能力加强的同时,他们不听话的水平也提高了。他们学会了躲避,假装没听见,磨蹭,或直接用语言表示不乐意。父母的耐心在此时受到极大的考验。

同伴交往

13个月左右的孩子可能会表现出对陌生孩子的紧张不安,但很快,这种反应就会过去。两岁的孩子和同伴交往时,首先划清自己的领地,声明哪些东西是属于自己的。然后才开始真正的交往。到30个月左右,孩子们已经能够自在地在一起玩耍了。研究表明,13~24个月的孩子在一起,多半是互补型的游戏,而且缺乏想象,车就是车、积木就是积木。到24~36个月,逐渐出现假想性的游戏。比如：拿纸盒当做房子，毛巾当大衣。一两岁的孩子之间形成的友谊能够维持1年之久。这种友谊对孩子来说是重要的感情依赖。通过观察，心理学家发现，当孩子在固定的朋友组合中，他们的游戏是，充满了交流。一旦一个朋友不在了，孩子们之间的交流就明显少了。所以父母了解孩子与同伴之间友谊的深度十分必要。孩子发展与同伴关系深受家庭和亲子关系的影响。与母亲形成安全性依赖的孩子更善于交往，更友善，更能与人合作。

父母的任务

在1到3岁的阶段，当孩子开始精力旺盛地尝试和父母对着干，企图自行其是的时候，你的主要任务是建立权威、设置规则并实施这些规定，时时准备着对付孩子的任性发作，相信自己能够平静、客观地对待孩子的反抗。（黄小娜，2007；安瑞，2007）你需要调整对孩子的期望值，孩子并不总是那么乖巧、甜美、可爱，有时他们会摔东西、扯头发、大哭大叫。有了心理准备，就不会感到手足无措。你还需要调整对自己的期望。不要苛求自己成为完美的父母，但仍要注意改变粗暴的管教方法，学习使用有效的教育策略。父母之间统一意见十分重要，需要经常沟通以达成共识。首先，在一方教育孩子的当时，无论赞同与否，另一方必须站在同一边。事后再背着孩子讨论做法是否妥当。尽量不要把教育孩子的任务完全交给一个人，这意味着另一方与孩子的交流会越来越少。父母双方互相支持有助于找到更好的方式化解分歧，更有效地教育孩子。

3. 儿童早期/学龄前期（3~6岁）

随着孩子生理的发育和运动能力的发展，孩子独立行动的能力也增强了，他们的生活范围不断扩大，活动内容也日益丰富。孩子们探索、尝试和挑战新事物，享受成功的喜悦，乐于和别人竞争。他们还学会了更清晰和准确地用语言表达自己的想法和愿望，但不假思索的天真话语常常令人忍俊不禁。

大多数孩子进入幼儿园，与同伴的朝夕相处和游戏中，逐渐学会协商、让步、分享、轮流、遵守规则。

孩子的思维能力在进步，他们像小哲学家似的，质询发生在他们身上和身边的一切事情，有时令家长难以招架。

生理与运动发育

儿童出生后大脑和神经系统的发育最快，成熟最早。3岁时，幼儿的脑容量已达到成人的80%；5岁时，达到90%。到幼儿期末，脑重量和神经系统的功能已接近成人水平。这为儿童的行为控制、注意力、记忆力和其他认知能力的发展提供了自然物质基础。幼儿的兴奋过程比以前增强，睡眠时间逐渐减少，幼儿神经系统的抑制机能还比较弱，因而很难做到长时间保持一种姿势或集中注意于单调乏味的作业。他们的注意力集中时段大约为15～20分钟，因此每隔一会儿，孩子就要换一种活动。

5岁的孩子能够轻松地跨越或大步地奔跑，他们的平衡感更稳定，能踮着脚跟站立几秒钟，还能闭着眼睛单脚站立。精细动作更加协调，孩子们能画画、使用剪刀、涂颜色。5岁的孩子能画简单的人像，用橡皮泥捏塑形状。孩子运动能力的加强为他们打开了创造性活动之门。

思维发展

孩子对一切事物的特点、起源和目的产生了浓厚的兴趣，常常会问："雨是从哪儿来的？""为什么有白天和晚上。"这时，你不必给孩子详细解释科学道理，只需要告诉他这些现象的目的就可以了。比如："下雨，小树和草就能长大了。""白天亮，小朋友可以玩；晚上黑，大家好睡觉。"孩子对事物的理解还是有限的，因为他们往往只能注意到事物的一些方面，还不能进行有逻辑地思维。

根据皮亚杰的理论，2～7岁儿童的思维属于"前运算阶段"。这一阶段儿童主要是表象性思维，其特点是相对具体性、不可逆性、自我中心性和刻板性。

根据皮亚杰的观点，前运算思维的基本特征是自我中心，也就是从自我的角度去解释世界，很难想象别人的观点。举个例子：如果你让一个孩子和一个玩具熊各坐在桌子的一边，桌上放一座房子的模型，当你拿出一些不同角度房子的照片，问孩子小熊看到什么时，大多数6岁以下的孩子会挑出和他自己所看到的画面一样的照片。显然，孩子只能从自己的角度作出判断，不能理解小熊的角度和自己是不一样的。

皮亚杰还认为"前运算阶段"的儿童还不能理解的物质的"守恒"，也就是物质从一种形式转化为另一种形式后，物质的含量或性质保持不变。例如，孩子知道两只一样大的玻璃杯里装着一样多的水，当把其中一个杯子的水到进一只新的高一些、细一些的杯子里，水面升高了，这时，大多数3～4岁的孩子会说新杯子里的水多。他们只注意到杯子的高度。5～6岁的孩子虽同时注意到了杯子的高矮和粗细，但还不能确定这两者的关系。到8岁左右，孩子才能有把握地作出正确判断。对于数量和长度的理解也是如此，如果把堆在一起的纽扣分散摆放，孩子会认为纽扣变多了。把两支一样长的笔错开平行放置，孩子会认为其中一支更长一些。这说明幼儿的思维只集中于问题的一个维度，还不能意识到一个维度的变化总是伴随着另一个维度的变化,也不会用同一性、补偿性和可逆性来理解了事物的逻辑关系。

多数 4 岁以下的孩子不能按事物的功能和本质对事物进行分类。例如,他们会把猫和椅子归为一类,理由是猫喜欢坐在椅子上。在按颜色、形状分类时,会不断改变标准,一会儿按颜色排列,一会儿按形状归类。到 6~7 岁,孩子的抽象概括能力才逐渐发展起来。这个阶段的孩子也不能够按照物体的某个特征将它们按顺序排列,除非这个特征非常明显。比如,孩子不能按照长短顺序将铅笔排列整齐,但他可以挑出最长的和最短的铅笔。

幼儿还不能区分想象中的和现实中的事物,认为太阳会走路,觉得卡通人物和真的人一样有生命。所以,这个阶段的孩子对象征性游戏越发感兴趣,拿扫帚当马骑,拿筷子当枪用,和布娃娃办家家。孩子还常常会做恶梦,变得容易害怕,觉得故事里的大灰狼和怪物会跑出来。孩子还会害怕闪电、黑暗、水等自然现象,或是害怕身体受伤害。对危险适当的害怕有利于阻止孩子无畏的冒险,保护他们的安全。但过于强烈的害怕会挫伤孩子探索世界的信心和能力,影响性格的发展。因此,你要注意不要吓唬孩子,或对孩子的安全表现出过分的担忧,越小的孩子越容易受到父母情绪的暗示。对于已经出现的害怕,简单的鼓励有时并不奏效。你可以针对原因作解释,让孩子相信不用害怕;或者改变环境,让孩子觉得安全,比如睡觉时开着灯,放轻柔的音乐。如果你教会孩子对一些情况的应对方法,让孩子知道自己可以控制局面,他/她的担忧和恐惧就会减轻。比如孩子怕黑,你可以教孩子开灯来改变环境。不要强求孩子一下子克服害怕心理,或因此训斥孩子。这样往往适得其反。

幼儿初期只能掌握比较具体的实物的概念,而不易掌握一些比较抽象的性质概念、关系概念、道德概念。直到幼儿晚期,儿童才有可能掌握一些比较抽象的概念。也就是说,孩子更容易理解能亲眼看到、接触到的或亲身经历的东西。幼儿对事物的概括能力有限,概括的内容贫乏,一个词只代表一个具体的东西或特点,而不是某一类事物的共同特征。到幼儿晚期,概括的内容才渐渐丰富。另外,幼儿概括的特征大多是事物外部的,非本质的特点。而且概括往往不精确,有时过宽,有时过窄。

语言发展

幼儿的语言随着他们实践活动的日益复杂化迅速丰富起来。幼儿阶段是一生中词汇量增长最快的时期,也是熟练掌握口头语言的关键时期。最初,幼儿使用最频繁和掌握最多的是与他们生活最密切相关的,描述直接感受到或观察到的事物或现象的词汇。随着年龄增长,幼儿词汇的抽象性和概括性逐步增加。幼儿对词语的理解和使用也是逐渐进步的。幼小的孩子常常会滥用词语,甚至创造词语表达意思,比如:"我身上有肉皮。""我完蛋了(完成任务了)。""我的熊熊巾(印有小熊的毛巾)。"

幼儿在掌握词汇的同时,也在学习语法,口语表达能力随之得到发展。幼儿期,孩子虽然已经能够说出合乎语法的句子,但他们只是从语言习惯上掌握了它,真正的语法知识的学习要到小学才能进行。

3岁前的孩子与大人的语言交流,主要是对话交流。大人提问,孩子回答,或者孩子提出问题或要求。随着儿童活动的发展,孩子从自己的独立活动中获得的经验、体会、印象、意愿增多了,他们渴望把自己的所见所闻告诉父母,这就促使了幼儿独白言语的发展。幼儿初期的语言表达往往是想到什么说什么,缺乏条理性、连贯性,说话过程中夹着丰富的表情和手势,你要边听边猜才能明白。到了幼儿晚期,孩子就能比较清楚地、系统地、绘声绘色地讲述故事、描述事件了。

记忆的发展

根据信息论的观点,如果把人脑比作一台高效能的计算机的话,那么,积极就是一个信息输入、编码、储存、检索和提取的过程。与婴儿时期比,幼儿的信息储存的容量相应增大,对信息的接收和编码的方式也在不断改进,记忆的策略初步形成。

幼儿时期无意识记忆占主导地位。凡是让孩子感兴趣的、印象鲜明强烈的事物就容易记住,对孩子来说,有目的地去记忆某些东西还很困难。幼儿晚期,孩子有意识的记忆和追忆的能力才逐渐发展起来。有意识的记忆最初是被动的,是父母提出要求记什么。而后孩子才能主动确定目标,进行记忆。孩子的经验、记忆的动机和对记忆对象的兴趣都会影响记忆的效果。比如,孩子对情节和自己生活经历相近的故事记得比较牢固,对哪天去动物园绝不会搞错,对喜欢的歌曲很快就能学会。

幼儿时期,形象记忆优于语词记忆。孩子对于能看见图像的具体物体记得较好,对于不熟悉的物体名称,记得比较差。不过语词记忆的发展速率要高于形象记忆。形象记忆和语词记忆不是决然分开的,形象和词都不是单独在儿童的记忆中起作用。在形象记忆中,词在其中也起着标志和组织记忆形象的作用。在语词记忆中,词所代表的事物的形象也起一定的辅助作用。

记忆策略是人们为了有效完成记忆任务而采取的方法或手段。一般来说,5岁以前的儿童还不具有什么记忆策略,5～7岁处于过渡阶段,10岁以后记忆策略逐步稳定发展起来。因此,学龄前的幼儿基本上不会采用归类(动物:猫、狗、牛,植物:花、草、树)、情境联系(滑梯、玩具——幼儿园,蛋糕、礼物——生日)等方法帮助自己记忆。但是,训练和提示可以有效地改善孩子运用记忆策略的能力。

人格与社会性发展

儿童的个性形成和社会性发展是在社会化的过程中实现的。社会化,就是个体在与社会环境相互作用中学会各种社会行为规范、价值观念和知识技能,成为独立的社会成员并适应社会的过程。社会化在儿童发展中具有重要作用。在社会化过程中,儿童有时体验到个人愿望与社会要求的尖锐冲突,他逐渐学会按照社会群体认可的行为规范,采取理性的行动,将自己融入到更大的社会中,与其他社会成员共享一种文化。

幼儿的自我意识有了进一步的发展。7岁以前,幼儿对自己的描绘仅限于身体特征、年龄、性别和喜爱的活动,还不会描述内部心理特征。比如:大部分孩子会说"我个子高。""我会画画。"但不会说:"我性格内向。"幼儿对自我评价能力也在发展,3岁是还表现得不明显,但5岁时,绝大多数孩子已经能够进行自我评价了。幼儿对自己的评价很大程度上来自于别人,尤其是父母对自己的评价。因此,父母和老师对孩子的评语和反馈是否恰当对孩子能否形成客观、积极的自我意识十分重要。

幼儿的情绪体验从与生理需要相联系的情绪体验(愉快、愤怒)向社会性情感体验(委屈、自尊、羞愧)不断深化,同时表现出易受暗示性。自尊感,是幼儿情感发展中最值得重视的,它是心理健康的重要标志。自尊得到满足,会使人感到自信,体验到自我价值,从而产生积极的自我肯定。幼儿在3岁左右产生自尊的萌芽,如犯了错误感到羞愧,怕别人讥笑,不愿被当众训斥。自尊的形成与儿童的能力和他们对自己能力的认识有关,并受到父母教养方式的影响,另外,对儿童有重要意义的他人对孩子的评价,比如老师的评价,也对幼儿自尊的发展影响深远。幼儿不仅从别人的语言中了解对自己的评价,他们还会察言观色从别人的表情、语气、手势中感觉出自己是否得到认可或喜爱。

幼儿对他人的情感表现更加敏感,而且理解也更准确。看到小朋友生气了或哭了，他们会明白他生气或伤心的原因，会把自己的玩具送给他，跟他玩，或安慰他。不论在家庭内外，幼儿对愤怒特别敏感。听到隔壁房间的争吵声，大多数孩子会很警觉，感到不安甚至害怕。有些孩子会因此表现出更多地攻击性行为。

3岁以上的幼儿不仅比以前有了更丰富的情感表现和更准确的情感反应，他们还学着掩藏自己的情绪。他们在有别人在场时，克制失望的流露，抑制想哭的欲望和怒气的发作。当要求得不到满足、受到限制或遭到惩罚时，孩子直接大哭大闹发泄愤怒的情况比以前少了，而是更多采取有目的的行为想方设法得到想要的东西，不听劝阻或躲避，进行暗中抵抗。有时孩子会攻击同伴，破坏玩具发泄心里的不满或焦虑。父母应理解孩子也有表达各种情绪的需要，但要引导孩子用恰当的方式宣泄情绪，告诉他们可以用语言说出自己的感受，但不能打人或欺负小动物。

3~4岁的孩子还比较缺乏自我控制，5~6岁的儿童大多具备了一定的自控能力，但总的说来是比较弱的。还不能有效地停止或抑制某些行动，也很难做到"延迟满足"，也就是不能为得到更大利益而等待，放弃眼前报酬。比如：告诉孩子如果等10分钟不吃桌上的那颗糖果，就可以得到5颗糖，但往往几分钟以内，桌上的糖就被孩子放进嘴里了。

道德认知在幼儿阶段也有了进一步的发展。幼儿对引起事情的原因只有朦胧的了解，他们的行为直接受行为结果的支配，判断行为的好坏完全看行为的后果，而不考虑主观动机。孩子认为规则是绝对的，由权威所制定的，不理解规则是可以集体协商来制定和改变的。比如孩子会认为幼儿园老师提出的要求是绝对不能改变，一定要服从的，从来不会想到有什么变通的方法。在判断是非时，总是非黑即白，不是好就是坏。认为公正就是服从权威，按照是否服从权威来评判是非。孩子会以为不听话就是坏孩子。

进入幼儿园，儿童与同伴的相处时间明显增多，他们不再把成人作为唯一的依靠对象。他们开始主动寻求同伴，喜欢和同伴共同参与活动，能够更好地和同伴分享、合作和互相帮助，与同伴的关系也更密切、频繁和持久。从3岁起，孩子偏爱同性伙伴，经常与同性伙伴一起活动。3~4岁之间，同伴间依恋的强度和友谊的数量显著增长。语言的发展使同伴间交往更加有效。孩子聪慧性程度较高的合作性游戏也大大增多了。儿童早期的友谊通常是脆弱、易变的，好得快，恼得也快。幼儿的友谊多半建立在地理位置接近（如邻居）、有共同喜爱的活动以及拥有有趣玩具的基础上。儿童的同伴关系与他们的行为表现、情绪反应和人格发展之间存在着密不可分的联系。因此，父母要注意关心孩子和同伴的相处状况，帮助孩子和其他小朋友建立和维护和谐、快乐的同伴关系。

4. 儿童中期/学龄儿童（6～12岁）

生理与运动发育

5～10岁期间，男孩和女孩的身高、体重的发展速度基本相近，从10岁开始，男孩和女孩的身体发育出现不同。小学阶段，孩子的运动能力逐渐完善，掌握了几乎所有基本大运动和精细运动技能。跑、跳、写字、画画，都不在话下。

智力发育

推理能力在这一阶段出现并逐渐发展起来。根据皮亚杰的理论，从7岁开始，儿童进入具体运算阶段。也就是说，孩子能够进行逻辑思维，而不是局限于事物的表象。他们逐渐理解物体重量、数量、容量的守恒，比如：一个泥球无论被压平或搓长，它的重量不变。学会了把物体有序排列。也理解了事物的分类。能够通过零碎的部件很快推测出完整的图像。比如：看到散乱的拼图碎块，能立即知道要拼的图案。他们对事物的观察也更客观，不再完全从自己的角度出发去理解事物。对事物的概念掌握也从表象向实质过渡。他们对事物运行的原理和机制越来越感兴趣，并试图通过对事物的操作发现原因或规律。

进入学校是孩子人生的一次飞跃，因为这意味着孩子被要求在一个有秩序的、充满陌生人的环境下学习新知识和技能，并受到外界标准的评价。学习成了孩子这一时期的主要任务。绝大多数孩子在刚刚进入小学时，对自己的学习能力很有信心。他们对功课感兴趣，觉得自己能轻松完成任务。随着年级的递增，学习任务难度的加大，孩子对自己的智力和能力的评价出现了分化。他们经历的失败越多，对自己的学习能力的信心越低。

影响孩子学习的因素除了孩子自身的智力发展水平和个性特点，还包括学校环境、老师的教学手段、家庭氛围，及父母的教育方法。班级的人数越少，越有利于孩子的学习。这样老师更容易了解每个孩子的特点，实施因材施教。孩子也能够得到老师更多的关注，有更多的机会参与课堂活动，从而更能集中注意力，保持学习的兴趣。如果老师能在课堂上为孩子创造一个宽松、友好的环境，经常给予孩子主动学习的机会，对孩子有较高的期望，并能认真地监督和指导孩子，孩子会学得更好。学生的学习特点和学校教学方式是否合拍，也决定孩子学习进步的快慢。

父母对孩子的期望和要求也对孩子的学习动力和信心产生影响。如果父母对孩子的期望是现实的,要求是合理的,会有助于孩子确定目标、保持信心和兴趣,并获得成就感。(张树东,2007)父母对孩子在学校表现的反馈影响孩子对自己学习能力的评价。父母对孩子管束过死,使孩子无法感受到学习的乐趣,也会遏制孩子的学习动力。

父母自己的行为对孩子学习的影响是很深远的。父母对学习的态度和习惯直接影响孩子学习习惯的建立和学习方法的掌握。如果父母通常不阅读快报、只看电视、打麻将,就很难为孩子创造一个家庭学习氛围。(李燕芬,2005;侯耀先,2007;周欣,2007)

人格与社会性发展

根据爱里克森的理论,5～11岁的儿童通过做各种事情并取得成绩发展出勤奋感和成就感。他们去学校上课、学习读书写字、发展业余爱好、结交朋友,十分忙碌,他们通过这些活动不断拓展自己的能力。如果经常体验到成功的喜悦,他们会对自己充满自信;反之,则会感到自卑,会觉得自己无用,注定要失败。

孩子对感情的理解在增进。他们认识到感情不是对某个事件的自然反应,而是取决于事件的原因和对事件的解释。比如:6～7岁的孩子对成功总是感到开心,不管成功的取得是因为侥幸还是靠自身努力。但9～10岁的孩子只会为自己努力所获得的成就而感到高兴。随着孩子对别人感情的理解加深,他们能更好地帮助别人。他们会采用社会性手段来安抚别人。比如:孩子会用语言安慰同伴,"没关系,一会儿就没事了。"或者提供解决问题的建议,"丢了不要紧,再买一个。"或者用一些活动来补偿,陪同伴玩,逗他高兴。

这个阶段的孩子分辨感情的外在表现和内在真实情感的能力也提高了。当别人说"我很高兴",但实际上毫无兴奋的表情时,孩子知道他并不高兴。6岁时,孩子就能够用语言掩饰自己的情感。这多半是父母教育的结果。比如,孩子得到一个他并不喜欢的礼物时,却说:"我很喜欢。"这样的时候,孩子的面部表情更能准确反应他们的感受。

当孩子独自一人时,或者相信他们的表现会得到理解和认同时,孩子才会流露真实的情感。可是,随着孩子的长大,他们总是越来越多地认为自己得不到别人的积极反馈。男孩尤其如此,因而大一些的男孩往往不爱表达自己的感情。

总的来说,侵犯性行为在这一阶段数量比以往减少了,但形式却增多了。幼儿阶段侵犯行为主要是作为孩子达到目的(如得到玩具)的手段,在小学阶段,孩子们开始有意伤害其他人。孩子的打斗事件发生率降低了,但个人差异表现得

更持久。有些孩子总是喜欢攻击他人。许多研究证明，家长对孩子积极行为的培养方法与之相关。（王传升，2005）

虽然小学阶段应该是个无忧无虑的时期，但仍有10%～12%的孩子经常显得不快乐。5～11岁的孩子活跃、不知疲倦，同时也十分敏感和胆怯。男孩容易有多动、任性的问题，女孩则容易出现感情上的自闭。失去父母、学习止步不前、在课堂上尿裤子、父母之间冲突、偷窃被抓、被怀疑撒谎、成绩差、被叫去见校长、动手术、在班上被嘲笑、转学、比赛失败等，是孩子普遍认为最容易令他们难受的事情。那么，遇到问题后，孩子会向谁寻求情感支持、指导和陪伴呢？大部分孩子认为：母亲是一切帮助的来源，朋友是提供陪伴和感情支援的第二重要支柱，老师可以提供信息和指导，但不是陪伴。父亲最能够提供知识和信息，但常常不能给予直接的帮助。不管怎样，孩子得到的关心和支持越多，越能帮助他们抵御压力、渡过难关。

在这一阶段孩子的自我描述中，能力和行为仍占很大比重，但孩子已经开始和别人作比较。"我喜欢运动。我写作不错。我是班里跑得最快的。"大一些的孩子会提到自己社会性方面的特点，比如自己属于哪个团队。"我参加了校歌咏队。"他们还注意到智力方面的特征："我很聪明。"最初，孩子主要从两个方面评判自我价值：总的能力水平和受喜爱的程度。随着孩子年龄的增长，他们自我评价的能力逐渐加强。从顺从别人的评价发展到有一定独立见解的评价；从比较笼统的评价发展到对自己个别方面或多方面行为优缺点的评价；从对具体的外部行为的评价发展到对抽象的内心品质的评价；并且评价的稳定性在增强。他们不仅考虑自己的身体状况、运动水平、学习能力，还看重与同伴交往的能力。对孩子自我评价最有影响力的是父母和同伴对孩子的看法。

孩子自我意识增强的同时，也注意到别的孩子的品质。在和同伴的比较中，如何评价自己影响孩子的行为。许多研究表明，如果孩子对自己的评价略高于测试结果，他们能更积极地看待失败，愿意接受帮助找出失败原因，改变处境，而不是降低自己的期望值。保持乐观能使人充分发挥才能。孩子在刚踏进校园的时候多半是乐观的，家长需要鼓励和呵护这种有益的乐观态度。不过，心理学家班杜拉指出，在危险情况下，对自己的准确评价十分必要。例如，如果你过高估计了自己的游泳技术，就有可能在风浪中陷入困境，甚至丧命。

学龄儿童认知中自我中心成分逐渐减少，对他人的认识也日趋客观和深刻。随着社会交往经验的增多，孩子注意到别人不仅有自己不同的思维和情感，而且在相同情况下可能有不同的反应,他们开始理解他人行动的目的性。在儿童认识和理解他人行为的过程中,角色采择技能的发展起着重要的作用。角色采择,或观点采择,是只儿童采取他人的观点来理解他人的思想与情感的一种认知技能。角色采择能力能帮助儿童更准确了解他人的观点和动机,对他人的行为作出更恰当的反应,更有利于他们与他人的交往。

7~12岁的学龄儿童大约40%的时间都是和同伴一起度过的。住得近的同龄、同性别的孩子经常在一起玩,在游戏、活动方面兴趣一致的孩子很容易成为朋友。这一阶段儿童对友谊的互交性有了一定了解,能互相帮助,但不能共患难,有很明显的功利性。这个阶段的友谊强调平等、互相给予、步调一致。孩子建立和维持友谊的能力受家庭的影响。孩子还开始参加集体活动,加入一些团队或组织。在集体活动中,孩子逐渐学会使自己的行为符合特定的标准,学会服从或发布指令、配合、组织或领导活动的进行。

父母的任务

进入小学后,父母与孩子之间的关系发生了变化。首先,父母与孩子在一起的时间明显减少,5~12岁期间,父母与儿童的交往在交谈、读书、做游戏方面比学前时间减少了一半。其次,父母在儿童教养方面所处理的日常问题也日趋复杂。如:是否应该要求孩子做家务,是否监督孩子和什么人交往,怎样控制孩子在家庭以外的活动,怎样督促孩子学习等。因此进入这一阶段后,你需要更加注意保持与孩子的交流,以便在各方面及时把握孩子成长的动态,给予适当的引导。

5. 青少年期(12~20岁)

这一阶段是儿童发展的重要转折时期。孩子将告别相对平稳的儿童早期阶段,开始体验到身体迅猛发育所带来的惶惑和压力。随着激素分泌的变化,孩子的情感也变得激烈和难以驾驭。他们的思维从依赖于具体形象逐渐发展为能进行抽象的推理和假设。他们不再黏着父母,更愿意和同伴一起消磨时光。他们渴望建立一种自我身份,试图确立自己的个性,因而他们时常质疑权威、反抗限制、花几小时与别人争论观点。孩子要求独立,家长则为如何给予孩子恰到好处的自由煞费苦心——怎样才不至于限制了孩子的发展,又不会使他变成脱缰的野马呢?

生理发育

青少年阶段始于生理变化。激素的变化悄无声息地进行,却给孩子带来外貌特征、身体机能的巨大变化。初中阶段孩子外形变化最明显的特征就是身高的迅速增长。青春发育期的孩子平均每年要长高 10～11 厘米。女孩比男孩提前进入生长高峰期，一般从 9 岁左右开始身高增长加速，12 岁达到高峰。男孩则从 13 岁开始进入身高生长加速期，15 岁达到生长高峰。我国城市男孩在 13～15 岁期间，体重增加最快，平均每年增长 5.5 千克。女孩在 11～14 岁时体重增长最快，平均每年增加 4.4 千克。大部分孩子初三年级以后，体重接近成人水平。

青春期孩子身体各部分的发育并不是同时进行的。头、手、脚的尺寸首先达到成人水平。躯干、手臂、腿的变长先于躯干的变宽。由于身体部件发展的不均衡，孩子往往要经历一段又瘦又高又笨拙的阶段。青春期的孩子体内各种器官的功能也迅速增强趋于成熟。心脏、肺、肌肉的功能明显加强。大脑的发育也出现了质的飞跃。第二性特征的出现使男女生在外形上的差异越发明显。生殖系统的发育也逐渐成熟。

青春期孩子身体各方面发育的速度和时间因人而异。影响个体生长发育的因素很多，如遗传、营养、地理位置、气候条件、经济水平等。由于种种原因，在全球范围内，个体青春期普遍存在提前的现象。这使青春期少年的身心发展的不平衡更加突显。

青春期发育的心理反应

青春期的身体发育首先引起孩子对自己身体变化的好奇、关注甚至担心。孩子会悄悄对着镜子观察自己的身体。如果没有心理准备，孩子对初次出现的月经或遗精会感到恐慌，"我的身体出大问题了！"和同伴相比过早或过晚的发育往往会给孩子带来焦虑和疑惑。"我怎么还这么矮？我是不是长不高了。"相貌的变化会使孩子感到不适应和不满意，"我怎么变得这么丑！"他们想知道性究竟是怎么回事，却羞于向父母讨教或与同伴讨论。父母也感到不知如何开口和孩子谈论这方面的问题，许多老师在课堂上的解释也过于简单含糊。以至于一些孩子通过杂志、书籍、电视、网络获取一鳞半爪的知识，媒体的良莠不齐使孩子非常容易受到误导。

性的发育使孩子萌发对异性的兴趣，与异性交往时产生新的情感体验。他们渴望和异性朋友相处，但又不能将这种愿望和情绪公开地表现出来，因而感受到矛盾和压抑。

青春期少年生理迅速成熟的同时，他们的思维、性格和社会经验方面还处于从幼稚向成熟发展的过渡期。这种身心发展的不平衡状态，给孩子造成种种心理冲突和矛盾。反抗性与依赖性、闭锁性和开放性、勇敢和怯懦、高傲和自卑、否定童年和眷恋童年在他们身上同时存在。他们日益增强的独立意识，使他们不肯轻易服从他人的意见，因而经常处于和家长相抵触的情绪当中。哪怕是穿衣吃饭的小事，也要与人争执一下。但实际上，青少年的反抗有时只是为了证明自己有独立的见解或个性，有时是为了掩盖自己的软弱，他们的内心并没有摆脱对父母的依赖，依旧十分需要父母精神上的理解、支持和保护，尤其是遇到挫折的时候。只是他们不像小时候那样把情绪都写在脸上，向父母索取安慰。青春期的孩子内心世界丰富了，却不再溢于言表。随着对外界的不满意和不信任，他们小心地将内心封锁起来。但同时他们又感到孤独，希望有人来关心和理解他们。他们不断寻找朋友。一旦找到，就会敞开心扉，毫无保留。有些情况下，孩子因为思想上不受束缚，没有顾虑，表现出初生牛犊不怕虎的勇气，还会因为考虑不到后果有些莽撞和冒失的举动，但在另外一些公共场合，却表现得羞涩、犹豫不决。青少年对自己的评价常常大起大落。获得成功时，即便是偶然的，孩子也会沾沾自喜，认为自己很优秀。一旦遭遇几次失败，不管原因如何，他们会认为自己无能透顶而极度自卑。进入青春期的孩子成人意识加强，他们希望将自己的行为与幼小儿童的表现区分开来，因而力图抹去过去的痕迹，以一种全新的姿态出现在生活的各个方面。但在否定童年的同时，他们又留恋童年时期的无忧无虑和简单明了。当他们在遇到困难，感到惶惑无助的时候，特别希望能像小时候一样，得到父母的关心和呵护。

智力发展

皮亚杰将12～14岁儿童的思维称为"形式运算阶段"。这一阶段的孩子能够把事物的形式和内容分开，不需要借助具体事物就可以进行逻辑推理并得出结论。他们在头脑中分析问题，作出各种假设，然后通过实验确定哪一种可能性是事实。初中少年有更丰富的想象，可以挖掘出隐含在情景中的各种可能性，建立各种假设，然后再反过来设法检验和证明哪一个是事实。他们能迅速地放弃不正确的假设，及时建立新的假设，能够更灵活、有效地处理问题。在逻辑推理方面，这一阶段的孩子也比以前有了长足的发展。

青少年的思维发展除了上面提到的阶段性的规律，还有一些有趣却又恼人的思维品质方面的特点：创造性和批判性、片面性和表面性。

思维的创造性是指采取新颖、独特的对策去解决问题的一种思维品质。青少年具有强烈的求知欲和探索精神，他们兴趣广泛，思想活跃、敏锐，富于幻想，喜欢别出心裁、标新立异，在许多方面表现出强烈的创造欲望。例如：他们喜欢富有创造性和挑战性的科技制作活动；竭力寻求不同的方法解数学题；热衷于自己创作编排文娱节目等。这种创造欲望和热情，来自于孩子心理上日渐强烈的成人感和自我意识，他们想要证明和展示自己的能力和才华，希望摆脱对父母和老师的依赖。

思维的批判性是指在思维活动中善于严格分析思维材料并能精细地检查思维过程的一种思维品质。青少年早期的思维批判性的出现是与他们意识的发展密切相关的，由于自我意识水平的提高，他们能够通过控制自己的意识而调节思维活动。这一阶段孩子思维的批判性表现在他们不愿轻易接受别人的意见，经常以审视的态度对待别人的思想和看法，有时甚至表现出过分的怀疑和批评。另一方面，他们开始严肃认真地分析、检查和论证自己的思想和主张，并对宇宙的奥秘、生命的起源等问题产生极大的兴趣，表现出不愿盲目生存的人生态度的萌芽。

青春期孩子思维的片面性表现在他们思想的偏激和极端，不能全面、辩证地分析问题，而是抓住一点而不计其余。"追星族"大多是初中生就是一个典型的例子。少男少女们把一些明星视为完美的偶像，他们大量搜集偶像的照片，在服装、发型甚至言谈举止上刻意模仿崇拜对象。而他们没有意识到自己显示生活中的身份和应该追求的目标。其次，思维的片面性还表现为爱钻牛角尖，严重时会陷入思想的死潭不能自拔，以致出现心理障碍。另外，他们在处理问题时常常缺乏严密的逻辑性，不能全面考虑各种因素和可能出现的后果，因而显得草率和莽撞，经常出现失误。

思维的表面性主要表现为，孩子在分析问题时，只注意到事物的外部特征或个别显著特征，很难把握到事物的本质内涵。比如他们在做几何题时，就常常因为不能一下抓住几何概念的本质特征而感到困扰。在对社会现象进行分析和评价时，也容易表面化。

思维的自我中心在这个阶段再度出现。青少年在不可抗拒的自我意识的驱使下，开始自我反省，将自己的思想作为一种客体去审视和分析。爱尔金德曾引用青春期少年这样的一句话描述他们过分的思想内省性，"在我发现了自己对未来的想法之后，便开始思考我为什么会这样思考我的未来，接着我又思考我为什么思考我为什么这样思考我的未来。"正是这种对自己思想过分的关心和沉溺，导致青春期自我中心的再度出现。

人格与社会性发展

青春期是自我意识发育的飞跃期。进入青春期后，由于身体的迅速发育，生理变化的突然到来，孩子在惶惑中，自觉或不自觉地将注意力集中到自己身上，并越来越关注自己的主观世界。他们开始自我反省，分析自己到底是个什么样的人，揣测别人是否喜欢自己，想象将来自己会干什么。许多孩子开始自觉地写日记，在日记中抒发感慨、宣泄情绪、剖析思想。他们沉浸在关于"我"的思考和感受中，往往容易陷入一种主观偏执的矛盾困境：一方面他们总认为自己是正确的，听不进别人的意见。他们喜欢和人争论，各执己见，互不相让。另一方面，他们又特别在意别人对他们的看法，总觉得自己受到别人的检视和挑剔。看到别人低语、微笑，就会怀疑是否在议论或嘲笑自己。这种过度的敏感常常使一些孩子感到压抑和孤独。

这个时期的孩子开始将过去的经历、蓬勃发展的性意识、不断增长的认知能力和社会价值观念融合在一起而逐渐形成自己独特的心理身份。自我同一感Self-identity的确立需要从父母和社会那里得到认可，否则会使孩子对自己是什么样的人或能够成为什么样的人感到困惑，缺乏方向和动力，从而影响将来的发展。几乎所有的青春期少年都有过这样的疑惑：我是谁？我将来会怎样？这样的疑惑会随着对自己认识的加深和周围其他人的肯定而渐渐消失。伴随着自我同一感的建立和稳固，孩子会获得一种美德——忠诚，一种对自己的信仰、理想、目标和选择的忠实和贯彻。自我同一感的确立是一个渐进的过程，往往需要几年时间。在这个过程中会出现种种可能。

有些孩子轻易地接受和服从传统价值观念，而没有真正考虑过愿意怎样度过自己的一生。他们不会经历危机和矛盾，因为他们对问题采取回避态度。这种不经过探索的自我身份的建立使人过早地否定许多可能性。

青春期少年的逆反行为非常普通。在青春期初始阶段，与性相关的中枢神经系统的活动明显增强，但性腺机能尚未成熟，个体的中枢神经系统处于过分活跃状态，使得孩子对于周围的各种刺激过于敏感，反应过于强烈。自我意识和独立意识的高涨是导致逆反心理的重要原因。他们对认同和自由的迫切希望受到阻碍时，容易产生对长辈的对抗情绪。

朋友对青少年很重要。青少年自我身份的确定可以在与朋友的交流、切磋中得到忠实的反馈。朋友之间的爱与被爱，需要与被需要，给了青少年一个发现自己新价值的机会。同龄人群体能够给予他们一种归属感，这对于青少年来说是内心极为渴望的。朋友之间毫无顾忌的倾诉和宣泄可以帮助青少年调节情绪、排解压力，这对他们保持心理健康大有裨益。

同伴关系在青少年阶段进入了新境界。随着认知水平的提高，青少年更能够与朋友分享自己的观点和感受了。他们也更能够站在别人的角度思考问题，能更好地理解别人。青少年阶段的朋友关系比以前更密切和牢固，忠诚是做朋友最首要、最基本的要求。朋友之间的竞争有所减弱，分享显得格外重要。

青少年的朋友往往会形成群体，好几个志趣相投的孩子经常在一起活动。在同伴群体中，往往存在一些约定俗成的规则，比如穿着、兴趣爱好、活动方式等。这些规则无形中要求其成员行动一致，从而形成"同伴压力"。你可能需要违背心愿地参加某项活动，否则就被认为是"不够朋友"，如果老是表现得不合群，就有被排除在外的可能。同伴的观点、喜好、行为对孩子有很大的影响。但青少年的基本价值取向还是主要与家长的相一致。

父母的任务

孩子进入青春期被比喻为孩子的第二次降生，青少年一词的英文词来源有于拉丁文"风暴"和"压力"组合。可见这一阶段将出现前所未有的波折和烦恼。青少年的家长需要做好心理准备，用新的眼光看待孩子，并大幅度调整或重新建立与孩子的关系（张海芳，2007；艾里姆，2002）。对父母需要了解青少年生理变化给孩子带来的心理冲击，理解孩子的思维发生的进步和依然存在的局限性。体谅、宽容孩子的同时，保持对他们必要的严格规范。青少年虽已不再是娇弱的花朵，但仍需要篱笆的保护，以防范来势凶猛的侵害。同时，也避免越过边界，长成不羁的野草。对青少年的教养，需要格外的耐心、涵养和智慧。靠父母的权利压制只能适得其反，交流、协商、引导、支持和温和而坚决的管束能够帮助孩子，也可以帮助父母渡过这一艰难的时期。

第三节　教子有方

一、家庭教育应该遵循哪些原则？

（一）让孩子全面发展

许多父母把孩子教育的重点放在智力开发上。智力发展的确是儿童发展的一个重要方面，但带给一个人健康快乐人生的决不仅是成绩和智商。态度、兴趣、意志、独立性、情感调控能力、人际交往能力等非智力因素对个人的成功和幸福更具影响力。

父母除了启发孩子进行创造性的思考，提供机会让他们增长见识外，还需要重视对孩子的人格培养。让孩子吃点苦，经历一些挫折，以培养孩子坚韧的意志和良好的心理承受力。在现代社会，具备合作精神尤为重要。父母不要一味强调竞争，更需要鼓励孩子多参加集体活动，与同伴合作完成任务，加强孩子的合作意识和社会交往能力。避免孩子形成自私、褊狭、嫉妒、个人主义等不良个性品质。

另外，在儿童教育中，只注重生理健康，忽视心理健康的现象也十分突出。各种心理健康问题在中小学生中大量存在，严重影响孩子们的健康成长。"八五"期间，国家教委重点课题"中小学生心理健康教育实验"课题组在全国多个地区进行的一项调查显示，大约3～5个孩子中就起码有一个是不快乐的孩子。这恐怕会让家长吃惊、纳闷：我们对孩子照顾得无微不至，能给的都给了，怎么孩子还出现这样的问题呢？归根结底，这还是片面的健康观造成的后果。父母在保证孩子物质需求、集中精力辅导孩子学习的同时，忽略了对孩子心理上的理解和指导。其实，心理的疾病往往比生理的疾病更不易察觉，但危害更为剧烈。因此，父母需要建立全面的、科学的健康观，充分重视孩子的心理健康状况，因为所有父母都不希望自己的孩子是不快乐。

（二）让孩子随自己的节奏舞蹈

不知从什么时候开始，"不让孩子输在起跑线上"成了年轻父母的信条。对孩子的早期开发越来越提前，许多倍感竞争压力、为孩子前途操心的父母走进了"为孩子的未来牺牲孩子现在"的怪圈，煞费苦心地提早让孩子踏上学技学艺的征途。如何培养天才的书籍成了一些父母的圣经，父母的理想已经超越北大、清华，奔向哈佛、牛津。父母给孩子定下了理想的时间表：1岁学认字、2岁学数数、3岁学钢琴、4岁学画画……殊不知孩子的成长发育有其自身的时间表——自然规律，违背了自然规律的结果是可想而知的。童年的乐曲有其天然的和谐节奏和旋律，人为地加快演奏的速度，改变乐谱，只能产生刺耳、走调甚至可怕的音乐。

根据心理学家格塞尔的理论：支配孩子发展的因素主要有两个方面：一是成熟，二是学习。成熟是学习的基础，学习对成熟起一种催化作用。孩子的生理、认知发展如果不发展到一定程度，学习不但困难，还会给孩子造成生理和心理上的负担。美国教育学家杜威也强调从孩子现在的角度，而不是孩子的未来角度看待童年生活。他说："生活就是成长，所以一个人在一个阶段的生活和另一个阶段的生活，是同样真实、同样积极的。这两种阶段的生活，内容同样丰富，地位同样重要。"孩子的童年阶段是短暂而意义重大的，父母为什么要催促着孩子逾越这一阶段，为什么不让孩子从从容容地去创造并体验自己的生活，充分吸收童年阶段特有的养分呢？

父母的眼光要放长远，你所希望的是孩子一生的幸福，而不是一时在竞争中的占先。帮助孩子获得用以追寻幸福人生的品质，才是父母真正的目标。别让急切的心情收缩了我们的视野，干扰了孩子正常发展的程序。尊重孩子童年生活的独立价值，别把童年看做成年人的学徒期。

（三）为孩子创造合适的环境

父母和社会机构，比如学校，往往根据自己确定的价值观塑造孩子。但孩子的适应性行为，既不完全依赖于孩子自己的性格特点，也不只是依赖环境的要求，而是取决于这两者的相互适应与配合。如果孩子的天生的气质特点适应父母或学校的要求，也就是说孩子的个性与其所生长的环境相适，那么就有益于孩子的顺利发展。反之，孩子的成长将遭遇障碍。

父母只有洞察孩子的个性特点，建立合理、敏感的期望值，对孩子提出恰当的要求，给孩子提供一个与之相适的环境，才能真正有利于孩子健康快乐的成长。父母不应该成为孩子的操纵者，自作主张为孩子安排孩子的一切活动，使孩子成为父母意志的绳索牵引下的木偶。

（四）让孩子跳起来摘果子

让孩子跳起来摘果子，是指给孩子适当的挑战，让他们去解决一些略超出他们能力范围的难题，促进孩子的潜力的发挥。"最近发展区"即 ZPD（Zone of Proximal Development）是前苏联心理学家维果茨基提出的，这个区域是指孩子几乎可以，但不是完全可以独立完成的任务的范围。根据维果斯基的理论，如果孩子的认知水平在最近发展区内，借助家长或老师的恰当的指导，孩子就能够最大限度地发挥目前的认知能力，成功的独立完成这一区域内的任务。如果家长能够发现孩子的潜在能力，对孩子的学习提出适合其潜力、略高于孩子现实水平的期望值，并在孩子完成任务时给予恰当的帮助，孩子智力发展将得到最有效的促进。当然，如果孩子的智力水平尚未进入最近发展区，孩子即使获得再多的帮助,孩子也难以取得学习的成功。

(五)给孩子搭脚手架

这个比喻是指家长给孩子的智力发展提供暂时的平台,帮助孩子完成一项任务。这也叫做"教学支架"(scaffolding)。孩子的能力和父母所提供的支持呈负相关。孩子能力越欠缺,完成任务的困难越大,父母给予的帮助越多。反过来,同理。随着孩子能力的增强,父母提供的支持逐渐减少,当孩子已经能够独立完成任务时,父母就拆掉"脚手架"。

可见,父母搭脚手架时应该针对孩子的需要,与孩子的能力水平相适应。当孩子不需要太多帮助时,就放手让孩子自己去解决问题。无论怎样,搭脚手架是给孩子独立完成任务提供支架,而不是直接的搀扶。

二、管教孩子有哪些策略?

管教或称管束,是父母控制和指导孩子行为的手段。父母的管束策略建立在他们的育儿风格的基础上,受到父母性格、观念和行为习惯的影响。管束,就像个性发展一样,是一个逐步进化的过程,持续存在于父母和孩子一生的相互关系之中。在这个过程中,父母和孩子相互影响,家庭中的每一个人都随时间推移而变化。在管束孩子的过程中,父母意识到孩子和他们自己都有独特的个性气质,这些性格特点又极大地影响着互相以什么样的方式对待对方。父母逐渐确立一系列自己的教育理念,不断寻求新的方法来管教孩子。

管束的力量是强大的,影响是持久的。家长对孩子的管教直接塑造孩子对自己的认识和对他人的理解,教会他们如何解决问题,如何与人相处。家长管束孩子时的态度和行为,不管恰当与否,都成为孩子的模仿对象,并逐渐嵌入孩子自己的行为模式。

对管束策略的选择体现出父母对权利的理解和运用方式。专制型父母认为权利是绝对的,喜欢直接命令或强制别人按自己的要求行事。对于孩子,他们更具有身体强大和掌握资源的优势,因而经常选择消极的管束策略,不公平地使用强权要求孩子服从。权威型父母对权利有着截然不同的理解,他们不愿意靠强迫来操纵别人。他们更多地把自己看做是对孩子负有责任的成年人,应该确保孩子的利益。他们认识到在亲子关系中,孩子处于弱势,因而注意在建立权威的同时,保护孩子的尊严和信心。权威型父母能根据孩子不同发展阶段的能力,选择积极的管束策略,恰当地要求并帮助孩子遵从合理的规范。

积极的管束策略是一种以孩子为本的，无私的态度和方法。它需要父母能够站在孩子的角度去考虑问题，并认识到父母没有权利强迫孩子，但有责任为不同年龄阶段的孩子设定行为准则。积极策略的核心是保全孩子的自尊。

积极的管束策略着眼于教育，而不是惩罚。它给孩子提供足够的信息，让孩子领会什么是正确的行为，并给予时间允许孩子逐步练习、调整或改正。

积极的管束策略是个性化的。每一个孩子都有不同的基因构造、气质、性格、家庭环境和经历，因而表达出不同的需要。积极的管束策略是父母根据孩子的个性而裁剪出的，行之有效的步骤和措施。

下面我们介绍一些具体的管束策略，希望能帮助你在育儿数据库里多储备一些资源，使你能够在各种情况下，游刃有余地选择有效方法解决问题。

积极策略开始于父母设置并解释规则、传授或暗示正确行为、改变环境中的事物以及适当的忽略。在管束孩子的互动过程中，你可能需要运用转移注意力、自然后果与逻辑后果、表扬、惩罚等策略。

（一）设置并解释规则

第一，从孩子的利益出发，建立一些基本规则：

（1）保护孩子的健康和安全：培养孩子必要的卫生习惯、饮食习惯、起居习惯。严格规定安全游戏场所和玩耍规则，避免身体伤害，同时保证孩子心理上的安全感。

（2）提高孩子的自控能力：邀请孩子参与规则的设定，在一定范围内让他们自己选择和决定，并让他们体验自己选择的后果。

（3）鼓励尊重和友善对待他人：申明坚决不允许贬低和伤害别人的行为，鼓励分享、合作、互让、互助的行为。

第二，根据孩子的年龄阶段，设立符合他们的发展特点的规则。父母需要了解孩子在当前这一阶段，认知、语言、运动、社会交往能力发展到了哪一步，这样才能确定合理的期望值，不至于对孩子提出过高的要求，或给予过分保护。

第三，规则有主次，让孩子知道这一点。一般来说，关系到孩子健康和安全的规则最重要，例如：不在马路上玩，注意卫生，外出时告诉父母去哪里，晚上按时回家等。同样重要的是阻止孩子伤害别人的规则，如：不能打架、咬人等。再次是社交规则，如不破坏别人的物品，不讽刺挖苦别人，在别人休息时保持安静，帮助别人等。再次是礼仪规范，如吃饭时不吧唧嘴，坐有坐相等。最后是孩子可有选择余地的行为规则，如穿什么衣服，听什么音乐等。这些基本上由孩子的个人喜好决定,除非父母确信有些行为会产生不良后果,如音乐声过大会影响听力,穿得太少会感冒等。

在执行规则时,父母应该做到以下几点:

(1)事先对孩子讲清楚什么是他们想要看到的行为。比如,给孩子食物时,你就应该说:"宝宝,你不想吃了,就告诉妈妈,然后把盘子留在桌上。"尽可能预先提醒孩子应该怎么做,申明什么是不允许的,减少事后的批评指责。

(2)用孩子能理解的语言说明规则。讲清楚规则是什么,和为什么定这条规则,能帮助孩子遵守它,控制自己的行为。孩子越小越需要解释,不要以为他们听不懂,而只是简单地下命令。对幼小的孩子需要放慢语速,用具体、简单的词汇和简短的句子表达。"京京,把积木放进积木桶。"而不是"把东西整理一下。"或"收拾好房间。"即便是大些的孩子,也需要明确的指令。因为对于同样的目标,他的理解可能和你的不一样。比如,孩子以为只要玩具不在地上就算整洁了,而你的要求却是玩具必须分别放进整理箱和玩具架。

(3)多用正面语言,少说"不"。比如,当孩子用手背擦鼻涕时,你最好说:"用纸巾擦鼻涕。"而不是:"不许用手擦鼻子!"可以用建议的方式提要求。"京京,我有个主意,我们一起把玩具收拾好,然后出去玩。"这样的口气往往比命令更容易让孩子合作。

(4)在适当的情况下,让孩子作选择。比如:"你先刷牙,还是先洗脸?"不过,要避免无限制的选择范围,如果你问孩子:"早饭你想吃什么?"他会说:"冰激凌!"所以你最好问:"早饭你吃面包还是烧饼?"也不要出无选择的选择题,比如,你要求孩子收拾玩具时,采用"如果……就"的句型,效果会比较好。"如果你把玩具收好,妈妈就给你讲故事。"

(5)问孩子听明白没有。让孩子重复你刚才讲的话,而不是简单地问"明白吗"?如果孩子不清楚你的规则,换个方式表达,直到孩子理解为止。

(6)给孩子留有理解和接受规则的时间。不要指望一次教育就能彻底解决问题,对于同一项规则你可能要重申好多遍。因为记忆力、认知能力和自控能力的限制,孩子往往会反复犯同样的错误。要有耐心,请记住他们还是孩子。

(二)传授或暗示正确行为

当孩子出现不良行为时,我们的最直接的反应往往是:"不许这样!"然后期望孩子表现出恰当的行为。但我们忽视了一点:可能孩子并不知道怎样做是对的。孩子有时需要我们明确地告诉他们该怎么做。

与此类似，当孩子出现打人、咬人、推搡别人等攻击性行为时，先了解事情的原因，在惩罚不当行为的同时，告诉孩子在这种情况下应该采取什么合理的行动。

当父母知道孩子某些行为习惯尚未养成，就需要及时、巧妙地提醒孩子，这样孩子能够欣然地按照要求去做。

（三）改变环境中的事物

当孩子出现不恰当行为时，尤其是反复出现同样的问题时，我们不能仅仅专注于纠正孩子的行为，还需要考虑是否可以改变一些环境因素，自然地避免或中止孩子的不当行为。比如，用胶布封住所有暂时不用的电源插座，并移动家具挡住那些使用着的插座，来预防孩子拨弄电源；把零食放到孩子看不见的地方，来减少孩子被零食诱惑；在空间小、玩具不够的情况下，将孩子分散开做不同的游戏，来减少争抢、打闹。

（四）适当忽略

并不是孩子的每一种不良行为或某一种不良行为的每一次出现都需要父母出面制止或纠正。有意识的、恰到好处的忽略，也是父母的一种积极反应，一种巧妙应对的策略。孩子的很多行为，比如哭闹、哼哼叽叽、摔东西、摆弄玩具发出刺耳的声音、赖地不起等，其目的有时只是为了引起父母的注意。一旦你对他的行为作出回应，无论是安抚还是训斥，都成了对他的这些行为的强化，因为孩子确信这样的行为能帮他达到目的。以后孩子会经常使用这些手段获取父母的关注。还有一些行为，比如：眨眼睛、皱鼻子等行为，一开始并不是希望父母关注，但父母往往不能容忍这样的行为，总要设法制止，于是孩子发现作怪样立刻能成为父母视线的焦点，因此不会轻易放弃这种"有效"的行为。还有些时候，孩子作出种种任性行为企图要挟父母满足他们的要求，一旦父母妥协，孩子的不良行为就得到了强化。

"忽略"行之有效的关键是彻底。这要求父母有足够的忍耐力。克制自己在孩子发作的时候不发火。一旦采取忽略，就坚决不要让孩子发觉你在关注他。你可以离开或把脸转开，不要与孩子进行目光接触。如果需要观察孩子的动静，可用眼角的余光，如果面对孩子，面部表情保持中立，表现出对他的行为的无动于衷。孩子说话，不要答腔。持之以恒和保持一致性才能保证"忽略"的有效，不要今天严格，明天宽容；或是父母坚持原则，爷爷奶奶心软好说话。这样的话，孩子的不良行为是难以戒除的。

当孩子任性大发作时，有时会表现出极为强烈的情绪和生理反应，无法自行收场。孩子自己甚至会被自己的脾气吓着。这样的情况下，父母可能需要采取更主动的措施，比如使用隔离。这将在后面做详细解释。

（五）转移注意力

孩子年纪越小，这个策略越有效。婴儿是生活在此时此刻当中的，一旦把婴儿抱离某个场景，他会立刻忘记刚才的一切。在幼儿期，孩子的记忆力有限和注意力集中时段也很短，因此如果有什么有趣的新玩意儿出现，他会马上被吸引过去，把手中的东西抛在脑后。当孩子吵闹索要某个不该得到的物品时，把他抱开，或给他另找一个好玩的东西，往往就足以平息事态了。孩子再大些，可能难以轻而易举地让他顺从地从他专著的游戏中脱身，做你想让他做的事。在不良行为出现时，父母因为心情急迫，往往采取强迫和恐吓的手段对付执拗的孩子，无意间会作出过头的举动。其实，对大孩子而言，转移注意力依然有效。只是需要多动脑筋，需要多些耐心。总有什么是孩子更感兴趣的。

（六）自然后果和逻辑后果

自然后果是指孩子的错误行为造成的自然结果，父母并未从中干预。父母明知道孩子的行为可能造成某种后果，但因为这样的后果没有危险性，就听任其发生，目的在于让孩子体验自己的行为后果，从中获得教训，渐渐学会在行动前考虑结果，自觉控制自己的行为。比如，孩子不肯吃午饭，警告劝说不听，那就随他去，但吃晚饭之前什么都不允许吃，让孩子体会一下饿的滋味。孩子挨饿是他不好好吃饭的自然结果，是他自己造成了他的不适，而不是父母。而饿几个钟头并不会造成身体伤害，因此这个后果不算过当。

但当某个行为的自然后果会对孩子造成伤害时，父母就不能让它发生。比如孩子跑到马路中间玩被车撞伤，玩电源插头触电等。这种情况下，父母可设计一种逻辑后果，让孩子体验到自己行为的错误，但不至于受到伤害。逻辑后果是父母干预造成的安全的后果，不是孩子的行为自然产生的结果。比如孩子把玩具随便乱丢，挡住了通道，你将玩具没收一个星期。孩子把玩具放在过道上的自然后果是玩具被别人踩坏，如果你看见了真的踩上去，虽然是自然后果但明显带有恶意的色彩，会对孩子造成感情上的伤害。你当然不愿让这样的后果发生，所以可以选择逻辑后果——把玩具束之高阁。这样的做法是恰当的，因为这个后果与孩子的行为直接相关。平平不管好玩具，所以玩具被没收。如果平平妈妈说："如果你乱丢玩具，晚上就不允许看电视。"这就不是逻辑后果，而是惩罚了。

逻辑后果与惩罚有着本质的区别。逻辑后果与孩子的行为直接相关，如孩子骑自行车做危险动作，自行车被没收。而惩罚往往与孩子的行为没有直接关系，如：孩子因迟回家而被罚不许看电视。自然和逻辑后果的好处在于使孩子体会到自己的行为会带来各种各样的后果，明白自己必须为做错事而付出代价，渐渐学会为自己的行为负责。使用逻辑后果时，父母把后果事先告诉孩子，可以鼓励孩子自己选择正确的行为。逻辑后果使孩子有一定的控制权，同时自己承担责任，最终切实感到有改变行为的必要。惩罚则正好相反，它完全由父母控制局面，父母承担了施加压力使孩子改变行为的责任。

采用自然或逻辑后果的方法时，父母应注意自己的态度和言行。如果父母在一旁等待孩子受到自然后果的教训时，流露出幸灾乐祸，得意，甚至说："你看，你不听我的话吧，活该。"这简直就与惩罚无异了。孩子会憎恨父母的反应，也会把逻辑后果看做是父母刻意的惩罚，逻辑后果的价值就丧失了。

（七）奖励

对孩子恰当的行为给予正面的鼓励可以有效地帮助孩子维持这一行为，表扬和赏识有助于培养孩子的自尊和自信，并能促进父母与孩子之间的亲密关系。

奖励是对一个行为的回报，可分为三大类：

社会性奖励：如微笑、注意、表扬、拥抱等。

物质奖励：如食品、礼物、钱等。

特权或活动：如去动物园、允许多看半小时电视、去麦当劳吃饭等。

当父母使用奖励时，最好优先考虑社会性奖励。因为，这种奖励不增加经济负担，不过于正式，而且对孩子有着长久的心理裨益。对具体行为或品质的表扬，能够帮助孩子发现他们自己都没有意识到的优点，增强他们的自信。另外，社会性奖励的经常使用能够使得家庭氛围温馨、和睦，充满信任，对孩子内化规则，自觉改进行为最有好处。父母需要弄清楚，孩子最喜欢哪种社会性奖励，有的孩子喜欢被亲吻、拥抱，而有的孩子则喜欢口头表扬。针对孩子的喜好，给予他最在乎的奖励，效果会更好。

当孩子刚建立一种良好的行为时，父母需要在每一次这样的行为出现后，及时给予奖励。等到这种行为习惯已经稳定，父母可以间歇性地给予奖励。

父母使用表扬等社会性奖励时应靠近孩子、面带微笑地认真地认真夸奖孩子的具体行为。告诉孩子你做了什么而感到高兴。把焦点放在孩子的行为上，而不是孩子本人身上。有研究者将表扬分为三种：(1) 过程指向的表扬，即肯定孩子完成任务过程中的努力，如"你跟小朋友合作得很好。""你很用功。"(2) 结果指向的表扬，即夸奖孩子的成果，如"你画的画真好看。""你考了100分！真不简单。"(3) 个人指向的表扬，即对孩子品质的评价，如："你真乖。""看你多聪明！"研究发现过程指向的表扬最有助于孩子恰当评价自己，正确分析成功与失败的原因，从而增强能力和信心。父母的肢体语言，语气声调能够加强表扬的价值，使孩子感到被珍爱。但注意根据孩子的年龄、性格调节你表达爱的方式。

有时，单用表扬不能起到作用。某些情况下，不管父母表扬与否，孩子都拒绝做某件事。这时，父母可以结合使用物质奖励和特权与活动奖励。应用代币法或积分法，都能有效刺激孩子的行为改变。

父母可以设立的一种奖励机制，孩子因良好行为而得分，比如打扫房间（每天4分），收拾桌子（每餐2分），按时回家（每天3分）等。积满一定分数可以获得物质奖励或活动奖励，比如积满20分，可以得到一个新玩具，40分，可以去游乐场。

四五岁的孩子可能更喜欢代币的形式，代币也就是自制的钱币，可以用玩具筹码、小塑料片或小木珠代替。代币法的原理与积分法是一样的，但更实物化，更有趣一些。比如：准时吃饭可得到1分代币，收拾玩具可得2分代币，要得到一个冰激凌的奖赏需要攒足6个代币。孩子可以把代币存放在透明的塑料容器里，随时可以看得见自己的进步和即将得到的奖励。

在使用积分法和代币法时，父母应随着孩子行为的进步调整积分的制度。当孩子的良好行为习惯已经建立后，父母可以提高获得奖励的分值或降低每个行为获得的分值。比如，一次外出活动由30分提高到40分或"打扫卫生"由4分降到2分。当孩子的行为问题已经彻底解决后，这种奖励措施也该逐步撤消，这样才能帮助孩子减少对外部约束的依赖，有利于培养孩子的自觉性、自制力和独立行为能力。

父母需要注意的是：不要把物质奖励变成贿赂。当你因孩子不愿服从要求而不断增加奖励数额时，就成了贿赂。在一段时间内，父母应该坚持一贯的原则和奖励制度。另外父母给孩子的物质奖励不宜过多，也不宜价值过高。把物质奖励当做社会奖励的辅助措施，注重精神鼓励，才不致将孩子培养得"惟利是图"。父母还需记得这样做的宗旨是帮助孩子养成好的行为习惯，而不是仅仅给自己省心省事。

（八）惩罚

惩罚是给孩子的行为消极的回馈以减少这种行为发生的次数。使用惩罚，有几条基本原则。

1. 越早越好。一旦发现孩子违反规则，就立刻采取行动制止。不要等到情况失去控制才作出反应，不要拖延。"等你爸爸回来在跟你算账。""回头再教训你。"这样的警告往往不了了之，父母很容易过后忘了这件事。即便记得，事后惩罚孩子使孩子无法体验到他的行为的直接后果，尤其幼小的孩子可能想不起他刚才犯了什么错，因此这对行为的纠正不能起到很好的效果。

2. 保持冷静、客观。有时父母的恼怒也是孩子想要的。而且对父母的情绪的惧怕或抵触，常常会使孩子忽略对违反规则本身的反思。

孩子可能在用"犯错"来获得父母的关注。对绝大多数孩子来说，得不到家长足够的注意比得到负面反馈还糟。也就是说，他们宁可挨骂挨打，也不愿被家长忽略。所以，当孩子发现自己做某些事准能引起父母的反应，就可能利用这一点，试图获取父母的关注。那些平时很少得到父母表扬的孩子尤其可能如此。

3. 说出孩子违反了哪条规则，语言干脆、简练，不与孩子争论，避免讨价还价。

家长在惩罚孩子时，自己必须确定孩子违反了规则，并让孩子知道因为什么错误而受到惩罚。不要唠叨，惩罚本身就有足够的说服力了。孩子可能会争辩，抗议惩罚的不公平，如果你确信没有冤枉孩子，就不要理会。关键时刻，家长必须以冷静的、毋庸置疑的态度控制局面，既可维护自己的权威，也可避免情绪失控。

孩子在受到惩罚时，有时会嘴硬："我不在乎。"或是摆出无所谓的姿态。父母可能因此加重惩罚或改变惩罚的方式。其实，孩子这么说常常只是为了挽回面子，或试图表示自己仍能控制局面，他的内心感受则恰恰相反。父母不要被孩子的言语误导，仍应该按照自己的判断采取措施。另外，父母不要因孩子受罚时的抱怨和不满加重对他们的责罚，没有人会心甘情愿地接受惩罚，允许孩子表现自己的情绪。对孩子嘟囔，就不要追究了。

孩子有时会哀求父母，"我下次再不敢了，这次就算了吧。"心软的父母免不了动恻隐之心，暂且放孩子一马或减缓处罚。但是，父母的言出必行十分重要，在惩罚孩子时也应坚持原则。既然犯了错，就按规定受罚，不能含糊。改正后，另行表扬或奖励。否则孩子的行为得不到有效的纠正，你的纪律的权威性也将不断受到孩子的挑战,因为有了一次讨价还价的成功,孩子还会用同样的方法逃避责罚。这样,在某种程度上,孩子控制了局面。

4. 采用温和的惩罚方式。温和的惩罚方式包括忽略、不赞成或批评、暂时隔离等。

不赞成或批评,是一种温和的惩罚。父母在表示不赞成或批评孩子时,应语言简略,语气严肃,并配以否定的表情或手势,表示自己不喜欢这种行为。

如果父母的语言和表情传达的是互相矛盾的双重信息,嘴上表达的是反对、批评,但脸上掩藏不住的笑意却很容易被理解为赞赏。孩子当然不会把批评当回事,反而会因为这样做能让父母感到好笑而大受鼓舞。因此,言不由衷的批评软弱无力,甚至会适得其反。孩子对父母的肢体语言的领会常常敏感而准确。

取消特权是另一种温和的惩罚。父母可以规定如果孩子遵守规则,就可以得到他希望得到的东西。如果违反规则,就取消资格。比如,孩子按时完成规定的家务活,可以看半小时电视。如果完不成任务,就不能看电视。孩子的测验成绩如果不能达到父母的要求,就取消周末去朋友家玩的资格,直到下次测验成绩达到要求为止。

暂时隔离,最好用于孩子出现攻击性行为、破坏性行为或危险举动的时候。暂时隔离,就是让孩子离开正在从事的活动,到一个相对僻静的角落独自呆几分钟。这样做的好处是可以让孩子有机会冷静下来,思考自己违反规定的问题。暂时隔离的地点必须是安全,但枯燥无聊的,能使孩子觉得被隔离实在难受,比如卫生间。如果你把孩子送进自己房间去隔离,孩子会在里面自得其乐,隔离就完全起不到效果了。但如果你把孩子关进黑屋子,引起孩子极大的心理恐惧,也是不合适的。年幼的孩子可以放在高椅子上,呆在房间的一角。下达隔离命令时,父母最多用一句话说明孩子被隔离的理由,不与孩子争辩,也不要喋喋不休。如果几个孩子一起打闹,也不要先去追究谁先挑的头,几个孩子同时被送到不同地点隔离。把孩子送到隔离地点后,马上离开,不要给孩子任何关注。当然,隔离的时间只有几分钟。一般来说,孩子几岁,隔离几分钟。比如,3岁的孩子3分钟,7岁的孩子7分钟。放一个定时器在孩子旁边,定好时间,铃声一响,孩子就可以出来了。不要小看这几分钟。孩子一般都不愿意被社会群体排除在外,即使短短几分钟也会使他们得到教训。有许多孩子表示:"我宁可挨打,也不愿被隔离。"

5. 对同一种行为的惩罚必须保持一致性和一贯性

如果孩子犯同样的错误，遇到你情绪不好时，就大加责罚；情绪好时，则宽容姑息，这个错误持续的时间会更长。家长时阴时晴的表现，会使孩子摸不着头脑，因而规则在他的脑子里是模糊的，更谈不上根据规则约束自己的行为了。遇到父母不能确定是否有必要设定某条规则时，就暂时不要使用它。等到想清楚之后再严格执行，不要表现得摇摆不定，这让孩子无所适从，并削弱你的威信。

父母之间的不一致，呈现给孩子双重标准。孩子容易学会钻空子，或寻求避难来对应惩罚，而不是改变自己的行为。所以父母之间应及时沟通，统一意见，对孩子使用一致的规则约束。父母和老师之间也应该达成一致。对孩子最近需要重点纠正的行为，父母和老师应该互相通气，确定统一的规则，使用同样的约束策略。如果看见有父母在教育自己的孩子，不了解情况的人最好不要出面为孩子庇护。

同样的行为，同一个父母，有的孩子受到惩罚，有的孩子则平安无事；有的孩子受到的惩罚重，有的则轻。为什么呢？孩子的个性气质，与父母的亲密程度常常影响父母对其行为的反应。调皮、经常惹父母生气、脾气倔强的孩子容易受到父母的重罚，随和、讨人喜欢的孩子往往被父母包容。有的父母对自己家的孩子可能纵容一些，有的则正好相反，对自己的孩子毫不留情，对别人家的孩子则客气一些。其实，无论是同一家庭的兄弟姐妹，还是不同家庭的孩子，在同一场景下犯了同样的错，就应该受到同样的惩罚。

6. 强化孩子事后出现的正确行为

任何惩罚都是对孩子行为的消极回馈，仅仅依靠否定来帮助孩子改变行为，效果不可能最佳。及时强化孩子纠正后的行为能够大大提高孩子转变的速率。在孩子的行为最初出现你所期望的改变时，尤其需要你的肯定和鼓励来巩固他的新行为。要知道，革除一个老习惯，学会一个新行为，是双重的进步呢。

无论采用什么样的管束策略，一定不能逾越一条底线：那就是保护孩子的尊严和信心。父母必须学习接受孩子的错误，不要苛求孩子，把不算错误的事当成错误对待。更不要抓住他们的错误不放。许多父母的注意力过于集中在孩子做错的事上，指出孩子犯的每一个错误，提醒他们必须改正。在这样的指导下，孩子会觉得自己必须完美才能为父母的接纳，这样的想法给孩子带来巨大压力和害怕，反而削弱了他们的勇气，阻碍了他们的提高的进程。

孩子犯错有时并不是故意的,只是因为思维的局限或经验的缺乏,比如丢三落四、粗心大意、冒失莽撞。帮助孩子克服这些弱点,纠正不当的行为,教会孩子正确的处理事情的方式才是明智的做法。孩子有时也会故意恶作剧,但一定都有原因。父母不要急于批评,而要先设法了解孩子行为的动机和深层次的心理原因,这样才能从根本上解决问题。

无论采用什么样的管束策略,父母一定要避免在外人面前,尤其是同学、朋友或他们重视的人面前训斥他们,让孩子下不来台。这样容易激起孩子的逆反情绪,因羞恼、气愤,而与父母发生冲突,孩子和父母的感情都容易受到伤害。当孩子做错一件事受到你的批评后,就该让这件事成为历史,让孩子继续向前。不要再反复提起,不要对孩子发表长篇大论,更不要把孩子犯错的事宣扬得人尽皆知。

父母做错事也在情理之中,如果冤枉了孩子或是做法失了分寸,也应该向孩子道歉。不要为了维护所谓的父母尊严,贬低了孩子的自尊。其实,一个勇于承认错误的父母不仅不会削弱自己的形象,反而能引起孩子对你的勇气的尊敬,同时,你的榜样也使孩子学会在遇到问题时不逃避责任,主动查找自己的原因。这样的行为,有助于培养孩子的豁达的品行和宽阔的胸怀。

孩子的成长在日复一日的进程中常常显得进展缓慢,并时时受挫,父母难免会急躁。父母应该提醒自己,学习的过程总是艰辛的。你不妨业余时间从事一项新的业余活动,重新体会一下掌握一门新技能的艰难。对于认知、运动能力已经成熟的成年人来说,学习的过程尚且错误不断,对身体和头脑仍在发育之中的孩子而言,艰辛更可想而知了。孩子的身边似乎总是围绕着一群比他们学得快的同龄人,在这样的压力下,孩子们仍能保持高昂的情绪和耐心,岂不反映出孩子天性的执著可爱?

带着宽容去管束孩子,带着欣赏去鼓励孩子,做一个和蔼可亲的严格父母。让孩子感到安全,让孩子充满自信,让孩子勇于负责,让孩子善于同情,让孩子学会自制。这样才能营造出愉快的家庭氛围,形成牢固的亲子纽带,培养出健康、快乐、能干的孩子。

【思考与讨论】

1. 在你的成长过程中你觉得父母对你影响最深远的是什么?你愿意用同样的方式去影响你将来的孩子吗?为什么?

2. 请阅读下面的案例，分析一下造成威廉人生结局的原因是什么？

　　威廉·詹姆士·塞德兹的父亲非常重视他的早期智力开发，威廉从婴幼儿时便不得不整天苦读。小威廉的确早早"成才"：3 岁能自由地阅读书写，4 岁时发表 3 篇 300 字左右的文章，6 岁生日晚会上宣读了一篇解剖学论文。上小学那天上午 9 点被编入一年级，到中午 12 点，他妈妈接他回家时，他已经成为三年级的学生。8 岁，威廉进了中学，11 岁上了哈佛。然而童年时期辉煌的成绩并没有把威廉引向成功之路。过度教育使他精神失常，住进了精神病院。出院后，威廉一心想过普通人的生活，便在一家商店做店员，一生无所作为。

3. 请阅读下列几则案例，判断故事中几位父母的管束策略是否得当，并解释理由。如果方法不恰当，你能提出更好的策略吗？

　　（1）3 岁的朵朵要吃冰棍，因为天气凉，妈妈不让。朵朵立刻大哭，把妈妈拿来的别的食品也打翻在地。妈妈转过身去做家务，不理她。朵朵的哭声越来越大，声嘶力竭地叫嚷。妈妈咬紧牙关不让自己去看她。为了转移自己的注意力，她打开了电视机。朵朵的哭声终于变小，可怜兮兮地喊妈妈。这时，妈妈走过去，帮孩子擦眼泪，问她："你想吃果冻还是巧克力？"朵朵赶紧说"巧克力。"

　　（2）星期六，5 岁的津津和妈妈约好下午去游乐场玩。津津用蜡笔在墙上乱画，妈妈对她说："你把雪白的墙弄得这样脏，妈妈生气了。你用抹布把墙擦干净，我们才可以去游乐场玩。"津津擦了几下就跑开了，妈妈没有吭声。过了一会儿，津津来问妈妈："我们什么时候去游乐场？"妈妈平静地回答："等你把墙擦干净。"等津津磨磨蹭蹭把墙壁弄干净后，时间已经太晚了。妈妈用平和语气对津津说："因为你没有及时把墙擦干净，所以我们来不及去游乐场了。只好明天下午再去了。"

　　（3）上小学一年级的小鱼喜滋滋地告诉妈妈数学测验考了 98 分，妈妈立刻问有多少同学得了 100 分。当她知道有 5 名学生得了满分后，脸就沉了下来："你还有没有自尊心，考了 98 还洋洋得意？你怎么不跟好同学比，我看你是不求上进！"

　　（4）玲玲上高中以后，和妈妈的交流越来越少。妈妈打算改变这种状态，她开始每个星期抽两个时间段和女儿谈谈心。玲玲很兴奋地告诉妈妈学校里的趣事，谈影视偶像，妈妈虽然对那些"小孩子"的事不屑一顾，但还是耐着性子听着。等到玲玲说完,妈妈再给玲玲提些建议和意见。几次以后,玲玲和妈妈的谈话越来越短,有一天,当妈妈又让玲玲谈谈学校的故事时,她对妈妈说:"行了,妈妈,其实您也不是真想听我的事儿。您还是直说吧,今天又有什么教导,别绕弯子了。"

4. 假设你现在是孩子的父母,遇到了下面的情况,你会怎样处理?

(1) 你的儿子两岁半,和邻居小朋友佳佳一起玩时,咬了人家的手,因为佳佳吃掉了他的那份点心。

(2) 儿子小威5岁,好动而且容易"人来疯",一兴奋就会忘乎所以,不守规矩,你要带他去一个同事家参加聚会。

(3) 你给了8岁的女儿芳芳5块钱,叫她去买盐。过了半小时,你已经等得着急了,芳芳才垂头丧气地空手回来了,告诉你钱丢了。

(4) 女儿小美15岁,一向很乖巧。有一次约了同学到家里玩。你提醒她不要大声喧哗,因为你在家赶写一份工作报告。女孩子们开始还很克制,一开心就忘了形,笑闹声响得简直能把房顶掀翻。

(5) 儿子小伟上初二,开学初有一次写作文时通篇不打一个标点符号。你知道这是他故意搞的恶作剧。

第四章

家庭与管理

本章将向你介绍家庭管理的含义、标准以及影响家庭管理的因素，阐述实施家庭管理的一般步骤，并特别讨论家庭理财的理念和方法，以及管理家庭时间、精力等资源的原则和策略。

第一节 家庭管理的理念

一、什么是家庭管理？

每个家庭的日常生活都有各自的节奏和旋律，或舒缓、或激越、或优美、或喑哑。家庭生活的节律取决于家庭的主人对家庭生活的管理方式。一个家庭如果对日常生活不加管理或管理无方，就会令家庭生活没有规律、杂乱无序，难以奏出和谐乐章。长此以往，家庭成员的身心需要得不到充分满足，家庭的温馨气氛不易形成，生活质量便难以提高。

家庭管理是指选择并运用有效的方法和资源，以建立良好的家庭生活环境，达成家庭生活目标的活动。（黄乃毓，1996）家庭管理的目的是为了使家庭生活有条不紊的进行，营造一种安定、祥和的氛围，让家人感到生活舒适、愉快。家庭管理的内容包括家庭的经济管理、物资管理、饮食管理、环境管理、娱乐管理、安全管理、家务管理等，涉及日常生活诸多方面。

家庭是人类最早的组织，自从有了家庭生活以来，人们就凭借一种本能的管理理念和技巧，来维护家人的生命财产安全，改善家庭生活。随着社会的进步，科技的发展，家庭生活日趋丰富和多元化，单纯依靠摸索、凭借经验，已经不能实现对家庭高效的管理。家庭管理逐渐成为融科学、艺术与技术为一体的学问。

家庭管理的核心是合理利用各种家庭生活资源，家庭资源的量影响生活的方式与水平，家庭资源的质及运用资源的方法则决定家庭生活质量与家庭成员的满足感。家庭资源既包括一个家庭内部具有的人力与物力资源，还包括与家庭生活环境中的自然资源与社会资源。我们通过转移、消耗、生产、保护和储蓄等方式对资源进行利用来满足生活的需要。不过，对资源的管理不只是对资源的利用，还包括对资源的品质和数量的评估，也就是说，你必须分析每一种资源的使用可能产生的最大满意度和最大效果，这样才能达到高效的管理。

家 庭 资 源

家庭内部资源：人力、精力、时间、态度、能力

物力：金钱、物质

环境资源：有形、无形

社会资源：制度、设施与服务、人际关系

二、家庭管理的标准是什么？

家庭管理方面的标准可分为量的标准和质的标准，传统的标准和非传统的标准。（赖保祯，1996）

（一）量的标准和质的标准

量的标准又称客观标准，是可测量的，例如：完成任务的时间、花费的金钱、成果的数目等。

质的标准是主观标准，无法设立统一的效标，因此也很难比较。例如，怎样算得贤妻良母，如何才是模范丈夫。

标准受到文化的影响，不同地区、不同时代的社会对同一事物的标准就不一样。例如，中国人对成功父母的标准在很多方面与美国人不一样；旧社会，孝子

一定是"父母在,不远游",但现代社会,孝顺并不必须通过膝下承欢来表示。

标准也会因个人价值观、知识、经验等的变化而转变。例如,你以前认为一定要把家里打扫得一尘不染才是好管家,如今你也许宁愿把一部分打扫卫生的时间和精力用来营造温馨的家庭气氛。别人的回馈或评价也影响你的标准,例如,你对一日三餐的马虎对付引起了家人的抱怨,可能你会提高对家庭饮食管理的标准;别人夸你做事有条不紊,你会再接再厉,继续将"做事有条理"作为家庭管理的标准,并用这样的标准去衡量其他家庭成员或别家的主妇。

(二)传统的标准和非传统的标准

被社会所广泛接受的就是传统标准,一个社会对于社会行为、服装时尚、习俗礼仪、生活形态等往往会形成一些规则。非传统的标准与传统的标准恰恰相反。当你选择一项非传统的标准时多少会冒点风险,起码要有心理准备去迎接异样的眼光和好奇的询问。但随着社会变迁,传统与非传统的界限也在移动,以前职业女性被认为是非传统女性,如今"上班妈妈"已经成了常态,放弃工作专心照顾孩子的"专职妈妈"倒成了另类。以前丈夫干家务是非传统的,但如今菜场上、厨房里随处可见男士的身影。

标准有的有弹性,有的则较难调整。与价值观密切相关的标准,我们常常会坚持恪守。例如,如果你十分重视婚姻,就可能将择偶的标准定得比较高,不愿凑合,就可能晚婚。与价值观关系不大的标准,我们一般会采取灵活变通的态度。例如,对于日常着装,你可能经常改变风格。

不论是什么性质的标准,都会引领我们管理家庭生活的决策和行动,衡量家庭管理的结果和成效。在家庭管理中,你需要确立量的标准来保证效率,确立质的标准来使自己和家庭成员满意。当你的标准符合社会的普遍要求,你就不必应对非议所带来的压力,但如果现行的标准并不能适用于你的家庭,尤其是一些并不造成严重价值冲突的标准,你也需要有勇气选择你认为合理的、可行的标准,毕竟,家庭生活应该是个性化的。

三、影响家庭管理的因素有哪些?

家庭管理主要通过家庭成员的努力来完成,因此个人因素对家庭管理有显著的影响力,家庭成员,尤其是家庭管理主要承担者的教育程度、职业特点、健康状况、收入、生活方式和管理能力等都是家庭管理的重要因素。同时,家庭的发展处于家庭生命周期的哪个阶段也影响着家庭管理的目标任务、可借资源和管理方式。另外,家庭的规模和结构也影响家庭管理中资源的分配和活动的配合。

(一) 个人因素

个人是家庭的成员,是家庭生活的享受者,也是创造者和管理者。你为自己,或者你为家庭所做的决策和行动又决定了家庭发展的走向。你的知识和经验影响着你以及你与家人协同一致的家庭价值观,从而决定了家庭生活目标的确定、生活方式的选择和家庭管理模式的形成。你与其他家庭成员的职业特点、收入水平、健康状况又决定了你所拥有的资源的数量和性质,影响着家庭管理中时间、精力、经济等资源的分配和使用。你和家人的个性特点、技能特长等又影响着家庭管理角色的安排和协作。总之,家庭中的个人因素对家庭管理的影响是直接的,并且是全方位的。

(二) 家庭生命周期

家庭的发展遵循一定的次序。随着两人结为夫妻建立家庭,到生儿育女进入家庭的扩展期,直至子女长大离家进入家庭的收缩期,这至今仍是大多数家庭发展的轨迹。家庭的发展如同一个人的生命周期,会经历出生、成长、成熟、衰退和死亡的过程,并且循环往复、生生不息。在家庭生命周期的每个阶段,有特定的发展目标和任务,因此随着家庭进入不同的发展阶段,家庭管理的目标、工作重点以及面临的压力不同,家庭可利用的资源也不一样,因此管理的方式也需要做相应的调整。

家庭生命周期中的发展任务和压力源,见表4—1。

表 4—1　　　　　　　家庭生命周期的发展任务和压力源

家庭生命周期	发 展 任 务	压 力 源
独身期	自从生长家庭中分隔 发展与朋友、同事的亲密关系 通过工作和财务独立建立自我	承担自己在情绪和经济上独立的责任 如何协调与生长家庭的关系 如何得到朋友、同事的接纳
形成期	建立婚姻系统 重组与配偶家庭及与朋友之间关系	如何获得配偶的接纳 如何获得配偶家人的接纳 如何安排与生长家庭间的关系 昔日朋友的干扰

续表

家庭生命周期	发展任务	压力源
扩展期	从适应婚姻系统中腾出空间给孩子 参与养育孩子、财务与家务等工作 重组与大家庭的关系，包含养育下一代和照顾上一代的角色	如何接纳家庭新成员 女性退出职场的冲击 女性失去工作伙伴友谊的影响
稳定期	建立亲子关系 维护现有家庭系统的稳定 应对工作变化对家庭的影响	面对孩子由家庭进入学校的压力 如何协调与孩子的老师、朋友、同学的关系 面对外部世界对家庭的冲击
收缩期	改变亲子关系，允许青少年能在家庭系统中进出 婚姻方面的再对焦与调整 照顾上一代老人	面对子女青春期的压力 子女学业、感情、事业问题对父母的影响 如何接纳子女的异性朋友
空巢期	与孩子发展出成人对成人的关系 婚姻系统的再调整 与姻亲和孙辈之间关系的建立 应对父母或祖父母辈的年老和死亡	如何接受家庭中其他成员的离去 如何处理好新的家庭关系 如何面对父母去世的痛苦
解体期	面对生理的衰弱，维持自己与配偶的关系 探索新的家庭和社会角色，在家庭中贡献老年人的智慧与经验 应对配偶、手足或其他同辈的死亡 生命的回顾与统整，对自己死亡的准备	如何面对身体机能衰退带来的生活障碍 如何面对配偶过世的痛苦 如何处理新的家庭关系 如何面对死亡

注：改编自彭怀真《婚姻与家庭》，巨流图书公司。

（三）家庭的规模、结构

家庭的规模越大，需要满足的需求越多、越多样化，而每个人所能分配到的资源就越少。因此，大家庭中的家庭管理任务就要复杂艰巨得多。家庭成员的年龄和关系结构影响家庭管理,孩子越小或数量越多、需要依赖家人照顾的老人越多,需要消耗的时间、精力和经济资源的量就越多;而家庭成员关系类型越多,除了空间需求增大以外,家庭管理角色的分配和协调的难度越大(赖保祯等,1996)。

(四)科技进步

科技突飞猛进的发展从各个层面影响着我们的家庭生活。在家庭管理方面,我们更能深切体会到先进的科技产品和服务带来的便利和高效。微波炉减少了我们烧饭时经受的烟熏火燎;"尿不湿"让有婴儿的家庭不再尿布飞扬;计算机和网络让我们迅速搜索到可用资源;手机让家庭成员能够随时联系,调整计划。

科技给我们造福的同时,也为家庭管理提出了新的标准和要求。空调让我们享受了冬暖夏凉的舒适,温室效应和能源匮乏的严峻形势也敲响了警钟,因此在你的家庭管理标准中就必须添上节约能源这一条。一次性餐具的使用让我们不再为家庭聚餐后的杯盘狼藉而苦恼,但环境污染和资源滥用的后果更令人生畏,因此,家庭管理讲究效率的同时不能忘记保护环境和节约能源。

(五)社会经济发展

社会的变迁体现在很多方面,其中一个就是角色的改变。传统的"男主外、女主内"性别角色的模式已经发生了巨大改变,很多女性与男性一样全力以赴在职场打拼,很多男性心甘情愿地与妻子分担料理家务和抚养孩子的责任。男女两性的角色已经不能截然划分了。因此在家庭管理上也体现出很明显的变化:双薪家庭的经济资源相对丰厚,留给家庭的时间和精力则相对就少了,家庭管理就需要更具体的分工和组织,需要更多的协商和调整,来平衡事业和家庭的发展。

社会经济发展还体现在社会服务的开发上。传统家庭主要依靠家庭内部的资源来完成一系列家庭管理的任务,满足家庭成员的各种需要。例如,对幼儿的照料主要依赖同住的祖父母或外祖父母,家务事也大多靠自己张罗。而现在,针对大多数双职工家庭的生活压力,家庭服务行业应运而生,而你也有了足够的经济实力聘请帮手来料理家务。你可以请专职保姆照顾孩子或老人;也可以请钟点工打扫卫生、做饭;逢年过节请客你可以到饭店订餐;家里有人生病住院你可以请护工帮忙照顾。总而言之,我们可用的社会资源越来越多,但你仍需要担负家庭管理决策的重任,来选择最经济、最可靠、最高效、最令全家满意的渠道和方法。

四、家庭管理的一般程序是什么？

家庭管理的模式可以是多元化的。有的家庭采用严密精确的管理方式，有的则偏好灵活机动的管理，有些家庭甚至信奉"无为而治"的管理理念。但无论采取什么模式都必须遵循一些共同的基本规律和原则，依据科学的管理理念，采用科学的管理方法，这样无论大事小事，就都能更高效、圆满地得到解决。家庭管理一般遵循以下步骤：计划——组织——执行——控制。

计划是指制订达成目标的方案。如旅行要事先制订旅行计划，购物制订购物计划等。

组织是将一个团体内所需做的工作活动合理分工与配置以达成目标的手段。

执行是采取实际行动，将计划付诸实施的管理活动。执行的过程中一般需要一位指挥者和协调者，调动大家的积极性，确保管理计划的实施。

控制是衡量实施成果，及时纠正偏差的管理活动。

以上四个步骤依次进行构成家庭管理一般的合理有效的程序。但事实上，在家庭管理过程中，这四个步骤是相互密切关联的，并非逐项分开，单独运行的，而是交织重叠，同时发挥各自的功能，实现管理目标的。例如：计划和组织虽是管理的首要步骤，但在控制过程中发现问题时，可能需要重新修订计划或改变组织。

另外，可以根据一项管理任务的复杂程度、工作量的大小、人员需求的多少等，调整管理步骤。例如：一件工作的管理者就是唯一的执行者，那么组织的过程就可以减少很多。

（一）家庭生活计划中的目标确定

家庭生活的井井有条、和谐美满始于对家庭管理的精心策划，取决于计划的圆满实施。每个家庭都需要对未来的生活有个目标，对近几年的生活有一些明确打算。有了目标，生活才有奔头，也有了激励我们努力工作和生活的动力。

家庭生活目标是指一个家庭期望达到的生活状况，包括家庭经济收入、居住环境、家庭成员健康状况、教育状况、家庭关系等。家庭生活目标可按目标的大小与达成目标所需的时间长短分为长程、中程和短程目标。

长程目标：（永久性或终极性目标）家庭建立时所定，在家庭生活过程中不断努力，尚能最终实现（如：营造和谐美满的家庭生活）。

中程目标：为达成长程目标而定的明确、切实的构想，是达成长程目标的手段（如：供子女上大学；买一套三室一厅的大房子……）。

短程目标：为达成中程目标的小目标，只需短暂时间，用少数活动即可完成（如：每月存 800 元；周末组织全家郊游……）。

家庭生活目标的确定体现了家庭对提高生活质量的追求。指定出具体明确的目标，有助于使这种追求落到实处，最终得到实现。

家庭生活目标的确立，需要根据家庭的具体情况和需要而定。处于不同家庭生活发展阶段，有着不同家庭结构、经济状况或文化氛围的家庭，制定的生活目标一定是不一样的。如果盲目攀比，就可能迷失生活的方向，也会因达不到目标而产生不必要的失望和挫败感。

另外，由于人的能力有限，我们不可能让所有欲望和要求都得到满足，因此在制定目标时，需要排列优先顺序，分清轻重缓急，并根据这个顺序来分配资源。例如，孩子的童年很短暂，一去不返，而娱乐却没有时限，因此你可能会放弃一些娱乐计划而把照顾孩子、分享童趣作为这一阶段的主要目标。家庭关系紧张的情况下，你可能需要将协调夫妻关系放在赚钱买房的目标之前，多花一些时间和精力在家庭中而不是股市上。

确定家庭生活计划还需要注意理想与现实的协调，不符合实际的目标很可能成为一纸空谈。因此在计划之前应该充分了解自己所拥有的资源，尤其要注意资源使用的限制因素，即你无法充分使用这些资源的情况，这样你的目标才不至于超出你的能力所及而失去意义。

更重要的是，确定家庭生活目标时，还应注意平衡个人发展的需要与家庭整体利益。有效管理的目标，应该是让尽可能多的家庭成员满足需要，并在心理上获得较高的满意度。

（二）家庭生活计划中的决策

家庭的决策直接影响家庭计划的制订和实施。家庭决策的正确与否，往往对事情成败具有关键作用，关系到全家人的利益。而决策的方法是否恰当，则可能影响到家庭成员之间关系的融洽。因此家庭决策需要全家人遵循民主平等的原则，集思广益，共同协商，科学决断。

所谓决策，就是为了达到预定目标，在几个可供选择的方案中选择一个合理方案的过程。决策的过程可分"谋"和"断"两个部分。谋，就是寻找可能的办法；断，就是拍板、定夺。少谋无断是决策中的大忌。

现代家庭生活中，人们满足需要的方式越来越多，达成一个家庭生活目标，可以有很多种渠道。因此，拓宽视野，发挥创造性和想象力，可以发现许多解决问题的办法。不过，有时的困扰我们不是无计可施，而是各有各的道理，不知道何为上策。这时，我们应该根据家庭具体情况，和待处理的具体问题，选择合适的决策方法，作出决定。

（三）家庭计划的组织、执行与控制

家庭计划的组织、执行与控制情况决定了我们能否最终达到预定目标，因此我们实施计划时需要考虑各方面因素，如人员的分工、时间的安排、财物的利用等。如果组织得当、指挥得力、执行顺利，就能高效地完成任务。如果其中任何一个环节出现偏差，就可能出现障碍，影响家庭管理的效果。家庭管理者需要密切关注计划执行的过程，及时发现存在的问题，并立即根据情况做相应调整，这样才能保证计划的贯彻实施。有时导致困难的症结并不能很快显露出来，因此需要家庭管理者耐心细致的观察，理智客观的推断。

家庭管理因为家庭成员之间的血缘与亲情而具有浓烈的感性化的色彩。家庭管理需要遵循仁爱的原则，依赖亲情之爱来促进家庭成员之间的团结与合作，不能像企业、学校、机关等正式组织那样用铁面无私的纪律来执行。家庭管理应有轻松的氛围、灵活的规则，具有弹性、充满人情。

家庭管理需要遵循平等、民主的原则，家庭成员无论在外是何等官衔和职务，在家中都是寻常一员。无论男女长幼，都应得到同等的重视和关心，都有发表意见、参与决策的权利，也都有承担家庭责任的义务。

家家都有难念的经，家家也都能找到念经的诀窍。掌握家庭管理的科学理念、基本原则和方法，创造和谐幸福、轻松快乐的家庭生活就不会是件难事了。

第二节　家庭理财

一、为什么要理财？

（一）理财对生活的影响

现代社会中，我们每天都在以各种方式运用和处理钱财。在建立家庭、抚养子女和赡养老人的人生阶段，我们更感觉到钱的重要性，谁都希望用有限的收入获得舒适的生活，会不会理财直接影响生活的质量。

不同的家庭与个人对于理财的理解各不相同。有的家庭奉行勤俭节约的原则，有的则认为能挣会花才能体现生活质量。有的家庭认为理财需要好好动脑筋，有的则相信跟着感觉走就行。经济条件相似的家庭，因为理财观念和方式的不同，生活的状态就不一样。明智的理财不仅可以保证家庭生活的平稳质量，还能增强家庭对风险的抵抗力。家庭生活如果缺少了必要的经济保障，就容易陷入困境，家庭的生活秩序、人际关系、个人的心理平衡都会受到冲击。因此，家庭理财不是无足轻重的小事，而是生活的必须。

理财的观念和方法不仅影响当前的生活质量，还关系到个人或家庭长远的利益。有专家计算过，如果你从 20 岁起每月存 100 元，到 60 岁时，就有 63 万元的存款。而如果从 30 岁起开始存，到 60 岁时将有 22 万元；而如果从 40 岁起开始存，20 年后则只有 7.5 万元；如果 50 岁才开始储蓄，到 60 岁只有 2 万多元的存款。所以如果能早早地养成理财的习惯，未来生活的品质就能得到更好的保障。

近几十年来，家庭理财途径也在拓展。十几年前，中国的一般家庭奉行的是省吃俭用的原则，展示财富的方式是罗列家里的彩电、冰箱、洗衣机以及存折上的几位数。而现代家庭谈论更多的是保险、股票、债券、按揭、信用卡等现代理财工具。如果你能合理运用现代理财方法，在为钱工作的同时，让钱为你工作，就可能在工作收入以外，增加一份理财收入，生活的经济资源又可以大大丰富起来。

(二) 影响理财观念的因素

理财的观念受到人们的价值观、经历、学识、性格以及社会环境等多方面的影响。

家庭或个人不同的生活追求，往往决定人们是否具备理财的意识，影响他们的理财观念。现在的享受要紧，还是将来的幸福重要，是支配我们决策和选择的重大问题。你的生活是否有目标，有什么样的目标决定了你的理财观念和生活方式。

理财的观念，还折射出一个人为人处世的风格。一个处理家内家外的任何事情都表现出一种成熟的责任感和深思熟虑的品性的人，在理财方面也往往具备理性的精明。

理财的知识多少也影响着人们的理财观念，决定他们能否更好更快地达成追求的目标。你对理财的内容和方式的理解，和你对各种理财服务和产品信息的敏感性及评价能力，都可能影响你的理财决策和行为。

二、如何设计家庭理财的方案？

随着我国经济水平的提高和市场的繁荣，现代家庭的生活越来越丰富多彩。那种患得患失、斤斤计较、缩手缩脚的生活方式已与现代社会不相称。手头宽裕了，闲置资金多了，机会多了，传统的理财方式也逐渐显得不适应新的家庭生活了。人们在追求高质量生活的同时，创造出富有时代气息的新的理财思路和观念。家庭理财的内容也从单纯的节约、储蓄向投资、创富拓展。（徐斌等，1999；孔昭国，2007）

现代家庭理财的内容有三个主要方面：家庭计划和预算、家庭消费、家庭投资，如图4—1所示。

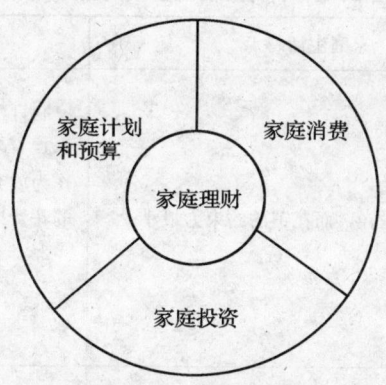

图4—1　家庭理财

家庭计划和预算包括：家庭收支结构分析、预算编制、收支表的设计。

家庭消费包括：家庭消费结构分析、消费心理与行为分析、消费计划的制订。

家庭投资包括：保障性投资，如储蓄、保险、债券等；风险性投资，如股票、房地产等。

（一）选择家庭理财方式应考虑的因素

每个家庭采用自己独特的方式管理和获得财富。家庭理财方式的个性纷呈深受家庭文化、家庭生活周期和家庭成员个人理财能力的影响。（顾建军，2004）

1. 家庭文化

家庭理财方式是构成家庭生活方式的一部分,往往能够折射出一个家庭的价值观、伦理观念和生活习俗。几十年前普遍的家庭理财方式在今天逐渐被各种各样的新方法所替代,这除了受经济水平的影响,与家庭文化的发展也密不可分。家庭文化直接关系到一个家庭在经济生活方面发生变化时的适应与调节。

2. 家庭生活周期

独身阶段以及家庭生活周期各个阶段,家庭收入水平和家庭成员需求会发生变化,因而收支的重点和数额也不同。因此,家庭理财的目标和计划以及家庭理财方式,都应根据家庭生活周期不同阶段的特点合理制定和选择。(彩玉,2006;卢远香,2006)

表4—2　　　　　家庭生活周期不同阶段的生活特点和理财建议

家庭生活周期	家庭生活特点	理财建议
独身阶段	生活负担最轻,而花销的约束力最小	制订严格的收支计划,节约开支 1. 存足3~6个月的最低生活费,作为放弃现职,寻求更理想的工作时的花费或作急用 2. 储足组建家庭的正常花费 3. 将多余的钱用做其他投资,以获取最大收益
家庭萌芽期	处于新婚阶段,由于生活开支不大	趁没有育儿负担时,扩大收入渠道,加强家庭建设,也为孩子出生做准备
家庭成长期	上有老,下有小,家庭负担最重,抗风险能力最弱	应注意充分考虑孩子的教育费和老人的赡养费,尽量避免风险大的投资
家庭成熟期	子女逐渐独立,对家庭的依赖明显减弱,家庭经济实力增强	可适当增加消费,改善生活;同时拓展投资渠道

续表

家庭生活周期	家庭生活特点	理财建议
家庭衰退期	子女结婚成家，分门立户，家庭处于一种裂变状态。父母步入老年，收入稳定，以往储蓄到了收益期	老人应妥善处理多余的钱，不做高风险的投资，以养老防老
家庭解散期	一位老人已亡故，另一位则处于鳏寡阶段，日常生活消费以外的花费很少，储蓄收益相对较大	可根据自身情况，适当投资

家庭成员的劳动能力、生活负担、工资水平随着家庭生活进入不同阶段起伏变化。图4—2所示为一些城市家庭生活负荷发展周期曲线。中年阶段，家庭成员劳动能力最强和生活负担最重，但工资水平并不是最高；老年阶段，收入水平最高，劳动能力和生活负担下降。理论上讲，老年人购买力应最强，消费水平最高，但实际上，许多老人在经济上补贴子女，而子女在生活上照顾老人，精神上安慰老人。因此消费水平、购买力最高的还是年轻人。

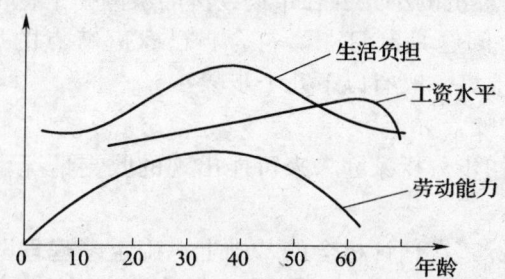

图4—2 一些城市家庭生活负荷发展周期曲线图

每个家庭所处的地区、家庭结构、家庭成员从事的职业以及家庭生活方式和过程各不相同，因而每个家庭具体的生活周期并不完全一样。例如有的家庭没有孩子，有的家庭则经历了离婚。这些都会对家庭的经济生活产生很大影响。所以了解自己家庭的特点，因人而异、因地制宜是不变的原则。（涂艳，2004）

3. 个人因素

在选择适合自己的理财方式过程中，应从个人能力、职业及个人爱好等方面去考虑选择理财方式。

每个人作出自己的理财计划前要好好衡量一下自己的心理承受能力和可供投资的资金数额。凡事求稳，不爱冒险；或是心理承受能力较差，遇事好烦心的人就不要选择风险性较高的投资项目，因为不是任何人都能平静对待资产的大起大落的。这样的人可以考虑储蓄、债券等风险性小的理财工具。收益和风险是成正比的，风险性高的投资收益往往较高。生性喜欢冒险，家底也较厚的人，可以充分利用股票投资等高风险、高收益的投资方式。在条件允许的情况下，还可以炒房地产。有雄厚资金的人相对承受风险的能力也要大一些。

选择理财方式时可以充分利用职业或兴趣爱好。如果某个家庭成员的工作可以每天接触金融信息，那么这个家庭会比别人更有优势投资股票、债券、房地产，因为他们信息灵通，判断能力也较强。如果家庭中有人有从事危险性高的工作，就要考虑多买点人寿保险，以防万一。平时有收藏邮票、钱币等爱好的人，可以利用这一优势进行投资，因为这也是一种很好的理财工具。

（二）制订理财方案的步骤

家庭理财内容很多，除了消费、储蓄外，还涉及保险、投资等项目。而市场日益繁荣，花钱的诱惑也多。如果我们心中没有打算，随心所欲，就很难保证家庭的长远利益。家庭经济的小舟要在市场经济的浪潮中平稳前进，需要有正确的航线。家庭理财首要问题是制订一套符合自己家庭特点的理财计划（王华梅，2005）。理财计划的拟订一般有以下几个步骤：

理财计划一般步骤：

1. 估量机会：初步分析家庭未来可能出现的收支情况，了解必须的花销和可能节余的资金。

2. 确定理财目标：在估计机会的基础上，确定家庭理财的长远目标和近期工作重点。

3. 了解理财工作前提条件：对家庭内部、外部资源做尽可能详细的了解。尤其要充分考虑对家庭理财计划实施的限定因素。

4. 拟订可供选择的方案：考虑各种可能性，初步订出几个相对可行的方案，供进一步比较选择。

5. 确定理财方案：在上一步基础上选取一个最合理的方案。

6. 预算量化理财计划：编制详细的家庭预算，使理财计划进一步量化。

新婚不久的小张和小王夫妇制订的理财计划：

> 初步估计：月总收入：约 4 000 元
> 月总支出：约 1 200 元
> 近期目标：1 年内：先购买健康保险
> 长远目标：5 年后：买房（约需花费 30 万元）
> 近期工作重点：尽可能多赚钱，增加积蓄。
> 两人的性格、兴趣、能力、时间安排的分析：……
> 几家保险公司所提供的健康保险的比较：……
> 房地产行情和购房贷款情况：……
> 限定性因素：如果这期间有了孩子，就无法达成以上目标，因此 5 年以后再考虑生孩子的问题。
> 方案 1：……
> 方案 2：……
> 方案 3：……
> 细心的小王负责：（1）日常收支（2）兼职，多挣一份收入。
> 精明的小张负责：（1）重大消费项目（2）用部分资金炒股。
> 详细家庭预算：……

除了选择合理的理财方式，要使家庭理财实施的过程和谐、高效，组织工作至关重要。民主协商是英明决策的前提；人尽其才、物尽其用，是提高效益的关键；公开、透明、公平是保持和睦的秘诀。

对于已制订的计划，可确定一个期限，例如五年。五年以后可以采取"滚动计划法"，即在原有的家庭理财计划基础上，根据变化了的环境因素和家庭计划的实际执行情况，对原计划进行调整，以确保计划目标的实现。当然，如果发现理财计划与现实情况差距过大时，应该及时改变航道，重新编制可行的理财计划。

三、怎样控制家庭收支？

（一）家庭预算

家庭预算，就是对家庭的收入、支出等做预见性的安排。有了详细的预算，才能把理财计划落到实处，更加精确地控制每一个理财项目的实施。（张春燕，2005）制定家庭预算首先需要了解家庭收入和支出的构成。

1. 了解收支结构

家庭收入构成

家庭收入是指家庭通过各种渠道所获得的经济利益的总和。家庭总收入如图4—3所示:

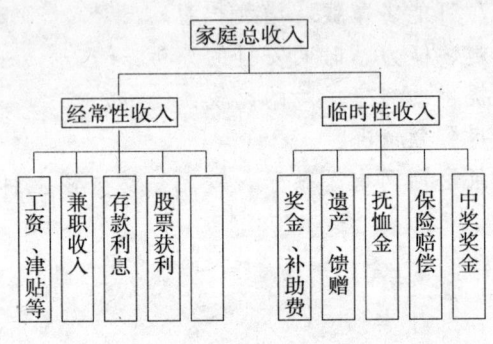

图4—3 家庭总收入

(1) 从工作单位领取的工资、奖金、津贴;从事农林渔牧业的劳动所得等。

(2) 劳保福利性收入,如交通费、误餐费、书报费、出差补助等。

(3) 从事第二职业的收入,如当家庭教师、技术顾问、农村家庭的副业生产等。

(4) 其他现金收入,如储蓄存款利息、股票交易获利、遗产、馈赠、退休金、抚恤金等。

可以看出,每个家庭的收入构成中,总有一部分是经常性收入,如工资。另外一部分则是偶然的、一时的,属非经常性收入,如馈赠、出差补助等。

家庭支出构成

家庭支出,是指家庭通过各种途径所购买、消费的款项的总和。家庭支出主要包括(见图4—4):

(1) 家庭成员缴纳的各项税款,如个人所得税、消费税等。

(2) 赠与他人的支出,如捐款、赡养费等。

(3) 日常生活必要开支,如房租、水电费、食品、衣服、医疗保健费等。

(4) 文化娱乐开支,如教育费、交际费、通信费、旅游费等。

(5) 购置其他非日常消耗品的费用,如家用电器、家具等耐用品。

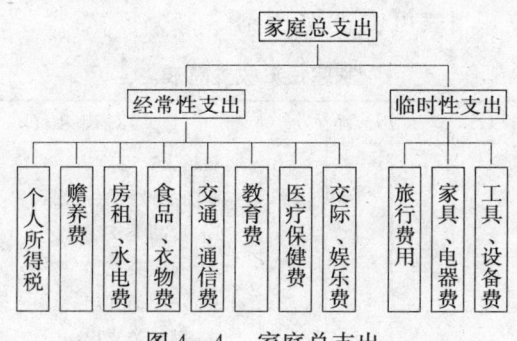

图 4—4　家庭总支出

2．进行家庭收支预算

家庭预算可分以下步骤进行：

（1）确定预算周期：预算周期最好与家庭收入周期相一致。例如，一般工薪家庭以 1 月计算为宜，农民家庭可以 1 季度、半年或 1 年计。

（2）设计预算表格：预算表格不限形式，但应该简洁清楚，一目了然。太复杂，不易坚持；太简单，不能反映必要细节，日后回忆困难。

（3）计算当期收入总和：将家庭成员的收入按项目逐一列清，如工资（含奖金、津贴等）、补贴、投资收益等。

（4）安排家庭支出并计算总和：可采用"剩余法"，以家庭收入为基础，根据家庭各项支出的轻重缓急，逐项从收入中扣除。例如，先扣除房租、水电、煤气费、托儿费等固定支出，再扣除伙食费、医药费、书报费等重要支出，最后在计算服装费、娱乐费、购置家具费等一般支出。如果不分主次安排各项支出，然后汇总，往往很难做到在该节省的地方节约开支。

（5）计算当期储蓄额：将收入总和减去支出总和，算出可节余储蓄的数额。

3．设计收支表

现代家庭收入渠道越来越多，开支项目也越来越繁杂。闲置资金增多，投资途径扩大。因而家庭理财的内容也日趋庞杂。清晰的家庭收支表可以帮助我们及时、准确地了解家庭的经济状况，更好地调整家庭理财活动。

家庭收支表的设置应简单易行。可自己设计，也可去商店买现成的收支册计账，还可用计算机计账。我们可以根据自己喜欢的方式记账，不在乎形式，只要能清楚地说明家庭资金的来龙去脉。另外，贵在坚持，否则难以收到很好的管理效果。

以下的几项收支账目表可供参考：

表 4—3　　　　　　　　　　家庭预算收支总表

收入项目	金额	%	支出项目	金额	%
期初给余：			期初超支：		
1. 储蓄			本期商品性购买支出：		
2. 手存现金			1. 食品类支出		
本期经常性收入：			2. 衣着类支出		
1. 工资、定期奖金			3. 用品类支出		
2. 其他劳动收入			4. 燃料类支出		
3. 退休和劳保金			本期非商品性购买支出：		
4. 经常性赡养收入			1. 房租水电费		
5. 其他经常性收入			2. 市内交通费		
本期临时性收入：			3. 旅行车船费		
1. 临时性奖金			4. 通信费		
2. 临时性抚恤金			5. 医疗保健费		
3. 临时性困难补助			6. 学杂费		
4. 出差补助			7. 保育费		
5. 讲课费、稿费			8. 文娱费		
6. 临时性赡养补助			9. 其他文化生活等服务支出		
7. 其他临时性收入			本期其他支出：		
			本期储蓄：		
合计			合计		

表 4—4　　　　　　　家庭支出分类明细表（食品类支出）

项　　目	金额	%	项　　目	金额	%
粮食			食糖		
食用植物油			零食		
食盐			早点		
作料			烟		
肉			酒		
水产品			鲜奶		
鸡蛋			茶叶		
蔬菜			其他饮料		
水果			外出用餐		
合计					

(二）建立合理的消费结构

钱应该花在什么地方？这是每个家庭在支出时面临的重要问题。要使家庭成员在各个层面上的需求都得到适当的满足，首先需要考虑家庭消费结构的合理与均衡。消费结构对于家庭生活就好比饮食结构对人的身体健康一样至关重要（尤惠，2003）。建立合理的消费结构，有利于家庭生活和谐有序地发展。

1. 消费结构

家庭消费结构是指各类家庭消费资料在家庭消费中所占的比例。家庭消费资料一般分为三大类：生存资料、发展资料和享受资料。

生存资料：是指维持和延续人们生命的基本生活资料，包括衣、食、住、行等所消耗的物质资料，如房租、水电、食品、基本衣物等开支项目。

发展资料：是指发展人们体力、智力所消费的物质资料，包括子女受教育和家庭成员进一步学习深造的资料，如书刊、报纸和文具用品等。

享受资料：是指满足基本生活需要以外的身体和精神享受所花费的物质资料，如休闲娱乐费用、旅游费等。

消费资料的分类需要根据物品在家庭中的实际用途具体分析。一种物品可能具有多种功能，在不同的家庭里表现为不同的消费资料。例如，收录机，如果主要用于学习外语，就属于发展资料；如果只是用来听音乐，就属于享受资料。计算机，对于从事计算机工作，并以此谋生的人来说，属于生存资料；而对于一般家庭，计算机主要作为学习、工作的辅助工具，就属于发展资料。

2. 消费资料比例的计算

判断家庭消费结构是否合理，需要计算出各类消费资料的比例。计算消费资料的比例有两种方法：

比例法

$$\frac{某一类资料消费额}{家庭消费总额}=消费资料百分比$$

如：食品月消费额 400 元÷家庭月支出总额 1 000 元＝40%

对比法

$$\frac{A 类资料消费额}{B 类资料消费额}=各类消费资料互比值$$

如：生存资料 500 元÷享受资料费 200 元＝5∶2

消费资料比例的计算应注意先确定消费周期，一般工薪家庭以月支出来计算，农村家庭，则可以根据 1 个季度、半年或 1 年的支出来计算。

计算家庭总的消费结构时，应先将各项具体支出归类，然后分别计算生存资料、发展资料、享受资料所占的比例。

当需要了解一些具体项目的开支比例是否合理时，可以用比例法，用单项消费额除以月消费总额，得出单项消费的比例。也可用对比法，计算单项消费之间的比值。例如，想弄清楚通信费是否过多，可以这样计算：

比例法：每月通信费 300 元÷月总支出 900 元＝1/3

对比法：每月通信费 300 元∶每月伙食费 400 元＝3∶4

计算家庭消费资料比例的目的在于：更精确地了解家庭的支出状况，清晰地看到家庭消费的结构，以利于进一步分析家庭消费的合理性。

3. 消费结构的分析

家庭各类消费资料以及各项具体开支在总支出中所占的比例是否合理，应根据家庭的实际需要和收入情况来分析、判断。

每个家庭的成员构成和所处的生活周期不同，家庭生活需要的轻重缓急就不一样，因此金钱投向的分布也就不同。家庭收入的增减也与家庭消费结构的变化密切相关。

当分析家庭消费结构时，不可用一个固定指标来衡量其合理性，而应从家庭的具体情况出发，评估各类消费的比例是否均衡合理。需要考虑的因素主要有以下几点：

（1）消费规模：家庭总支出或某类资料的消费是否超出家庭经济承受能力。如：是否需要花光所有积蓄或借钱消费。

（2）消费比例：总的消费结构，即生存资料、发展资料、享受资料的消费是否均衡。有没有单打一消费的情况出现，也就是，过度偏重某一类消费，或忽略了某一类消费。例如：娱乐等享受消费占总支出的 1/3，而发展消费几乎为零。

某一项消费是否超出合理范畴。如手机话费高是否都因为工作需要。

（3）消费主体：家庭的支出是否集中在某些家庭成员身上，而另一些家庭成员的需要则经常让步，甚至被忽略。如：妻子的服饰不断更新，丈夫则常年不买一件衣服。

（4）消费对象：家庭消费的商品或服务是否有利于家庭成员的健康和安全。如：过度的烟酒消费、赌博，有百害而无一利。

4. 合理消费结构的设计

合理的结构应该是生存资料、发展资料、享受资料三者兼顾。优先保证生活必要开支，而后考虑发展消费与享受消费。分清"需要"和"要求"，即：哪些物品是必要的，缺少了则会对家庭生活或个人发展产生重大影响的；哪些只是为了满足某一方面的爱好或享受的。权衡轻重缓急之时，尽可能照顾到所有家庭成员的利益。

设计家庭消费结构的方法很多，常见的有定额法和定比法：

定额法：从每月收入中，划出固定金额用于各类消费资料，专款专用。如确定每月伙食费 500 元，书报费 200 元，娱乐费 100 元。

定比法：设定每月一定比例的收入用于各类消费资料。如月收入 2 000 元的 30％用于伙食开支，10％用于学习材料，5％用于交际娱乐。

（三）培养理性的消费习惯

在收入十分有限的时候，忧愁的是如何精打细算满足家庭成员最基本的生活需求。当家庭经济条件明显改善后，却又容易迷失在琳琅满目的商品中，不知如何选择。在充满诱惑的物质世界中，保持消费的理性越发不易，却又格外重要。

1. 克服不理性的消费心理

我们消费时难免受到情绪的影响，一旦不能抑制自己的冲动，就会出现非理性的消费行为。经常导致非理性消费的心理原因有：

（1）炫耀心理：虚荣心作祟，喜欢"我有你没有"的感觉。

（2）攀比心理：不甘落后，不服气，"你有我也有！"

（3）从众心理：缺乏主见，模仿别人；或者认为别人抢购的，一定是好东西。"你买，我也买。"

（4）补偿心理：辛苦了，犒劳自己；委屈了，安慰自己；吃亏了，再买一个便宜的把损失补回来。

（5）逆反心理：与反对者较劲，"不让买，我偏买"。

（6）贪便宜心理：认为花钱越省越好；或是存侥幸想发财；"不买就亏了"。

不健康的消费心理导致非理性的消费行为，造成钱财的浪费，不利于家庭资源的有效使用，还容易引起家庭矛盾，最终影响家庭生活的质量。因而保持良好心态，树立自己的个性，尽量避免在情绪激动时消费，可以减少很多消费上的失误。

2. 采取理性的消费行为

消费时做到冷静、理智和精明，预先思考十分重要。运用"W""H"法制订消费计划能帮助我们在消费中作出正确决策。

理性消费"W""H"法

What：买什么。根据家庭需要确定要购买的物品，考虑品种、规格、价位等。

Why：为什么买。考虑这一物品的用途，看这一需要是否迫切、合理。有没有其他物品更急需添置。另外考虑，如果不买此物，其功能是否可以由其他物品替代。

When：什么时候买。任何商品都有生命周期。一种新的耐用消费品在市场上出现后，生产与销售情况往往要经历三个阶段，即："开始期""成长期"和"维持期"。在"维持期"，市场达到或接近饱和，成本和价格有所降低，产品质量也进一步完善，因此这一阶段是高档耐用商品的最佳购买时期。而时鲜食品刚上市时价格较高，旺季时就便宜多了。

Where：在什么地方购买。不同的商店里，同一种商品的价格、售后服务不同，商店的信誉也不一样。同样的商品，其产地的价格会低一些。因此货比三家不吃亏。

Who：谁去买。推选懂行的家庭成员去买，或找行家陪同选购。重大项目，最好夫妻双方一起去，避免事后彼此抱怨。

How：怎样付款。买大宗商品时，需要根据家庭经济实力，考虑选择一次性现金购买、分期付款、借款、还是贷款。

理性消费，还需要抵制广告的诱惑。成功的广告往往会使我们觉得，一旦使用某种产品，就会马上拥有健康、美丽、时尚、高雅气质、男子气概、美好前程等。随着反复接受这些信息，我们越来越感到对它的需要，就会不知不觉把它纳入消费的计划。实际上，许多在广告的说服下购买的商品，并不是我们真正所需的。所以，当发现自己怦然心动的时候，就一定要问自己为什么买。

理性消费，更要防范消费中的陷阱。有些商店商品的标价或促销的广告语不明确，商家含糊其辞，制造错觉，从而误导消费者。有些商贩甚至用欺骗的手段推销他们的商品。贪小便宜,往往是我们上当的根源。因此,遇到大便宜,一定要探个究竟,以免到头来捡了芝麻丢了西瓜。

在消费中,利益遭到损害,与商家直接交涉得不到合理解决时,可以通过法律手段维护自己的权益。《消费者权益保护法》中明确规定了消费者的合法权利。

3. 谨慎使用信贷消费

家庭的信用活动的主要形式有银行贷款、典押、民间借贷等。现代生活中,通过向银行贷款满足消费需求的信贷消费方式,为越来越多的家庭所采纳。

"信贷消费"简单地说就是"今天用明天的钱"。家庭生活中的信贷消费主要包括个人消费贷款和信用卡消费。

个人消费贷款

个人消费贷款是来自于银行专款专用的贷款。目前有购房贷款、住房装修贷款、购车贷款、旅游贷款、用于出国留学的教育贷款以及助学贷款等。

信用卡消费

信用卡是银行或其他财务机构签发给那些资信状况良好人士的一种特制卡片,是一种特殊的信用凭证。持卡人不必事先将现金存入卡内。在发卡机构给定的资金额度内可凭卡在接受信用卡的商店购物和消费,也可在指定的银行机构存取现金,信用卡购物可享有一定的免息期,目前最长为50天,到期后将收取高额利息。透支提取现金也要支付高额利息。

信贷消费缩短了资金积累过程,能够帮助个人或家庭提前享受高档商品,获得更多的机会,如受教育的机会、旅游的机会等。使用信用卡购物不仅方便,还可以使家庭的现金得到合理运用。但是,如果信贷消费使用不当,会对家庭生活产生不利影响。例如,为买房贷款过多导致每月必须还款金额过高,使得日常开支紧张,甚至不得不降低原有的生活水平。

所以,在决定采用信贷消费之前,需要考虑以下问题:

(1) 信贷消费商品的需要程度

信贷消费的成本较高,因此,对信贷消费商品的需要程度的权衡十分重要,对于急需的、重要的、价格高的商品可考虑采用信贷消费。

(2) 未来的偿还能力

你可以承受多少信用额?要防止还款出现问题,最容易的方法就是在每月的预算中限制自己的信贷。信贷还款比率是一个重要的理财指标，计算公式如下：

$$信贷还款比率 = \frac{每月还款额}{每月实际收入}$$

在考虑信贷消费时应计算出这个指标，以此衡量未来的偿还能力。一般来说信贷每月还款数额以不超过每月家庭总收入的30%为宜。当还款额与收入的比例超过60%，就难免会影响目前的生活质量了。

四、如何进行家庭投资？

随着国民收入的普遍提高，大多数家庭在安排好衣食住行的花销后，往往还有节余。人们传统的做法是将这些钱存起来，以备不时之需。在金融市场日益繁荣，理财产品层出不穷的今天，怎么存钱才合理合算，如何让闲置的财力创造新的财富，越来越成为家庭生活中的重要话题。

家庭投资的方式有很多，但总体上分为两大类：一是保障性的投资方式，二是风险性的投资方式。它们分别从不同的角度为保障家庭生活的正常运行和提高家庭生活的质量发挥自己独特的功能。（杨义群，2004；徐幸福，2004）

（一）家庭投资的渠道

1. 保障性的家庭投资方式

保障性的家庭投资方式主要有：储蓄、保险和债券等，这几种投资方式收益相对较低，但风险小，有利于保证家庭日常生活的平稳，并能支持家庭在遭遇家庭危机时的从容应对。

储蓄是将资金存入银行以获取利息收入的一种投资方式。具有投资风险低，能按时收回本金，并且能保证家庭资产不断增值，可以随时变现和为其他投资提供储备金等的特点，它是最为稳妥的一种家庭投资方式之一。充足的现金和银行存款是家庭理财的生命线。

天有不测风云，人有旦夕祸福。家庭生活中风险也同样时时、处处存在。为增强家庭抵御风险的能力，除了树立风险意识，更重要的是通过各种手段规避风险和减弱风险对家庭的打击。

参加保险是一个转移家庭风险一种科学的、有效的方法。保险是指个人或家庭、企事业单位作为投保人，事先向保险公司提出申请，经保险公司同意后，投保人缴纳保险费，并与保险公司签订合同，如果发生了保险合同中提及的灾害事故,保险公司将赔偿投保人所受的经济损失。

保险通过"一人为众,众人为一"的方式转嫁了家庭或个人的风险。众多投保人将钱交给保险公司,形成了保险基金,用以赔付投保人发生的意外经济损失。一个家庭自身的力量是有限的,仿佛一只小船,如遇暴风骤雨,就岌岌可危了。而社会化的保障相比之下就像一艘巨轮,更能经受得起狂风巨浪。对家庭来说,付出的保险费看上去一时增加了开支,但家庭的风险转移了,家庭生活获得了有力的保障,家庭成员心头的负担也得到缓解,这样看来,即使不遇灾难,未获赔偿,这样的投资也是值得的。更何况万一遭遇不幸呢?

2. 风险性的家庭投资方式

风险性投资方式,顾名思义,就是进行这类投资具较高的风险,如果成功,可获得可观收益,如果失败,就可能蒙受较大的经济损失。俗话说:有赚有赔。宁愿冒一定的风险来投资,主要是为了让手里的积蓄保值并增值。通货膨胀使货币贬值令人担心自己的钱财"缩水"。例如:20世纪80年代一场电影的票价只需0.15元,而现在则要花20多元钱。那时,一个大学生1个月的生活费大约60元,到1999年,大学生1个月的生活费至少在300元以上,而现在,则大学生每月至少需要500元。十几年来,我国平均通货膨胀率约为6%,现在的物价差不多是12年前的1倍。照此算法,12年后的1元钱只能买到现在5角钱的东西。所以,如果不进行适当的投资,把钱放在家里,那么年代越久,钱就贬值得越多。最好的办法是趁早将所赚的钱进行投资,让钱生钱。

选择风险性投资的家庭,除了考虑这类投资可能带来的高额回报,更要充分认识到其不确定性,做好承担风险的心理准备,并准确估价自己对风险的承受能力。一个家庭的收入、所处的家庭生活周期、家庭成员的心理素质、知识水平等都与风险承受力密切相关。

家庭风险性投资主要有:股票、房产、黄金和投资基金等。

(二)如何进行保障性投资

1. 选择合适的储蓄品种

储蓄的种类很丰富,主要包括活期存款、定期存款和定活两便存款等。每一个储蓄的种类都有其特点,在家庭中所发挥的作用也不一样,每个家庭应根据自己的具体情况选择和组合储蓄的种类。储蓄大多在银行办理,除了去柜台存取现金,我们还可以用银行发行的借记卡,在自动取款机里存款或提取现金。

活期存款

活期存款最大的特点是方便灵活，可以随时存储，有利于积少成多。活期存款还被称为"有一定收益的手头现金"。在日常生活中，它可以用来支付很多商业服务的开支项目，如电话费、水电费等。而借记卡可以在很多地方用于购买商品，十分方便。

虽然活期存款利息较低，但它具有随时随地可以取用的便利，可以为家庭处理紧急事务提供最快最方便的支持，它是家庭投资中避险和获利的最重要的基础之一。因此，在家庭投资中，应该首先考虑银行活期存款。活期存款的数量可以根据正常情况下家庭生活所需费用和周转资金的数额而定。

定活两便存款

定活两便存款，一方面它有活期存款的方便灵活特点（急需用时直接按活期存款取出；手续简单）；另一方面它的收益率又高于活期存款利率，具有定期存款的特点。它可用来作为预防突发事件出现的紧急支出。实际上，定活两便存款就是家庭生活中的备用金。其数额应视家庭收入情况和家庭人口构成情况确定。

在确定定活两便存款的数额时，需要充分考虑近期可能需要大量用钱的项目，根据需要作出安排。

定期存款

定期存款利息收益高于活期存款，同时，可以按活期存款利率提前支取，具有资金调度安排上的灵活性。在家庭投资中，对于实现家庭计划中期目标所需的支出，可以提前安排，设定存款期限，这样既可以确保家庭目标的实现，又可以获得高于活期存款利率的收益，还能保证其他投资不受影响。

定期存款的数量和期限应结合家庭生活的具体目标，作出切合实际的计划和安排。

2. 购买必需的商业保险

与家庭相关的商业保险的种类很多，常见的家庭保险有：财产保险、人身保险、医疗保险等。对于任何一个险种，各家保险公司往往为不同年龄阶段的客户提供不同特色的保险产品。

面对名目繁多的保险品种，先为哪些项目投保呢？选择的原则是：评估家庭各种风险发生的可能性，将家庭最重要的、最容易遭到意外的以及单位或社会福利所不能保障的人或项目首先列入保单。

购买家庭保险时，需要格外慎重，因为对于一般家庭来说，这是一笔金额不小的投资，并且它关系到家庭的重要利益。投保人需要对保险机构的经营状况和信誉、保险代理人的资格和业务水平、保险合同的具体条款等进行仔细的调查和研究，以防自己的经济利益受到侵害。购买保险时，应注意以下事项：

(1) 审核代理人的展业证书

每个保险代理人都有自己的展业证书，展业证书上记录着该代理人的身份证号、展业证编号、照片、姓名、有效期以及服务的保险公司。如果代理人出示资格证或业务证，意味着其没有服务于任何一家保险公司，属于无证销售。在审核展业证时，记下证件编号，通过查询可知证件持有人的姓名、身份证号、服务的保险公司和证书有效期供核对。

(2) 审核保险利益

保险利益的精髓在于：保险责任、除外责任、保险期限和收费、代理人向投保人（被保险人）解读的保险利益应明确这四点。

(3) 保留保险建议书

当投保人向代理人提出保险要求时，要求代理人出具明确表示保险利益和收费的保险建议书，并要求代理人亲笔签名而非打印件或复印件。在支付保险费时，保留保险建议书，在取得正式保险合同时，与保险公司一并保管，为以后的保险投诉，提供法律意义上的证据。

(4) 注意保险合同的签收日期

当代理人将正式保险合同送达投保人（被保险人）之时，保险公司要求投保人（被保险人）签收，并注明签收日期，在签收日期之后的十日内若发现建议书内容与保险利益不同，可撤销保险合同，并全额退还保险费，所以签收日期必须是实际收到保险合同的日期，不可提前。

(5) 理解分红的含义

保险公司的分红是保险条款中的附加利益，它根据保险公司运用和保险资金在市场运作的结果而定，是保险条款中保险利益最不确定的部分，故不能将分红作为投资的确定性回报对待。

(6) 审核签名

当投保人投保时，必须填写要保书（投保意向书）和收款收据，在这些凭据上，代理人必须签写自己的名字、工号等相关资料，代理人的签名应与其展业证相符。

3. 购买债券

债券是由政府和金融机构发行的一种有价证券。

与投资储蓄相比，投资债券具有较高的收益率；与投资股票、期货相比，投资债券可以承担较低的风险。因为债券可以提供固定的利息收益，在任何情况之下，债券发行机构都必须偿付到期的利息与本金。在百业萧条之时，企业的业绩下降，银行的业务活动亦减弱，利率普遍下降，债券反而会有升值机会。所以，对于想获得高于银行利息的回报而又不愿承担风险的投资者来说，债券无疑是一种良好的投资工具。

目前，我国的债券按发行主体主要分为政府债券（主要为国库券）、企业债券和金融债券三种。这三种债券对投资者的投资选择有不同影响。一般来说，政府债券由国家发行，在各类债券中信誉最高，资信可靠，投资风险小，但实际收益率低于其他债券的收益率；企业债券是由企业或企业集团为筹资而发行的债券，其信誉低于政府债券或金融债券；金融债券是由金融机构发行的债券，信誉高于企业债券，低于政府债券，风险和实际收益率介于其他两者之间。

长期债券可以按期收息，为家庭带来新的流动资金。有不少人将长期债券视做家庭重要的财富，父传子，子传孙，始终享有利息的收入。债券能够买卖流通。当债券持有者急需现金时，可以到交易场所将债券卖出。因此，债券投资已成为大众投资的主流，也是家庭常用的理财工具。

（三）如何进行风险性投资

1. 股票投资

股票是一种有价证券。股票是股份有限公司在筹集资本时向出资人发行的股份凭证。股票代表着其持有者（股东）对股份公司的所有权。股票持有者每年可以从股份公司获得股利即红利，还可在证券市场出售，以获取差价。投资者投资股票是为了取得高于银行存款、债券的利息收入或通过在股票市场炒作股票取得差价收入。

股市行情变幻莫测，有很大的不确定性。若所选择的公司经营不善或受经济环境不利的影响，出现亏损以至破产，投资者就可能收益甚微、毫无收益乃至血本无归。若投资者选择了优秀的公司投资，则该公司的优良业绩就会给投资者带来丰厚的回报。影响股票涨跌的还有其他因素，如世界局势、政治风云、经济趋势、政策变化等。另外，个人的操作策略也十分关键。因此，股市中有人破产，也有人发财。

家庭进行股票投资需要深思熟虑，谨慎操作。是否投资、何时投资、投资多少都需要结合自己家庭的实际情况来决定。

另外，投资者的素质也十分重要。急功近利、浮躁不安的心态极易影响股票投资的决策；缺乏知识、盲目从众也会使股票投资的前途难以把握；患得患失、敏感脆弱的心理则会使股票投资成为心理负担而得不偿失。

2. 房产投资

房产投资也是能使家庭财产既可保值又能增值的一种方法。房产作为一项独立的家产，有其独特的经营特点，是投资者投资房产时必须首先考虑的。

表 4—5　　　　　　　　房产投资的优势和不足

房产投资	
优势	不足
投资的回报率高 由于土地不可再生，从长期来看，房产价格呈上升趋势，投资者的回报远远高于其他投资项目	资本大、回收慢、周转率低 需要数万、数十万甚至上百万或更大的资金投入，且房产的利润回收很慢，因此，投资房产要积压数额庞大的资金，容易使投资者资金周转困难
耐久、安全 一栋房子在没有天灾人祸的情况下可以保持数十年至数百年	不易变现 房产交易不像普通商品那样可以轻易脱手，也不像股票那样可以带入证券市场随时交易变现。一旦房价下跌，就难以逃脱巨大的损失的危险
收益大、风险小 房产的收益来自：房产的升值和房产的出租，而租金收入还可抵消房产市场价格波动产生的损失	

在投资房产时，正确把握买卖时机至关重要，这是因为始终处于变动之中的房价和利率是影响房产投资收益的重要因素。当然充分考虑房地产投资的风险更为重要：

(1) 时势风险

主要是因为国际、国内的社会形势、政治时局、战争等因素而引起的房地产投资风险。

(2) 政策风险

政策风险是指国家现行的经济税收政策,特别是税收政策,它直接影响房地产的收益,投资者必须了解投资地的不动产税收政策,否则,有可能冒高额的不动产税和不动产所得税的风险,结果使自己的投资收益所剩无几。

(3) 经济风险

主要是指投资者对市场供需关系的错误估计而形成错误决策造成风险市场风险和利率风险。如楼价因供不应求而上升,开发公司纷纷兴建楼宇,投资者也踊跃介入,但由于房地产开发耗时较长,一旦新楼建成,楼价可能会因供过于求而下滑。从而给投资者带来巨大的经济损失。而利率所带来的风险有两个方面:一是对购房出租者来说,假如银行利率在短期升至极高水平,则会令到期存款比购房出租更有利可图。二是如果投资者的部分资金是向银行抵押贷款取得的,假如贷款利率上升,则投资者要负担的贷款利息就会增加。这种风险有时是很难规避的。

3. 黄金投资

黄金是世界上最古老和最普遍为人接受的货币形式。从原始社会末期,黄金、白银取代家畜、贝类等物品而成为一般等价物——货币以后,无论世界经济如何发展与变化,黄金的货币价值、储备价值、支付价值就始终没有发生过变化。从家庭理财的角度看,黄金是唯一可以拥有,而同时不受任何人牵制的资产,它是最可信任的、可以长期保存的财富,同时也是获得掌握钱财自由的源泉和标志。

表 4—6　　　　　　　　　　黄金投资的优势和不足

黄金投资	
优 势	不 足
抵御通货膨胀的负面影响 当出现通货膨胀时,纸币的币值下降,而黄金的价格上升。这就是黄金一般等价物的特征使其产生了抵御通货膨胀的负面影响的能力	投资成本较高 黄金是稀有金属、贵金属,其价格较高,将黄金作为投资品种时,需购买一定数量,故一次性投资成本较高

续表

| 黄金投资 ||
优势	不足
套现方便自由 在世界范围内的任何一个国度和地区，黄金都能实现它的价值，都能转换成货币，实现它的现实购买力价值。目前，我国也设立了黄金交易市场	
投资、收藏两相宜 俗话说"盛世文物，乱世饥民"。当国家处于盛世时，投资黄金作为收藏品会出现升值的情况；当国家处于混乱和战争状态时，黄金（黄金产品）的流通性优于纸币，成为硬通货	**投资回收期长** 黄金市场的价格变化不如股票市场频繁，有一定的周期性。因此，投资回收期长

（四）风险性投资的基本原则

无论采用哪种风险投资方式，都需要遵循以下原则：

1. 安全保本为先，利润为次

家庭用于投资的钱，往往是日积月累辛苦挣来的血汗钱，用于投资当然要以安全保本为先，安全比发财更重要。血汗本钱应该珍惜。只有在安全的前提下，才可能获得稳定的收益。

2. 分散投资化风险

任何一种理财投资工具都既有长处，也有短处，若把全部资金全部集中投入一种投资方式，往往不能有效防范风险，难以获得理想的投资收益，所以个人在选择投资工具时应注意多样化，并形成一定的投资组合。"不要把鸡蛋放在一个篮子里""失之东隅，收之桑榆"，讲的都是分散投资的原则。可以用以下方式分散投资：(1) 投资于不同市场；(2) 同一市场内不同项目的投资；(3) 投资时间的分散。

3. 注意随时变现能力

这是家庭投资的重要法则。你的投资项目在急需用钱的时候，是否有足够的变现能力，随时可套回现钱？套回现钱的金额是否足够你急需时的应用？因此，在进行家庭投资时要熟知各种投资工具的特点，并将变现能力强的投资在家庭投资中保持相应的比重。投资股票之所以受欢迎,原因之一就是因为股票随时可以在市场卖出套现,有急用时,变回现钱可以应急。

表 4—7　　　　　　　　目前国内主要的家庭投资方式比较

	储蓄	保险	债券	基金	外汇	股票	期货	房产	金银	收藏
风险性	低	低	低	中	高	高	高	中	中	中
收益性	低	低	低	中	高	高	高	中	中	中
兑现性	高	低	中	中	高	高	高	低	低	低

总的说来,在选择家庭投资方式时,应根据自己的条件来考虑,除了上述几种投资方式以外还有一些投资方式可供选择,但无论选择何种投资方式,都应事先了解其投资特点和风险。

第三节　家庭事务的管理

一、如何有效运用时间资源?

本节中的家庭事务管理指的是理财之外,其他一切日常生活大小事务的安排与管理。家庭事务管理本质上是对家庭生活可利用的资源的统筹安排和合理利用。这其中,对时间、精力资源的有效运用能够极大地提高家庭管理的效率和成果。

时间是每个人都拥有的资源,它属于一种可测量的无形资源,一天 24 小时,一年 365 天,不会多也不会少。它是任何活动不可或缺的资源,无法被其他资源所取代。但因为每天都能得到新的补充,所以大多数人在使用时间资源时并不特别谨慎。总认为,没有今天还有明天。

可时间不同于财力和物力的是:即使你不去消耗它,也无法将它储存起来。一旦时间流逝,就无法失而复得,也不可能让时光回转做任何改变。唯一能做的就是分配和使用每一天的时间资源。时间资源的运用方式直接影响其他资源的分配和使用,对目标与结果也有决定性的影响。因此,必须像对待金钱或其他贵重资源一样谨慎地管理时间。

（一）影响时间利用的因素

影响一个人管理时间资源的态度和行为重要因素是时间取向和时间观念。

1. 时间取向

时间取向是指一个人做决定或判断时参照物的时间方向。时间取向可分为过去、现在和将来三种。

过去时间取向的人在管理各项事物时，往往以过去的经验为依据，很少考虑现在的状况，更不可能关注未来的可能性。他们擅长吸取经验和教训，在决策时追求保险和稳妥，不愿突破原有的模式，更不愿冒险。这种时间取向的极端行为表现为因循守旧，在观念上跟不上时代的步伐，对新技术和新产品既不敏感，也不信任。在时间运用上，他们倾向于参照过去来分配时间。"去年我们这个时候已经完成了这个任务，今年也应该在同时期完成。"

现在时间取向的人则根据目前状况来管理生活，设定的目标也以当前状态为参照。这一类型的人讲求当前的生活品质，关心目前的任务，也注重即时的享受，不拘泥于过去，也不展望将来，决策基本上以现在的需要为依据，比较务实。极端的情况可能是"今朝有酒今朝醉"。他们把时间分配在目前需要做的事情上。

未来时间取向的人以未来的可能状况为依据来决策和制定目标，很少考虑过去和现在的情况。由于对未来前景的预测比较乐观，他们求新求异，具备超前的意识，愿意创新和引领时尚，管理决策以未来需要为依据。完全只往前看，不往后看的人容易因忽略前车之鉴而重蹈覆辙，犯过去曾犯过的错，也容易因预测偏差而做错决定。在时间的运用上，他们表现出的特点是把时间分配在将要完成的目标上，常说的话是"明天我要做……"

所以最理性的态度是将过去、现在和将来的时间参考点连接起来，为决策和管理服务。需要将过去的经验加以分析和评估，作为一种参考指标，使自己明了生命和生活的规律，不犯无知的错。同时也需要把未来的时间参考点作为人生旅途的方向，在为现在的生活做决定时，兼顾未来的利益。

时间取向有时还以人的生理时间为参考点，这种"生理时间取向"对如何使用时间也有着显著的影响。人的身体为了正常运转需要食物、休息和运动，生理时间就像一个闹钟，提醒我们什么时候该做什么。几乎每个人都会建立起一个涵盖"生理时间取向"的生活模式。例如，你起床、就寝以及一日三餐的时间基本上有一定的规律,当你进入一个新的环境后需要一段时间来适应。

一个人的时间取向还可能因个人与环境互动而受到影响。你的职业、社交群体、社会文化等很多因素都会影响你的时间取向。

2. 时间观念

时间观念是一种由个人感官所产生的时间知觉,也就是说一些感官刺激物会引发我们的时间知觉,并采取相应行动。除了看表,还经常通过其他方式获知时间,例如,感到肚子饿时,你就知道时间已经到了中午;在公共汽车站,你看到有很多人在等某一班车,就知道别人已经等了一段时间,而车很快就要到了。有时,人们对时间的知觉并不完全依赖外部刺激,随着对完成一件事流程的熟悉或某种作息规律的形成,时间的概念可能内化于心,这时,不需要任何外界提示,你也能比较准确地估计时间。例如,有经验的教师不需要看表,就能把握每节课的进度;习惯按规律办事的人每天早晨不看表,也能在30分钟内做好一切准备出门上班。对时间的知觉还受到心情的影响,例如当你在等人时,会觉得时间过得很慢;而当你在玩游戏时,就觉得时间飞逝而过。

有时间观念的人往往能够很好地利用时间,对时间的长短快慢没有清晰意识的人容易感到时间不够用,总是被任务催促着,压力感和挫折感增强。所以,敏锐的时间观念能帮助控制时间,而不是被时间控制。

(二)时间资源的使用计划

为了管理好时间资源,必须制订一个时间资源的分配计划。"时间表"是一个很有价值的管理工具。许多人不愿制定和使用时间表,主要是出于对它的负面印象,例如,有人认为它死板而没有弹性,是一种"限制",控制了选择和自由;有人觉得使用时间表会打磨掉生活中人性化的一面;还有人认为,如果分分秒秒都必须精确地计算着使用,会令人紧张;另一些人则认为时间表只有工作特别多的"忙人"才需要,一般人用不着,而且只有在工作中才需要,家庭生活中没必要。

实际上,除去上班的8小时工作时间,可以把剩余的时间称为家庭时间。人的一生中大约有2/3的时间是在家庭时间中度过的。因此这是一段不可等闲视之的时间。家庭时间并不是指人们真正待在家里的时间,而是指这段时间主要用来处理家庭和个人事务,可以由自己控制。这部分时间里可做的事情内容庞杂、头绪繁多,格外需要进行精心梳理和安排。

时间表能起到一种规定和约束的作用,帮助你按部就班地完成各种任务,而不会觉得手忙脚乱。更重要的是，它能对要做的事情有充分的预期，从而获得一种一切尽在掌握之中的控制感和安全感。尽管时间表的使用需要你革除掉随心所欲的习惯，但对它的支配选择权还在于你自己，它是你自己创造和运用的一种工具。至于它最终成为有效的帮助，还是恼人的限制，完全取决于你的态度和计划。当然如果制定时间表的工作本身过于烦琐，就会抵消掉它的部分价值。如果时间表过于机械，缺乏灵活性，也会削弱其功用。

时间表的制定

设置时间表的方法很多，一般来说，在确定自己的时间计划表之前，都应该先了解自己以前使用时间的习惯和规律。你可以做一个为期两周的时间日志，记录你使用时间和其他资源的实际状况。然后依据这个"时间日志"，分析你使用时间资源的特点，你可以更清楚看到你通常以什么样的时间取向来管理资源，以及你是否有较强的时间观念，另外你可以明了各项家庭活动的性质和特点以及家庭可支配的有效时间。在这个基础上设置的时间表更为切合实际，容易坚持。

你可以选择确定时间法和周期规律法来制定时间表。

（1）确定时间法，就是根据各项家庭活动的性质和特点以及家庭可支配的有效时间，事先对各项活动起止时间进行统筹定位的一种时间计划方法。也就是给每项你认为应该进行的活动，安排一个确定时间位置。可以以每天24小时作为横轴，以一周7天为纵轴，画一个棋盘格。然后先将时间固定的刚性活动（必须完成的事）用红笔标在棋盘相应的线段上，然后安排其他相对重要的活动，用蓝笔将这些时间段标出，最后在余下的长短不一的机动时间段里，插进时间合适的其他活动。

（2）周期规律法，就是按照家庭生活中大小不同的周期内所形成的相对固定的生活模式，顺其自然地安排活动时间的方式。一般来说，稳定的家庭生活不会有很多意外的事发生，家庭生活中的常规活动大多带有周期性，只要有意识地将这些周期性的活动相对固定下来，就可以建立起家庭生活的基本规律。其他活动则可以采取随机的方式安排。

无论采用哪种方法，其核心原则是分清各项事务的轻重缓急，排列优先顺序。在制订计划时，尽量不打乱原来合理的规律，针对不恰当的时间管理行为进行调整。另外，不要将时间表的所有缝隙都填满，应留有机动时间以备应对临时发生的事件。

时间表完成后，你必须尽量按照计划实施各项任务，否则时间表就成了摆设，不能起到帮助你统筹安排时间的作用。你在按照时间表处理各项事务的同时，可能会发现有些时间安排是不合理的，那么你需要对原有时间表做相应改动。在生活发生大的变动的情况下，就需要重新设置时间表。

时间管理还可以补充使用其他的统筹方法，如顺路搭车法和见缝插针法。

（1）顺路搭车法，就是在互相不产生干扰的情况下，做一件事的同时，顺便兼做另一件事，是两件事情或几件事情同时进行，同时完成。

（2）见缝插针法，就是利用那些零星的时间来做一些零散的小事，积少成多利用时间的办法。见缝插针需要你善于捕捉时间空隙，更重要的是需要比较精确的时间观念。

二、如何有效运用精力资源？

精力资源是一种无形的人力资源，只能通过所完成的工作、所从事的活动和活动的结果来证明它的存在。精力资源和时间资源一样，有以下特点：（1）供给量有限；（2）是任何活动不可或缺的基本资源；（3）常与其他资源结合使用；（4）是无法被取代的；（5）无法失而复得。虽然人的精力每天可以得到补充，但却不是用之不尽，取之不竭的。

精力资源的充沛程度因人而异，也因时而异。例如，有些人精力旺盛，有些人则不然；对感兴趣的事乐此不疲，对枯燥的工作提不起精神；我们在某些特定的日子比其他日子精力充沛，在一天中的某些时段容易感到疲乏。所以，一个人精力能量的多寡与个人的体质、心理动机、健康状况、睡眠时间、饮食状况等密切相关。

精力管理的目的就是：（1）尽可能使精力资源的可利用性达到最大程度，以使个人有足够的精力去达到预定的目标；（2）以最少的精力完成最多的工作，并达到最高的满意度。在管理过程中，不仅要了解精力资源的可用性、可得性、分配与使用方法，也要了解精力消耗的各项因素。

（一）了解影响精力资源的因素

影响精力消耗的主要因素包括身体损伤、身体疲劳、精神疲劳以及厌倦、挫折与压力。身体损伤使得我们不能用最省力的动作完成任务，必然要耗费更大的精力。身体的疲劳主要是由于先前的身体活动过度消耗了体力，以致需要更费力地积聚力量才能继续工作。每个人身体疲劳的门槛高度不一样，有人连续干一上午都不感到累，有人工作不到两小时就会体力不支。年龄、性别、体能、健康状况、情绪等内在因素都会影响疲劳体验。温度、湿度、噪声、衣着等环境因素也很重要，而任务难度和复杂性以及工作时间长度也与疲劳有关。精神的疲劳，或心理疲劳，主要发生在智力活动中。长时间、高强度的智力活动和体力劳动一样需要消耗大量精力。当一个人重复从事相同的、机械的、没有前瞻性的工作时，就会产生厌倦而容易感到疲劳。挫折感来自于对工作性质不清楚、个人能力不足、工作被打断或受到干扰，以及缺乏沟通等，挫折感会使人焦躁而增加体力的消耗。造成压力因素有目标未能达到、不良工作环境、资源不足以及管理者态度恶劣等。压力往往会迫使你长时间持续地工作，并产生焦虑感，因而增加精力的消耗。

了解影响精力消耗的因素，一方面，可以更有效地根据自己和家人的体质、工作性质来调配使用精力资源；另一方面，你可以通过调节起居习惯、饮食结构和情绪状态来保持良好的精力水平。

（二）绘制"生产力曲线"图

时间与精力有密切的关系。每个人在一天不同的时间段，精力水平高低不等。你可以在记录时间日志时，根据自己每天工作生产能力高低画一个"生产力曲线"图，这样能够清楚地看到自己精力旺盛，工作效率高的状态是在哪些时间段，这样你可以把难度大、需要高度注意力的任务安排在这个时段。而在生产能力低的时间里，处理一些简单轻松的事务。在安排其他家庭成员工作任务时，也要给予他们自主权，让他们根据自己的精力变化节奏分配工作时间。

（三）简化工作

做家务是许多家庭感到烦恼的问题，家务事的琐碎、繁重常常与时间、精力相抵触。可家务事又不得不做，如何轻松完成家务工作的窍门在生活节奏快的今天就显得格外重要。工作简化，就是为了节省时间和精力资源，用最简单、迅速、容易的方法与技巧来完成任务。工作简化并非单纯地缩短工作时间和减少精力消耗，它还需要确保任务完成的效果和质量。所以工作简化已经成了一个重要研究课题，它的研究对象包括身体动作、工作场所、设备、成品、已经生产顺序等。将工作简化原理用于家庭可以有效地促进家庭管理的效率。

1. 优化工作场所

工作场所的设备、所使用的工具、材料如果不适宜，会使家务工作增加很多不必要的时间和动作。因此工作场所的设计和调整很重要。工作台面的高度应符合操作者的身高，即在站立时，工作平面高度在你的腰线下方一点，或在手肘弯曲处，这可以在工作时保持良好姿态，既不需要弯腰，也不需要抬高手臂工作，比较省力。工作平面的宽度也要适宜，以不需要人伸长手臂或俯身前倾取物为宜。

合适的工作椅凳，可以让你坐着干活时减少疲劳，但不理想的坐姿比站姿还费力。适宜的工作椅凳应具有以下特点：(1) 使工作者的双脚能很舒适地放在地上或脚垫上；(2) 座椅有靠背；(3) 座面深度约 45～50 厘米；(4) 座位稍向后倾斜；(5) 座椅左右宽度应宽大适宜；(6) 座面高度不宜太高，应不影响膝盖内侧神经与血管的自然活动。当然工作椅凳的高度应与工作平面匹配，以工作者的手部、腰部与颈部不需要过度牵拉和弯曲为宜。

2. 控制工作伸展范围

与工作场所密切相关的是用具、用品及设备的储存场所及摆放位置。如果把所需物品放在双手易于取用的范围内，就可以节省很多大幅度动作所消耗的力气和翻找搬动所花费的时间。双手最大工作范围是指双手手臂完全伸长，在身体前划出的弧形或圆形范畴。无论是站是坐，在这个范围内工作比较省力。因此，常用的工具、物品与设备最好摆放在最大工作伸展范围以内，较重的工具设备应尽量固定摆放在工作平面附近。

3. 选用合适的设备、工具和材料

合适的设备、工具和材料有助于减少个人资源的消耗。洗衣机、微波炉、冰箱、洗碗机、搅拌机等都是省时省力的好工具。它们的可用性、可操作性、功能性和摆放位置会影响其使用效率。例如，你买的食品搅拌机使用方法比较复杂，而且不易拆洗，你很可能就不常使用它了；如果你把冰箱放在客厅，你烧饭时必须在厨房和客厅之间来回穿梭，因而多消耗了精力。"工欲善其事，必先利其器"说的是选用合适工具的重要性。如果工具不顺手，必然会影响效率和能量消耗。例如，使用优质的洗涤剂可以轻松除却污垢，多功能刀具可以让你很快将食品切出你想要的形状和厚度。设备与工具需要经常维护和保养，以保持其性能，否则修理起来要耗费更多的时间、精力和金钱。

4. 保持良好身体姿态

良好的身体姿态，就是让身体处在一种舒适、自然、不会产生过分紧张感的状态，可以减少精力资源的消耗，减缓疲劳。当你站立或坐着时，身体的头、颈、胸、腹部应保持直立平衡的状态，让身体的重量由骨架来支撑，这样各部位的肌肉就不因承受压力而感到不适。当工作时间较长时，可以交替采用站姿和坐姿来减轻疲劳，提高效率。

对身体肌肉的有效利用可以节省精力资源。所以你在从事体力劳动时，需要注意身体的姿势。尽量使用身体大部分的肌肉而不是局部的肌肉来完成动作。例如，在提取重物时，应双腿一前一后站立，屈膝借助小腿的力量来提起物品，这样既稳又省力。而双腿直立，俯身仅靠双臂提举物品时，因重心较高容易不稳，背部肌肉也容易拉伤。

5. 减少行走路径

在工作中，难免要来回走动取用、摆放物品，或随着工作流程移动位置，如果能缩短走动路线的长度，就可以节约不少体力。缩短路径的一个有效方法是合理布置工作场所，根据工作的一般程序，将家具、设备摆放在合适的位置，另外，合理分配所需的原料、工具的储藏位置，减少走动的必要。例如，如果你将洗衣机放在阳台，那么把洗衣粉、水桶、板刷等可能要用到的工具放在洗衣机附近，使用起来就不必过多走动了。减少行走路径的另一个条件是，你要对工作的充分计划，有统筹安排的意识。这样可以把需要用同一种工具的事情或在顺序上关联的事情合并起来做，就可以减少走动，省时省力。

在家庭管理中，除了学会运用科学的方法来提高效率之外，我们还要记住管理这些事务的目的不仅是为了让家庭秩序井然，更需要让全家人感到温馨怡然。如果在时间精力实在紧张的情况下，还苛求处处纤尘不染，就会给自己和家人造成不必要的压力。这时，可以适当降低对家务工作质量的要求，减少了大家身体的疲劳，保证情绪的愉快。如果为了保持室内整洁，给家人下达"这也不行、那也不能"的种种限制，就等于把自己变成了家务的奴隶。得到了干净的屋子，却失去了宽松的氛围，家庭管理就失去了最重要的意义。

进行家务工作时，保持愉快的心情十分重要，这既影响工作的效率，也影响家庭关系。许多家庭矛盾就是由家务引起的。保持快乐的方法很多，可以把娱乐与家务结合起来，如边打扫房间边听音乐。可以根据自己的心情选择家务工作的项目，心情好时就多做一点，心情不好时就不要选择自己厌烦的工作。还可以和其他家庭成员一起做，一边做家务一边聊天，这样既轻松又能促进交流。

家务工作的快乐还来自于家庭成员的相互支持。当妻子忙着做饭时，丈夫在一旁帮点小忙，陪着说说话，烧饭的辛苦就会烟消云散；当母亲收拾了房间，孩子说声感激的话，母亲的心立刻就暖了。

总之，只要我们安排得当，家务工作不仅不增加烦恼，还可能成为家庭的乐事。

【思考与讨论】

1. 家庭管理的决策中，除了课本上介绍的几种方法外，你还知道哪些可行的方法，这些方法在什么情况下运用最有效？
2. 假设你现在大学毕业，在上海找到了一份月薪3 000元的工作，这一阶段在你制订理财计划时应该重点考虑哪些因素，请你尝试拟一份理财计划。
3. 反思一下你目前的消费习惯，与同学分享你的经验和教训。
4. 请阅读下面的案例，并回答问题。

  吕大夫是一位外科专家，爱人是大学教授，他们都很忙。吕大夫烹调技艺颇高，但她很少下厨，只有在节假日才给全家做一顿饭，因为她实在没有时间。她的爱人不会做菜，也不愿学，因为他认为这太浪费时间，不值得。所幸他们住的是单位宿舍，所以全家常年吃单位食堂，孩子们常抱怨食堂伙食差，但也没有办法。

  张云大学毕业后在一家外资企业工作，在公司很受赏识。丈夫自己开了一家经营化工产品的公司，工作很忙，经常出差。张云生了孩子后，因为不放心别人带孩子，她毅然放弃了工作，在家做全职母亲。两年下来，她不仅不后悔反而很快乐。

吕大夫和张云的在时间和精力上管理方面的决策合理吗？为什么？

第五章

家庭饮食与健康

本章将分析家庭饮食选择的标准和影响因素，阐述饮食与健康的关系，介绍选择、搭配、储存和烹制食物的科学方法，以及如何根据不同家庭成员的需要调理饮食的原则和方法。

第一节 饮食的选择

一、我们需要什么样的饮食？

（一）健康饮食

"人是铁，饭是钢"，这是人人都懂的道理。吃饱是最基本的要求，在物资匮乏的年代，这甚至是一种奢望。但如今我国很多地区，尤其东南沿海一带居民的生活条件已经大大改善，超市里各种食品琳琅满目，消费者不断提高的购买力也允许人们随意挑选自己喜欢的物品。街市上的饭店也一家挨着一家，顾客迎门，生意兴隆。人们想吃什么有什么，食物越来越考究，越来越精细，是不是这就是人们追求的理想状态呢？

你也可能已经注意到，医院里很少看到营养不良的病人了，反而因营养过剩或营养不当而生病的人却越来越多；肥胖、高血压、高血脂、脂肪肝等疾病不仅在中老年人群中常见，在青少年中也出现了这些症状。（金邦荃，2004；刘弘，2006；史祖民，2007；王跃进，2006）由于生活节奏快，饮食单一或烹调方式不当而造成的某些营养素缺乏，导致疾病的例子也屡见不鲜。因为饮食习惯的不当而引发的传染性疾病也令人担忧。

所以，仅有丰富而精致的食品并不能保证我们拥有强健的身体，健康饮食应该包括能够恰到好处地满足人的身体所需的各种食物，而且它需要合理的饮食习惯和科学的烹调方法来配合才能起到维护健康的作用。

养成健康饮食的习惯需要你对食品营养和健康有充分的认识和正确的知识，延续传统习俗或跟随流行趋势都有可能将你引入误区，有人以为"既然大家都这么做，一定是正确的"，殊不知一些人们习以为常的做法恰恰与健康背道而驰。所以，通过可信的渠道学习有关食品与营养的知识才能真正让你知道该怎么做。

（二）方便饮食

双职工家庭往往受到工作时间的限制和工作压力的影响，在一日三餐上不能花费太多精力和时间，方便快捷就成了家庭饮食最重要的标准，有时甚至不得不以牺牲健康为代价。在快餐店打发午餐的人比比皆是，常常用微波炉加热速食产品简单吃一顿的也不少见。但长期下去，健康状况一定会受到损害。

在这种情况下，你需要学习一些简单易行又能保证营养的食品制备方法，或者寻找一些其他可用资源，帮助你解决全家吃饭的重大问题。例如：聘请钟点工帮忙做饭或做好烹饪前的准备工作以节约时间。

同时，如果经常购买现成食品，你需要对商店里提供的食物成品和半成品有一定的判断能力，要知道这些产品中包含哪些对人体不利的物质，应该如何选择对健康危害最小的产品。

（三）环保饮食

高科技使得农业生产发生了巨变，农作物产量提高了，品种改良了。可是，化肥、杀虫剂、激素的滥用，又造成了食品安全的隐患。如果缺乏环保的意识，在购买食品时不加分辨，就可能会影响全家人的健康。而且如果你在食品消费上因为怕花钱，没有表现出对有机食品的支持，也会间接鼓励一些不当生产方式的持续。

（四）经济饮食

大多数家庭在日常饮食上的开销在总开支中所占的比例还是比较高的，所以需要精打细算地安排伙食。而且，食品并不是越贵越有营养，一种营养成分可以在很多食品中获得，所以如果你买不起某种食物，可以用另一种具有同样营养成分的便宜食物来替代。但要记住，健康饮食追求的是食物内在的营养价值，而不是其外观、包装、品牌、时鲜性等附加价值。

（五）个性饮食

健康饮食可以通过不同的方式获得，饮食风格的多元化与健康科学的理念并不矛盾。例如，西餐和中餐同样可以满足人的营养需求，达到维持身体健康的目的；面食和米饭都可以提供人体所需的碳水化合物。所以，你可以根据家人的饮食喜好的总体倾向安排一日三餐，同时也尊重并兼顾不同家庭成员的偏好。例如，如果大家都能接受西式早点，你就可以经常准备牛奶、面包一类的食品作为早餐；虽然家里大多数人不吃辣，但某个成员偏爱麻辣口味，那就可以时不时做一些这种口味的菜肴。

（六）美的饮食

吃饭不仅具有满足身体营养需求的功能，悦目的菜肴、愉快的餐饮氛围还可以满足心理需要。所以在日常饮食中也不要忽视这一价值。精美的餐具、整洁的餐厅、柔和的光线、舒适的座椅、得体的礼仪，可以让进餐成为享受。美食可以促进交流，在享受美味时，人们的精神放松、情绪愉快、话匣子也容易打开，如果你安排得当，家庭用餐时间可以成为家庭交流的有效时间。

二、影响家庭饮食习惯和选择的因素有哪些？

（一）文化传统

家庭饮食的习惯深受各民族、地区传统文化的影响，当我们去旅游时，一个重要活动项目就是品尝当地特色美食，领略不同于家乡食品的风味。如果在异域他乡住一段时间，就更能清晰地感受到饮食文化的差异。不同地区的地理环境、气候特点、资源分布决定了当地居民以什么样的方式获得食物——耕种庄稼、放牧牛羊或捕捞鱼虾。他们的饮食结构也随之形成了地域特色，例如，沿海地区家庭的饭桌上海产品丰盛，以小麦为主要作物的地区面食花样多。饮食文化的地域差异还体现在食品的制备方式上，如北方地区冬季寒冷，家常饭菜常以炖菜为主，因为它不易冷却；阴冷潮湿地区的人往往在烹饪菜肴时放很多辣椒以驱除寒气；暖热地区的人们注重煲汤来补充水分。

传统文化对饮食的影响在节日里体现得尤为突出。在特定的节日，以特定的方式吃特定的食品，代代相传，形成传统。这些节令食品被赋予了文化含义，如月饼、汤圆是合家团圆的象征，端午节的咸鸭蛋、红苋菜可以避邪。尽管人们的生活方式和生活质量已经发生很大改变，有些食品已经不为大家所喜爱，有些食品平时也能吃到，但大多数家庭的节日家宴还是保留着传统的风俗。

宗教信仰影响人们的食物选择和饮食习惯。人们的饮食禁忌往往和宗教信仰相关，如伊斯兰教家庭不吃猪肉，信佛教的人常年吃斋。有些宗教还规定在特定的日子必须斋戒，不能吃任何食物。与宗教相关的节日也有其特殊的食品和饮食礼仪。

当然随着文化的发展，人们的饮食习惯也在发生变化。信息时代的文化多元化趋势也使家庭饮食呈现出多元的风格，中西合璧、南北兼容。在食物品种上，人们有了更多的选择，在营养观念上，人们也体会到吃出健康并非只有一种途径。

（二）社会经济因素

社会的变革和经济的发展在很大程度上促进着人们饮食理念和习惯的改变。人口流动性的增大，使得天南地北的饮食风格在家庭内部和街头巷尾都纷呈荟萃。操着不同乡音的家庭成员在日常饮食上往往会各有所好，但同时又彼此迁就和相互转化。街市上川、湘、浙、沪各种风味菜馆丰富着我们的味觉体验，也拓展着我们的烹调思路。

家庭经济条件对饮食生活的影响是不言而喻的。如果经济拮据，你就只能先保证吃饱，还无法考虑营养的需要。当经济条件达到一定水平，有了选择的余地，才能安排合理健康的饮食。整个社会经济的发展带动着餐饮业、食品加工业的兴盛和食品消费市场的繁荣，这一切都给家庭带来了更多的选择、更多的便利，但也带来了更多决策的难度。

（三）科学技术的发展

科技进步在很多方面影响着家庭饮食的变化。食品生产方式的改进让市场的货架上摆满丰富多样的食物，但也可能使你眼花缭乱，为如何选择符合营养和卫生要求的食品而困惑。厨房设备和家电产品的开发让日常饮食制备变得越来越容易，当然真正的科学烹饪还是取决于你自己的健康意识和知识。

(四) 媒体

各种媒体每天传播着无数关于饮食的信息，五花八门的食品充斥在电视广告，许多报纸上也辟有专门版面覆盖饮食与营养的内容。一方面我们从中获得有价值的知识，另一方面也可能被一些不实信息所误导。具备营养知识，学会分析和鉴别信息的真伪，就显得格外重要。

(五) 个人因素

个人受教育的程度、年龄、健康状况、工作模式、时间、技能以及其他资源，综合起来影响着家庭饮食风格的形成。个人因素具有最直接、最关键的影响力，因为每天的一日三餐最终都是通过你和家人的双手计划、购买、制作的。所以需要充分了解食物的特性和营养构成，理解什么是合理均衡的饮食结构，学会设置食谱和科学烹饪，来创造健康的、生机勃勃的家庭生活。

三、饮食是如何影响人的健康的？

(一) 营养素及其基本功能

万物生长离不开营养。从字面上讲，"营"就是谋求的意思，"养"是养生的意思，合起来就是谋求养生。对人来说，人在生长发育过程中需要不断地从外界摄取食物，经过消化吸收和代谢，从中获取能量并合成自身组成细胞，吸取养分以维持生命活动的整个过程称为营养。

维持机体正常生长发育、新陈代谢所必需的物质称为营养素。即食物和饮水中能被机体充分消化、吸收、利用的物质称为营养素，而吃进去后不被吸收、利用的物质不能称为营养素。营养素俗称"养分""养料"，是对身体有益的无机、有机物质。营养素一般分为六类：即水、蛋白质、脂肪、碳水化合物、矿物质、维生素。其中水、蛋白质、脂肪、碳水化合物和矿物质中的钙、磷、镁统称为宏量营养素，微量元素和维生素被称为微量营养素（见图5—1）。

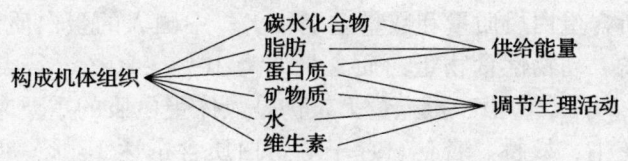

图5—1　六大营养素及其基本生理功能

营养素在人体内有不同的功能,主要是供给能量、构成机体组织、调节生理活动三个基本功能。

(二)营养素的食物来源

1. 蛋白质

(1)组成及功能。蛋白质是人体一切细胞和组织的重要组分,从皮肤到毛发,肌肉到内脏,大脑、血液至骨骼,激素至免疫系统、遗传物质,无一不以蛋白质为主要成分。它是生命的基础,其重要性在各种营养素中自然名列第一。人体内蛋白质数量约占体重的16%~19%,其中大部分用于合成新的组织蛋白,每日约有3%的蛋白质分解代谢更新。

(2)蛋白质的生物学价值。蛋白质的生物学价值是评价食物蛋白质营养价值的基本指标,简称生物价。优质蛋白质是其氨基酸组成与人体内蛋白质的氨基酸模型非常接近的蛋白质,即高生物价蛋白质。所有动物性食物和植物性食物中大豆蛋白均属优质蛋白质。

表5—1　　　　　　　　常见食物蛋白质的生物价

食物蛋白质	生 物 价	食物蛋白质	生 物 价
鸡蛋	94	熟大豆	64
牛奶	85	扁豆	72
鱼	83	小麦粉	52
猪肉	74	小米	57
大米	77	红薯	72
小麦	67	花生	59

(3)蛋白质食物来源。几乎所有的天然食物都含有比例不等的蛋白质。食物种类不同,其所含蛋白质质量和数量差别很大。中国人的蛋白质主要来自米饭、面食和鱼肉蛋禽。动物性食物蛋白质含量约为10%~20%,谷类蛋白质含量不高,只有6%~10%,但由于摄入量大,仍是人体蛋白质的重要来源。此外,坚果类食物,如花生、核桃、杏仁、莲子等蛋白质含量达15%~30%,薯类蛋白质含量较少,只有2%~3%。

表 5—2　　　　　　　　常用食物中蛋白质的含量　　　　　　（克/100 克食物）

食物名称	含量	食物名称	含量	食物名称	含量
瘦猪肉	15.7	牛奶	3.3	对虾	16.5
肥瘦猪肉	9.5	大豆	36.6	鲢鱼	17.4
瘦牛肉	20.3	绿豆	23.8	豆腐	11.1
瘦羊肉	17.3	红小豆	21.7	豌豆	8.5
猪肝	21.3	花生仁	26.2	毛豆	13.0
鸡	21.5	籼米	7.6～9.1	核桃	15.2
鸭	16.5	粳米	6.2～7.9	黑芝麻	17.4
小黄鱼	16.7	小麦粉	9.9	玉米面	9.2
带鱼	18.1	大米	8.0	木耳	12.4
鸡蛋	14.7	大白菜	1.1	香菇	20.1

（4）膳食蛋白质的供给量。中国营养学会推荐平均每人每天需要约 72 克蛋白质，如按体重计算，成年人每天每千克体重需要 0.8～1.2 克蛋白质，60 千克体重每天需要 48～72 克蛋白质。因此，不同年龄段和不同体重的人每日所需要的蛋白质量是不相同的；体重轻者，相对需要量些低；而婴幼儿或老年人需要较高比例的优质蛋白质。

（5）提高膳食蛋白质的利用。食物中的蛋白质不能被人体百分之百吸收利用。通常植物性食物的蛋白质利用率较低（大豆蛋白除外），动物性食物的蛋白质利用率较高。加工烹调方式会影响蛋白质的利用率，如整粒大豆蛋白质消化率只有 60％，而加工成豆腐后可达到 90％。为了保证人的身体健康，每天需要从食物中得到充裕的蛋白质。

营养学家提倡食物多样化，荤素搭配，有利于蛋白质之间的互补，从而提高蛋白质的营养价值。目前比较推荐的比例是优质蛋白质达到总蛋白质摄入的 1/3～1/2。

2. 脂肪

（1）组成及功能。脂肪重要的能源，每 1 克脂肪可以提供 9 卡的热量。它提供了人体必需的脂肪酸,帮助人体吸收、运送和储存脂溶性维生素。脂肪酸中包含饱和脂肪酸(其构成的脂肪多固态)和不饱和脂肪酸(多液态),其中植物油含有高比例的不饱和脂肪酸为营养学家所重视。体内的脂肪可保持体温恒定,防寒,并保护心、肺、肾等重要脏器,避免其受到伤害。

(2)脂肪来源。中国家庭最常见、最直接的脂肪来源是烹饪用食用油(多为植物油)、畜禽肉中含的脂肪和各种坚果中的油脂。牛、羊和猪肉中,即使是精瘦肉也含有高比例的脂肪。新鲜猪肉的瘦肉中依然含有15%~20%的脂肪。

(3)膳食脂肪的供给量。如果摄取得当,脂肪对人体有益无害。每人每天约需摄入72克脂肪,直接从食用油中获得的每天不应该超过25克/人。为了提供足够的热能,有利于脂溶性维生素的吸收,增加食物的香味,满足饱腹感,成年人由脂肪提供的能量约占每天需要量的20%~25%,而婴幼儿可达到40%~45%。每个人一天需要的能量决定于其性别、年龄、身高、体重和活动量。

(4)肥胖的监测。进入20世纪90年代以来,营养学家越来越关心肥胖对人体带来的危害。如果长期过多摄入脂肪,过多的脂肪将沉积在血管壁上,久而久之使血管弹性减弱、血管变窄、甚至阻塞,导致高血压、冠心病甚至梗死等。因而肥胖是冠心病、高血压、高血脂、脑中猝、糖尿病等潜在的诱发因素。居民可通过体质指数的计算来监测自身的肥胖状况。

体质指数(BMI)=体重(千克)/身高(米)

男性:指数大于25为肥胖,20~25为正常,小于20为消瘦;

女性:指数大于24为肥胖,19~24为正常,小于19为消瘦。

因此,如果发现体重已经超过健康指标,就需要格外控制脂肪的摄入。

3. 碳水化合物

(1)组成及功能。碳水化合物包括单糖、双糖、多糖和膳食纤维。它是体内热能最经济、最实惠的来源,每克碳水化合物约产生4卡热能。

(2)碳水化合物的来源。在日常生活中,中国人的主食,在南方多为米饭,而北方则以面食为主,西北和西南等地居民又多以玉米、粟米、甘薯为食。这些食物中含有大量的淀粉,在体内能迅速分解成葡萄糖,被机体吸收利用。除甘薯外,它们含的膳食纤维并不多。而蔬菜提供了丰富的膳食纤维,水果提供了大量的果胶和果酸等,它们都是机体所需要的。还有一些以糖的形式出现在餐桌上,蔗糖也就是食用糖,是每个家庭每天都能遇到的食品;蜂蜜含有大量的果糖,由于它的吸收相对较慢，老年人食用它可以改善通便的状况；牛奶及乳汁中都含有乳糖，它在胃肠道中被分解为葡萄糖和半乳糖，供机体利用，尤其在婴儿阶段对人的生长发育特别重要。

表 5—3　　各种食物的碳水化合物含量（克/100 克食物）

食物	总量	粗纤维	食物	总量	粗纤维
颗粒状糖	99.5	0	冰淇淋	20.6	0.8
玉米淀粉	87.6	0.1	煮熟的玉米	18.8	0.7
葡萄干	77.4	0.9	葡萄	15.7	0.6
小麦面粉	76.1	0.3	苹果	14.5	1.0
通心粉（干）	75.2	0.3	豌豆	7.1	1.0
全麦面包	47.7	1.6	卷心菜	5.4	0.8
大米	74.2	0.1	牛肝	5.3	
烤马铃薯	21.1	0.6	全脂奶	4.9	0
香蕉	22.2	0.5	煮熟的奶	2.0	0.6

（3）碳水化合物的需要量。中国营养学会建议成年人每天每人大约需要吃 300～500 克谷类食物，即碳水化合物提供的能量大约为每天总能量的 60%～70%。因此，体力的补充源泉主要来自碳水化合物。专家们设计了一个简便的计算公式和基本原则：

膳食中，碳水化合物：蛋白质：脂肪 = 3：1.3：1.5 较佳。

（4）膳食纤维。是一类不易被人体消化吸收的碳水化合物，也是健康饮食的必要元素。中国营养学会建议，每人每天要摄入 30 克左右的膳食纤维，而很多人每天的摄入量只有 10 克。营养学家建议要多吃全谷类的食物来替代经过精细研磨的米面，多吃有长茎的蔬菜，像芹菜、菠菜、韭菜等来增加膳食纤维的摄入。它可以给肠壁以较大的物理性或机械性刺激，增强肠道的蠕动；刺激肠液分泌，增加后段肠道肠壁的润滑性，从而加快了消化道内食物残渣的排空速度。特别是老年人多吃膳食纤维可以帮助排便。许多研究报道，这类物质可与小肠内胆汁中胆固醇结合，携带其排出体外，从而降低血清胆固醇含量。在防治糖尿病、维持血糖的正常平衡方面也起着重要作用。

水果与蔬菜都含有丰富的膳食纤维，但各自的侧重点不同，建议不要相互替代。例如水果可以提供丰富的水分、糖分、果酸和果胶，其中各种有机酸，如柠檬含有大量的柠檬酸，苹果含有大量的苹果酸，葡萄含有酒石酸等能刺激消化液分泌，饭后适量吃点水果对消化大有益处；蔬菜则可提供大量的纤维素与半纤维素以及丰富的维生素。吃蔬菜时通过烹调加工，还可以从盐、植物油、酱油等调料中获得其他一些营养物质，而吃水果在这方面就会受到限制。

4. 水

（1）组成及功能。人体绝大部分是由水组成的。人出生时体内约有70%～75%的水，成年后逐步减少到50%～62%。如血液含97%以上的水分，肌肉约含72%的水分，脂肪组织约含20%～35%的水分，骨髓约含25%的水分，牙齿仅含10%的水分。水是维系生命和体温稳定的基本要素。它是许多物质的溶剂，食物中的其他营养成分在水中消化、分解、吸收、利用和排泄出体外。

（2）水的需要量。水是日常生活唯一必不可少的，每天必须通过饮水，才能保证机体正常的生理代谢。3～7天不喝水，人就可能因缺水而死亡。当机体缺水1%～3%时，会感到明显口渴；而缺水10%时，会出现严重脱水现象；达到20%或以上时会导致死亡。人的每日需水量约为2 300～2 500毫升，在高温和运动的条件下，人的需水量则进一步增加。

（3）良好的水的来源。水是人类生存的基础，充足、优质的水使生命健康并富有活力。对人类健康有利的饮用水的标准是：无菌、不含有毒有害物质、含有对人体有益的矿物质、小分子团、pH值适宜。洁净的凉开水是最理想的饮用水，既有益健康，又方便、经济，但凉开水不宜放置时间过长，当天喝为好。而果汁、可乐、奶饮料等因含有较高的糖分，在夏季饮用反而会更加引起口渴。一些食物也能补充适当的水分，尤其是含水分多的瓜果。饮水和吃水是相互补充，但不能相互替代，尤其是吃水不能代替饮水。

不应喝的几种水

（1）生水：生水有各种对人体有害的细菌、病毒和人畜共患的寄生虫，易引起急性胃肠炎、病毒性肝炎、伤寒、痢疾及寄生虫感染。特别是现今大小河道、水库、井水都不同程度地遭受工厂废液、生活废水、农药残余等污染，喝生水更易引起疾病。

（2）老化水：俗称"死水"，也就是长时间储存不动的水。常饮这种水，对未成年人来说，会使细胞新陈代谢明显减慢，影响身体生长发育，中老年人则会加速衰老。许多地方食道癌、胃癌发病率日益增高，据医学家研究，可能与长期饮用老化水有关。有关资料表明，老化水中的有毒物质，也随着水储存时间增加而增加。

（3）千滚水：千滚水就是在炉上沸腾很长时间的水，还有电热水器中反复煮沸的水。这种水因反复加热，水中不发挥性物质，如钙、镁等重金属成分和亚硝酸盐含量很高。久饮这种水，会干扰人的胃肠功能，出现暂时腹泻、腹胀；有毒的亚硝酸盐，还会造成机体缺氧，严重者会昏迷惊厥，甚至死亡。

（4）蒸锅水：蒸锅水就是蒸馒头等的剩锅水，特别是经过多次反复使用的蒸锅水，亚硝酸盐浓度很高。常饮这种水，或用这种水做稀饭，会引起亚硝酸盐中毒；水垢经常随水进入人体，还会引起消化、神经、泌尿和造血系统病变，甚至引起早衰。

（5）不开的水：人们饮用的自来水，都是经氯化消毒灭菌处理过的。氯处理过的水中可分离出13种有害物质，其中卤化烃、氯仿还具有致癌、致畸作用。当水温达到90℃时，卤代烃含量由原来的每千克53微克上升到177微克，超过国家饮用水卫生标准的2倍。专家指出，饮未煮沸的水，患膀胱癌、直肠癌的可能性增加21%～38%。当水温达到100℃，这两种有害物质会随蒸汽蒸发而大大减少，如继续沸腾3分钟，则饮用安全。

（6）重新煮开的水：有人习惯把热水瓶中的剩余温开水，重新烧开再饮，目的是节水、节煤（气）、节时。但这种"节约"不足取。因为水烧了又烧，使水分再次蒸发，亚硝酸盐会升高，常喝这种水，亚硝酸盐会在体内积聚，引起中毒。

5. 矿物质组成及功能

人体组织中除碳、氢、氧、氮主要以有机化合物形式存在外，其余的统称为无机盐（矿物质）。无机盐是构成人体组织的重要成分，它对维持机体渗透压及体内环境的酸碱平衡起到重要作用。其按照其在体内的含量分为宏量元素和微量元素：

（1）宏量元素：体内含量大于0.01%的元素称为宏量元素。如钙、磷、钠、钾、镁、氯、硫等7种元素。

（2）微量元素：体内含量小于0.01%的元素称为微量元素。目前测得的体内微量元素有70余种，已确认为维持正常生命活动的必需微量元素有14种，分别为铬、铜、钴、氟、铁、碘、锰、钼、镍、硒、硅、锡、钒、锌等。

表 5—4　　　　　　主要矿物质元素的功能及食物来源

主要矿物质元素	在体内的主要功能	主要的食物来源
钙	骨及牙齿的生长和维持；凝固血液，肌肉收缩与松弛，神经传导等	奶与乳制品、豆类及其制品、虾皮、芝麻酱、鱼类、坚果类、菌藻类和绿叶蔬菜
磷	骨的形成与维持，牙齿的发育；肌肉生长，细胞代谢，维持渗透压及酸碱平衡	奶与乳制品、麦麸、向日葵籽、肉类、禽、肝、鱼及海产品、坚果类与全谷类
碘	甲状腺激素的构成	加碘食盐、海藻、海产品
铁	血红蛋白的组分，与能量代谢有关的酶的成分	肝脏、动物血、牡蛎、麦麸、瘦肉、红糖、蛋黄、豆类、坚果类、黑芝麻、黑木耳、海带及强化铁的食品
硒	酶的组分，作为抗氧化剂有防治心血管病的作用	海产品、肾、肉及谷类
锌	为正常皮肤、骨及毛发必需，促进肌体发育及组织再生	肉、肝、牡蛎、贝类、坚果、禽、蛋、豆类与麦麸

表 5—5　　　　　　铁含量丰富的食物（毫克/100 克）

食物名称	铁含量	食物名称	铁含量
猪肝	25.0	雪里红	3.2
牛肝	9.0	菠菜	2.9
猪血	15.0	韭菜	1.6
鸭血	30.5	黑木耳（干）	185.0
水芹菜	6.9	海带（干）	97.4
蒜苗	5.8	紫菜（干）	54.9
苋菜	5.4	香菇（干）	10.5

表 5—6　　　　　　　　锌含量较丰富的食物（毫克/100 克）

食物名称	锌含量	食物名称	锌含量
猪肉	2.99	麸皮	5.98
牛肉	3.71	大麦	4.36
羊肉	6.06	稻米	2.73
猪肝	5.78	大豆	3.34
牛肝	5.01	豌豆	2.29
牡蛎	10.02	玉米	1.85
海蛎肉	47.05	花生仁	2.50
鲜扇贝	11.58	葵花籽	6.03
蚌肉	8.50	松子	9.02

6. 维生素

维生素是维持身体健康所必需的小分子有机化合物，人体对各种维生素的需要量很小，但却是人体维持机体正常生命活动所必需的营养素。

大多数维生素在外界不稳定，它们很容易遭受光（紫外线）、空气（氧）、热、酸、碱等因素的破坏。特别是一些不正确的储藏、加工食物的方法，可以使食物中大多数维生素被破坏。

表 5—7　　　　　　　　主要维生素的功能及食物来源

主要维生素	在体内的主要功能	主要的食物来源
维生素 A	为适应暗光的视细胞生长所需，增强上皮细胞对感染的抵抗力	动物肝脏、深绿色蔬菜、黄色水果蔬菜、鱼肝油、黄油、奶酪、蛋黄、全脂奶
维生素 D	在骨与牙齿的发育中，为钙的吸收与利用所必需	含脂肪的鱼、肝、蛋黄、奶油、黄油、奶酪、强化奶、阳光照射下皮肤可产生维生素 D 的前体在体内可转化为维生素 D

续表

主要维生素	在体内的主要功能	主要的食物来源
维生素 B_1	参与能量代谢,为健康神经、正常食欲、肌肉紧张所必需	肝、心、肾、瘦肉类、豆类、酵母、干果及不过度碾磨的粮谷类、芹菜叶、莴苣叶
维生素 B_2	参与氨基酸、脂肪酸及糖的代谢,为能量代谢所必需	蛋、瘦肉、乳类、肝脏、肾、奶酪、强化面包、萝卜缨、麦麸及绿叶蔬菜
尼克酸	能量代谢辅酶的组分,与脂肪酸、蛋白质及DNA的合成有关	肝、肾、瘦肉、禽、鱼、蛋、坚果、牛奶、奶酪、豆、粗粮及酵母
维生素 C	维持细胞间质生长,促进生物氧化还原反应,促进铁吸收,增强抵抗力,抗癌	新鲜蔬菜和水果,香菇、青椒、绿叶菜、柑橘、草莓、酸枣、红果、柚子、刺梨、沙棘等

第二节 家庭膳食的合理配制

一、如何建立合理的膳食结构？

人们每日三餐几乎都离不开各类食品,而每日膳食则是一个非常复杂的组合体。为了能得到比较全面而又相对平衡的饮食,有必要对各类食品的营养价值有所了解,以便对日常的食物组成作出选择,合理安排每日的膳食结构。

(一) 食物分类

我国将食物分为五大类,即谷类及薯类、动物性食物、豆类及其制品、蔬菜水果类、食用油类。

1. 谷类

一般禾本科植物的种子称为谷类,常见的有稻米、小麦、大麦、荞麦、粟米、玉米、高粱等。我国人民以稻米、小麦为主要粮食来源。谷类因品种、生长环境、加工方法的不同,其营养成分会发生很大的变化。谷类多为高碳水化合物食品,其含量可达70%左右;籽实中富含淀粉,是膳食中主要的热能来源,它大约提供所需要热能的60%～70%。

谷类蛋白质的含量较低，一般在7%～15%之间；蛋白质的氨基酸组成中缺乏赖氨酸、苏氨酸等必需氨基酸。燕麦是蛋白质含量最高的谷类，约为15.6%；小麦蛋白质含量约为10%～13%，稻米和玉米的蛋白质含量较低，约为8%。而谷类的脂肪含量低，一般为1%～2%。

谷类无机盐含量约为1.5%～5.5%，其中磷约占50%～60%，并多以植酸磷的形式存在，不易被机体吸收利用。谷类钙含量较低，平均为400～800毫克/千克。铁含量平均为15～30毫克/千克。谷类富含B族维生素，但缺乏维生素C、A、D。当过度加工米面，脱去过多的谷皮，就会造成B族维生素的大量丢失。

2. 豆类

豆类一般分为两大类：一类是大豆（包括黄豆、黑豆、青豆），另一类包括豌豆、蚕豆、绿豆、赤豆、豇豆、芸豆等。

大豆的蛋白质含量较高，约为35%～40%，是良好的植物蛋白来源；大豆的氨基酸组成较为接近人体，且赖氨酸含量丰富，但含硫氨基酸不足。因此，谷类食物与大豆搭配膳食，是大豆中的赖氨酸和谷物中的含硫氨基酸相互协同，有效地提高膳食蛋白质生物学利用价值。它的脂肪含量较高，通常达15%～20%；并且大豆油脂中不饱和脂肪酸含量可高达85%，其中亚油酸占50%以上，是优良的食用油来源。大豆中含有丰富的钙、磷、铁、维生素B_1和一定量的维生素B_2。豆类还含有类黄酮物质，有降低血脂、抗氧化的作用；含有一些抗营养因子，如抑胰蛋白酶因子、硫代葡萄糖甙等，影响其他营养素的吸收利用；而豆腥味则影响豆类制品的可口性。

3. 果蔬类

我国蔬菜品种达160多种，主要分为6大类（鲜豆类、根茎类、叶菜类、瓜类、茄果类、菌藻类）。水果则根据形态和化学成分分为5类（柑橘类、仁果类、浆果类、核果类、坚果类）。

蔬菜、水果都是人们日常生活中的重要食品，含有人体需要的多种营养素。其营养素组成特点是水分含量很高，平均为75%～95%；除坚果类外，各类果蔬蛋白质、脂肪的含量均较低，碳水化合物含量因种类有较大的差异；果蔬中含有丰富的钾、钠、钙、镁、铜等矿物元素及维生素C、维生素A原（胡萝卜素）以及B族维生素。

4. 动物性食物

动物性食物包括肉类、鱼类、乳类和乳制品以及蛋类。

（1）肉类

主要指畜肉、禽肉及其制品，它们是人们日常生活中动物性食物的主要来源。肉类几乎含有人体所需要的各种营养素，其营养素的含量十分丰富，营养素之间的比例接近人体成分，故营养价值极高。而且，肉类经过加工，可以烹调出容易消化吸收、可口美味的食品或菜肴。

肉类（此处指瘦肉）蛋白质含量约在20%左右，如猪肉平均为20.3%、牛肉平均为20.2%、兔肉平均为19.7%、鸡肉平均为19.3%～22.3%。蛋白质中的氨基酸种类较全面，含量高，且比例适宜。猪肉（瘦肉）脂肪含量约15%～20%，鸭肉（瘦肉）脂肪含量约20%。

肉中的无机盐含量约为0.6%～1.2%，其中钾、钠、磷、硫含量较高，但钙含量较低。然而，畜禽肉中无机盐的实际利用率高于植物性食物。肉中的维生素不算丰富，但的确是大部分人所需维生素的良好来源。

（2）鱼类

鱼类分淡水鱼类和海鱼类。我国的淡水鱼类接近1 000种，海鱼类约有1 000多种，可谓渔业资源丰富，水产品花色品种繁多。

鱼是蛋白质的良好来源，蛋白质含量约为15%～20%。且因鱼类的品种、年龄、产地不同，其鱼肉的蛋白质含量有所变化。但是，鱼肉含有人体需要的所有必需氨基酸，其中赖氨酸、亮氨酸含量较高。而且，鱼肉比较细嫩，容易被人体消化吸收和利用。

鱼的脂肪含量约为3%～5%，但某些鱼类可高达15%以上。近年来，有研究指出鱼油中的二十碳五烯酸（EPA）、二十二碳六烯酸（DHA）对改善心血管疾病和脑部供氧有一定的效果。

鱼含有多种矿物元素，如钾、钠、钙、镁、硫、磷、铁、铜、碘等，其无机盐的总含量约为11～26克/千克。鱼含钙量一般比肉高，而且富含碘，海鱼的碘含量是肉的10～50倍，约500～1 000微克/千克，是人体获取碘的主要来源之一。

鱼体含有多种维生素，如海鱼的肝和肠含有丰富的维生素A和D，药房出售的鱼肝油就是其复合物，且富含硫胺素（维生素B_1）、尼克酸等。

（3）乳类和乳制品

乳是哺乳动物乳腺分泌的液体，它的营养成分较全面，而且含量高。常见的乳制品有酸奶、果奶、炼乳、奶粉、奶酪、奶油、冰淇淋等。

牛乳蛋白质含量为 3.5%，其蛋白质主要是酪蛋白（占 75%），其次为乳清蛋白（占 21.2%）和乳球蛋白。牛乳蛋白质含有全部的必需氨基酸，它的消化吸收率很高，达到 87%～89%。牛乳所含蛋白质的比例与人乳不同，牛乳中酪蛋白比例很高，而白蛋白较少；人乳则相反，乳清蛋白占乳蛋白的比例大，因此牛乳需经过调制才能给婴儿食用。牛乳是儿童和青少年必需氨基酸的良好来源，它可以增进谷类蛋白质的营养价值，因此是一种理想的食品。

牛乳脂肪含量约在 3.0%～4.0%。乳脂以特殊的细小微粒均匀地分散在乳中，因此极易消化。

牛乳中无机盐含量为 0.7%～0.75%，含有丰富的钙、磷、钾。1 升牛乳可以提供 1 克优质钙，而且牛乳钙容易被人体消化吸收。但乳中铁的含量较低，不能满足人体的需要，因此需要与含铁量高的食物搭配食用。维生素 A、胡萝卜素、维生素 D、维生素 C 的含量丰富。

（4）蛋类

常见的蛋类有鸡蛋、鸭蛋、鹅蛋、鹌鹑蛋、雀蛋等。由于现代化养殖业的发展，规模化饲养蛋鸡、蛋鸭、鹌鹑，餐桌上的蛋品以鸡蛋、鸭蛋、鹌鹑蛋为主。禽蛋主要由三部分组成，即蛋壳、蛋清、蛋黄。鸡蛋平均重 50 克/个，鸭蛋平均重 65 克/个。

蛋的可食部分为蛋清、蛋黄，分别占总体的 2/3 和 1/3。蛋清中主要是蛋白质，其氨基酸组成模式与人体非常接近。蛋黄比蛋清含有更多的营养素，除蛋白质外，还含有较多的卵磷脂、胆固醇，丰富的维生素 A、维生素 D、维生素 B_1、维生素 B_2 以及钙、磷、铁等无机盐类。因此，蛋的蛋白质是全价的优质蛋白。

5. 食用油

表 5—8　　　　　　　　　　蛋主要营养成分

项　目	全　蛋	蛋　清	蛋　黄
水分（%）	75.8	84.4	51.5
蛋白质（%）	12.7	11.6	15.2
脂肪（%）	9.0	0.1	28.2
无机盐（%）	1.0	0.8	1.7

（二）平衡膳食结构的建立

平衡膳食亦为健康膳食，是指它不但要为食用者提供足够数量的热能和营养素，而且要保持各种营养素在数量上达成平衡（即比例合理），使之符合人体正常的生理需要，以利于人体对营养素的吸收和利用。

1. 平衡膳食的原则

（1）食物热能与各种营养素的数量全面达到营养生理需要量，除了重视食品的种类的多样性，更要控制食品摄入的量。

均衡膳食结构中除了重视食品种类的多样性，更要控制每类食品摄入的量，下面的宝塔图形象地展示了每人每天需要摄入的食物营养比例。

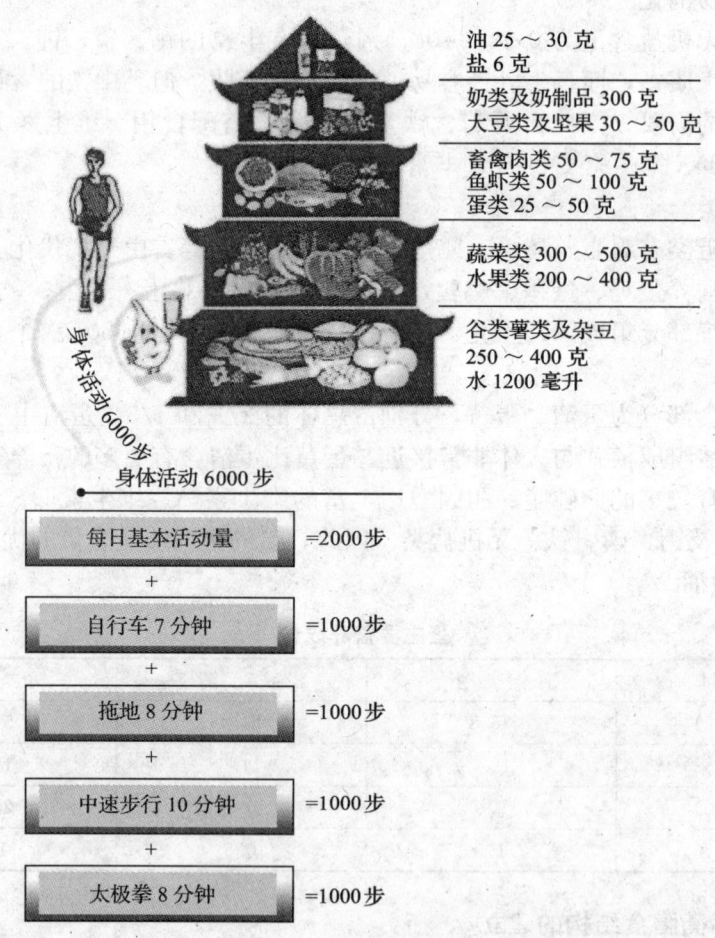

宝塔说明

谷类食品位居底层，每人每天应吃 300～500 克（6 两至 1 斤）。

蔬菜和水果类食品居第二层，每人每天应吃蔬菜类 400～500 克（8 两至 1 斤）、水果类 100～200 克（2 两至 4 两）。

鱼、禽、肉、蛋等动物性食物位于第三层，每人每天应吃畜禽肉类 50～100 克（1 两至 2 两）、鱼虾类 50 克（1 两）、蛋类 25～50 克（0.5 两至 1 两）。

奶类和豆类食物占第四层，每人每天应吃奶类及奶制品 100 克（2 两）、豆及豆制品 50 克（1 两）。

油脂类食物占据塔尖，每人每天吃油脂类食物不超过 25 克（0.5 两）。

2007 年，中国营养学会权威专家在 1997 年《中国居民膳食指南》基础上重新修订，推出了《中国居民膳食指南（2007）》。《指南》中的"中国居民平衡膳食宝塔"，直观、形象地表述了我国居民营养需要的平衡膳食模式。

"膳食宝塔"共分五层，包含每天应摄入的主要食物种类。"膳食宝塔"利用各层位置和面积的不同，反映了各类食物在膳食中的地位和应占的比重。宝塔旁加入了一个跑步的人，表示锻炼对保持健康的重要性。

"膳食宝塔"建议的各类食物摄入量是一个平均值。每日膳食中应尽量包含"膳食宝塔"中的各类食物，但无须每日都严格照着"膳食宝塔"的推荐量。而在一段时间内，比如一周，各类食物摄入量的平均值应当符合建议量。

应用"膳食宝塔"可把营养与美味结合起来，按照同类互换、多种多样的原则调配一日三餐。同类互换就是以粮换粮、以豆换豆、以肉换肉。

健康成年人每天身体活动应达到相当于步行 6 000 步的活动量，每周约相当于 40 000 步。如果身体条件允许，每天最好进行 30 分钟中等强度的运动。

（2）膳食中三大产热营养素（蛋白质、碳水化合物、脂肪）之间的平衡。三者摄入量的比例合理，其分别为机体提供的热能是蛋白质占 10%～15%，碳水化合物占 60%～70%，脂肪占 20%～25%。一般早、中、晚餐的能量分别占总能量的 30%、40%、30% 比较理想。

（3）膳食中蛋白质中 8 种必需氨基酸含量比例与人体需要之间的平衡。为此，在膳食构成中要保证优质蛋白（动物性蛋白、大豆蛋白）占蛋白质总供给量 1/3～1/2。

（4）酸性食物碱性食物的平衡。富含蛋白质的食物如肉、鱼、蛋、粮食等为酸性食物，蔬菜、水果、茶叶等为碱性食物。应注意酸性食物与碱性食物之间的搭配，注意增加蔬菜、水果的供给量，控制酸性食物所占的比例，以保持在生理上的酸碱平衡。

（5）动物性食物与植物性食物之间的平衡。其他还有主副平衡、荤素平衡、杂精平衡等。只有物质代谢和能量代谢达到平衡的膳食才是平衡膳食，才利于儿童生长发育、成人体质强壮、老人健康长寿。

根据以上原则在一日三餐的具体安排上应该怎么做呢？"中国居民膳食指南"中建议，精心选购、合理配餐，达到平衡膳食、合理营养、促进健康的目的。

2. 中国居民膳食指南

（1）食物多样、谷类为主：人类的食物是多种多样的，各种食物所含的营养成分不完全相同。除母乳外，任何一种天然食物都不能提供人体所需要的全部营养素。因而提倡人们广泛食用多种食物。

（2）多吃蔬菜、水果和薯类：蔬菜与水果含有丰富的维生素、矿物质和膳食纤维。蔬菜种类繁多，包括植物的叶、茎、花苔、茄果、鲜豆、食用菌等。不同品种所含营养成分不尽相同，甚至悬殊很大。红、黄、绿等深色蔬菜中维生素含量超过浅色蔬菜和一般水果，它们是胡萝卜素、维生素 B_2、维生素 C 和叶酸、矿物质、膳食纤维、天然抗氧化物的主要或重要来源。

（3）每天吃奶类、豆类或其制品：奶类除含丰富的蛋白质和维生素外，含钙量也较高，且钙的利用率也很高，是天然钙质的极好来源。多饮用奶或奶制品，可以提高青少年的骨密度，延缓中老年骨质疏松的速度。豆类是我国的传统食品，含丰富的优质蛋白质、不饱和脂肪酸、钙、维生素 B_1、维生素 B_2、尼克酸等。它可以提高我国农村人口的蛋白质摄入量，又可防止过多消费肉类等。

（4）经常吃适量鱼、禽、蛋、瘦肉，少吃肥肉和荤油：鱼、禽、蛋、瘦肉等动物性食物是优质蛋白质、脂溶性维生素和矿物质的良好来源。动物性蛋白质的氨基酸组成更适合人体需要，且赖氨酸含量较高。肉类铁的利用率较好。鱼类含有不饱和脂肪酸有降低血脂和防止血栓形成的作用。动物肝脏维生素 A、维生素 B_{12}、叶酸含量丰富，但内脏一般含胆固醇较高，食用时应适量。有条件的地区动物性蛋白质的供应量应占总需要量的 40%～50%。

（5）食量与体力活动要平衡，保持适宜体重：人们需要保持食量与能量消耗之间的平衡。如果进食量过大而活动量不足，多余的能量就会在体内以脂肪的形式积存，体重增加，甚至引起肥胖；反之，能量不足可引起消瘦，造成劳动能力下降。

（6）吃清淡少盐的膳食：吃清淡的食物有利于健康，因为食盐摄入量（主要是钠）与高血压发病呈正相关关系。目前，市场上有许多保健盐，如低钠、高钾、富硒、加碘盐等，可满足不同人群的需要。

（7）饮酒应适量：无节制地饮酒会发生多种营养素缺乏，严重时还会造成酒精性肝硬化。过量饮酒会增加患高血压、中风等危险，对个人健康和社会稳定都是有害的。

（8）吃清洁卫生、不变质的食物：在选购食物时应当选择外观好，没有污泥、杂质，没有变色、变味并符合卫生标准的食物。集体用餐要提倡分餐制，以减少疾病传播的机会。

了解合理膳食的构成，需要遵循这一原则长期坚持执行，而不能平时马虎对付，只在周末才"恶补"一下。实际上如果真正了解了各种营养素的来源，并将平衡膳食的观念牢记在心，无论在菜场、超市还是食堂、餐厅，都可以通过明智选择来为自己和家人补充必需的营养。

二、如何购买、储藏制备食品？

（一）谨慎选购

1. 感官检查

选购非包装食品最关键的问题是通过看、闻、摸、尝等方法，检查所选购的食品的色、香、味、形，判断食品的新鲜度和是否有掺假伪造。正常的蔬菜、水果、肉、禽、鱼、蛋、奶等食品都有其特有的形态、颜色、气味、质地，感官性状异常是指变味、变色、沉淀、混浊、杂质、絮状物、发霉、生虫、结块、异物、酸败、发黏、返砂、腐败变质等现象。

2. 检查包装和标签

国家《食品卫生法》和《食品标签通用标准》规定：食品包装上应清楚地印上品名、厂名、厂址、生产日期（批号或代号）、规格、配方或主要成分、保质期、食用方法或使用方法等内容。标志内容不全、不清楚者则其质量无保障。消费者购买食品时，一定要注意标签上的生产日期和保质期，一旦过期，其感官性状就会发生变化，失去原有的风味和滋味，有的甚至会变质。

3. 不买经营条件差的食品

无证或露天经营而无防蝇防尘设施、无食品专用器具等摊点，其食品极易受到污染，特别是露天摊点，由于日晒、光化、发热分解，会引起食品内部变化而变质，因而销售的食品在保质期内也可能发生变质。

（二）巧妙储藏

越来越多的家庭使用冰箱储存食物，但冰箱使用不当也会造成食物污染，因为冰箱不会提供百分之百的安全系数。家用冰箱很少能达到-25℃，尽管在$-5\sim10$℃条件下，能够减缓一般食物如肉、禽、鱼等的蛋白质降解速度，但储藏不宜超过$10\sim15$天；若家用冰箱的冷冻室温度可达到$-25\sim-30$℃时，也只能保证3个月的可靠期。乳对人而言是理想的优质食品，对微生物而言也是良好的培养基；乳或乳制品通常只放在冷藏室，其温度在$4\sim8$℃之间，开启后24小时就会有大量细菌繁殖，直接影响食用的安全性。因此，应尽可能缩短储存乳制品的时间。在冰箱储存食物还应注意生、熟食分开，食用前重新清洗，以减少冰箱内低温菌的污染，提高安全性。为了家人的健康，家用冰箱需时常清洗和保洁。

1. 面食品储藏

面包与其他面食品久存变硬是人们最头疼的事。防止的办法是：将新制成的面食品趁热放入冰箱迅速冷却。没有条件的家庭，可放置在橱柜里或阴凉处，也可放在蒸笼里密封储藏，或放在食品篓中，在上面蒙一块湿润的盖布，用油纸包裹起来。这些办法只能减缓面食品变硬的速度，只要时间不过长，都能收到一定的效果。在装有面包的塑料袋中，放一根鲜芹菜，可以使面包保持新鲜滋味。

2. 牛奶储藏

一般瓶装奶应在开瓶后24小时内用完。超高温消毒奶，建议开封后72小时内用完。鲜牛奶应该立刻放置在阴凉的地方，最好是放在冰箱里；不要让牛奶暴晒阳光或照射灯光，日光、灯光均会破坏牛奶中的多种维生素，同时也会使其丧失芳香。牛奶放在冰箱里，瓶盖要盖好，以免别的气味串入牛奶里；牛奶倒进杯子、茶壶等容器，如没有喝完，应盖好盖子放进冰箱，切不可倒回原来的瓶子。牛奶不宜冷冻，放入冰箱冷藏即可。

3. 食用油储藏

低于25℃避光保藏，家庭用应不超过3个月储藏期；以免不饱和脂肪酸的氧化腐败；不用反复使用的油，尤其是油炸后的油，应摒弃；将花生油、豆油入锅加热，放入少许花椒、茴香，待油冷后，倒进搪瓷或陶瓷容器中存放，不但久不变味，用于做菜，味道也特别香。

4. 蛋品储藏

置于冰箱或相对低温盒装、避免蚊叮。放一段时间后，蛋黄容易粘壳或散黄。这是因为，蛋白中的黏液素会在蛋白酶的作用下慢慢变稀，失去固定蛋黄的作用。蛋头内有一个气室，里面的气体就会使蛋黄无法贴近蛋壳，如果把蛋大头朝上竖放，不易贴壳或散黄。

5. 鱼肉储藏

以家庭每次用量的大小，分别用保鲜袋包装，置于-10℃冰箱内不超过1个月，置于-25℃以下冰箱内不超过3个月，因为低温菌和嗜盐菌会繁殖。

6. 蔬菜水果储藏

热带蔬菜水果不能置于4~8℃冰箱内储藏，否则会引起冻伤。把蔬菜的腐烂部分摘除，放进塑料袋内，把袋口扎紧，置于阴凉干燥之处。用此法保存黄瓜、柿子椒、莴笋、小青椒、香菜等及未成熟的西红柿效果较好，一般能使蔬菜保鲜10~15天。有人试验把嫩黄瓜切成薄片凉拌，放置2小时，维生素即损失33%~35%；放置3小时，损失达41%~49%。新鲜蔬菜买来存放家里不吃，便会慢慢损失一些维生素。如菠菜在20℃时放置一天，维生素C损失达84%。所以，购买新鲜蔬菜时，最好不要一次买太多，尽可能随买随吃，以减少长时间储存造成的营养流失。

7. 酱类储藏

储藏关键在于隔绝空气，可低温保藏，加温后密封是中国的传统保藏方法。如番茄酱罐头打开后，一次吃不完，放一段时间后就容易变质。如果把番茄酱罐头开个口，先入锅蒸一下再吃，吃剩下的番茄酱，可在较长时间内不变质。

(三) 合理烹饪

淘米煮饭、炒菜、煲汤似是平常家务事，但其中有数不尽的科学道理。烹调得当的食物对人体健康有益，但食物在加工过程中，若没有得到合理的烹饪，很多营养素会被破坏或丢失。所以需要学会如何合理加工食物，以尽量减少营养素的损失，提高食物在人体内的利用率。

1. 淘米

多数家庭主妇喜欢反复用力淘米，殊不知，大量的水溶性蛋白质和维生素及矿物质在一遍遍的淘洗中随水流走了。因此，淘洗和浸泡时间越长，其营养丢失就越多。现今市场上购买的袋装米，煮饭前一般用凉水清洗2～3遍即可。

2. 洗菜

先洗后切，随切随炒。可将未切或未去皮的瓜果、蔬菜先反复清洗数遍，然后放入清水中浸泡20分钟左右，以除去残留的农药或化肥。若切后长时间泡在水中或放置，果蔬中的可溶性维生素和无机盐就会溶解于水中损失掉。

3. 煮饭

煮饭似乎是再简单不过的事了，但尽管如此，一些传统地方习俗做法却不科学，容易引起不良后果。例如，20世纪70年代，大批在江西农村劳动的城市知识青年出现维生素B缺乏症。调查中，当地老乡做饭方式引起人们的注意。他们将煮饭的米汤喂猪，而人吃捞米饭，溶于米汤中的大量维生素、无机盐、碳水化合物甚至蛋白质人为丢弃，是维生素B缺乏症的起因。又如我国部分地区居民习惯熬粥、蒸馒头时加碱，破坏了其中的维生素B_1和维生素C。

4. 配菜

（1）原料选择

每天应选择两种以上的谷物类食物作为主食，并注意粗细搭配，经常吃一些粗粮、杂粮等。应选择4种以上的蔬菜水果，注意叶、茎、花苔、茄果、鲜豆、食用藻类合理搭配，应优先选用红、黄、绿等深色蔬菜和红黄色水果，一半以上应为绿叶蔬菜。每天应摄入奶类、豆类及其制品，为提高蛋白质摄入量，防止过多消费肉类带来的不利影响。动物性原料应选择两种以上，鱼、禽、蛋、瘦肉等动物性食物是优质蛋白质、脂溶性维生素和矿物质的良好来源。尽量多选择水产品类原料及禽类和蛋类，减少猪肉的消费比例。适当选用动物的内脏。烹调应选择植物油，少用动物油脂，食盐不宜过多。

选择原料时，还应注意全天热量及食物数量的分配要合理。你需要根据家人的工作性质和饮食习惯，将所确定的食物合理的分配到每一餐中。食物的质量及全日热量、热源质的分配必须适合，饮食程序应根据消化生理和饮食习惯做合理的安排。

（2）营养搭配

根据食物的营养素搭配，可以发挥各种原料的互补作用，使菜肴的营养更加全面。

1）各种原料的搭配要有利于营养素的保存和利用。富含铁、钙的原料应与富含维生素C、蛋白质、氨基酸而草酸、植酸、磷酸含量低的食物相配，如白菜、豆腐等。富含胡萝卜素的原料宜与油脂或动物性食物相配合，如胡萝卜烧牛肉等。缺赖氨基酸的粮谷可与富含赖氨酸的食物相配。

2）荤素要搭配。荤食（动物性食物）与素食（植物性食物）搭配有利于营养素间相互取长补短。动物性食物中绝大部分蛋白质为优良蛋白质，能提供大量人体必须氨基酸；而植物性食物（大豆除外）的蛋白质为非优良蛋白质，氨基酸组成不平衡。动物性食物中钙、磷、铁、脂溶性维生素的含量优于素食，而植物性食物中不饱和脂肪酸、维生素C、胡萝卜素、膳食纤维的含量又大大高于荤食。因此，荤素搭配可使菜肴营养全面，以满足平衡膳食的要求，应尽量减少单一原料菜，多配荤素搭配的混合菜。

3）酸性食物与碱性食物搭配。作为主食的粮谷及肉、蛋、奶豆类属于酸性食物，所以酸性食物在饮食中占的比例往往较多。若长期过多食用酸性食物，容易使血液偏酸性，导致人体酸中毒。在膳食中必须主要酸性食物和碱性食物的适当搭配，尤其应该控制酸性食物的比例，适当增加蔬菜、水果等碱性食品的比例，以保持生理上的酸碱平衡。

4）易损失、易缺乏的营养素要多配。原料中的某些营养素在加工中容易损失，还有些原料中的营养素不易被机体消化吸收，利用率很低，如维生素，特别是水溶性维生素在加工中很容易被分解破坏，植物性原料中的铁、钙、等矿物质吸收率很低。为了补偿损失和保证人体需要量，在设计食谱时应注意多留有余量，多选择含维生素C、维生素B_2和维生素A较多的蔬菜。

（3）数量搭配

数量搭配是指菜肴中主料、辅料搭配数量，主要有三种形式：

1）单一原料的菜肴。这种菜肴是由一种原料构成。如"烤鸡""糖醋鱼"等不加配料，按定额配置就可以了。

2）有主、辅料的菜肴。主料多于辅料，突出主料，辅料是对主料的色、香、味、形、营养的调剂、烘托和补充。如"辣子鸡丁""葱烧海参"等。

3）几种原料的菜肴。由几种原料构成，无主辅料之分，各种原料的数量大致相同。如"烧三素""爆三样"等。

（4）口味搭配

菜肴的味是评价菜肴质量的重要指标。不同的原料，具有不同的味道，有的烹制后味道鲜美,有的味淡或无味,有的则有令人不愉快的味道。新鲜的鸡、鱼、虾、蟹等味道鲜香而纯正,配菜时应注意保存基本味;海参、鱼翅、熊掌等味道清淡,配菜时要用辅料和调味料来弥补主料口味的不足,用鲜汤、肉汤来增加其鲜味;有些原料,如一些动物性原料配菜时要适当配些蔬菜,以减少主料的油腻感。

(5) 质地搭配

原料的质地有软、嫩、脆、韧之分,配菜时应合理搭配。一般遵循"脆配脆""嫩配嫩""软配软"的原则。

(6) 色泽搭配

在保证菜肴营养、味道的同时,还要考虑原料色泽的搭配,使菜肴色泽协调、美观、刺激食欲。有主、辅之分时应突出主料。色泽搭配有顺色搭配和异色搭配两种。顺色搭配要求两种或两种以上原料在色泽上尽可能保持一致,如"糟熘三白"由鸡片、鱼片、笋片配成,成菜后均为白色。异色搭配要求两种或两种以上原料色泽不同,如"芙蓉鸡片",主料是白色的鸡片,配以绿色的菜心和红色的火腿等辅料加以衬托,显得鲜艳协调。

(7) 形状搭配

菜肴形状的搭配不仅关系到菜肴的外观,还关系到菜肴的质地。分同形搭配和异形搭配两种。同形搭配要求原料形态、大小一致,如丁配丁、片配片、丝配丝、条配条、块配块等。异形搭配就是主料、配料形状不同、大小不一,辅料的形状应小于主料,以突出主料。

5. 烹饪

家庭烹调方法选择的首要原则是要符合营养学原理。你所选用的烹调方法应尽可能减少原料中营养素的破坏,烹调出的菜肴应具有良好的感官性状,色、香、味、形俱佳,并有利于食物中的营养素消化、吸收,不产生有害物质。在此仅从营养学的角度,对烹饪方法的选择问题进行讨论。

选择烹调方法时,应该注意以下几点:

(1) 根据原料所含营养素和质地选择烹饪方法。如原料质地脆嫩,所含营养素容易破坏,可选择旺火、快速成菜的烹调方法,如炒、爆、熘、凉拌、滑等方法。缩短加热时间,以减少营养素的破坏,使菜肴口感脆嫩、清香。如质地脆嫩的蔬菜,富含维生素C,烹调方法可选用炒,用旺火快速成菜,既减少了维生素C的破坏,又可使菜肴口感脆嫩、清香。如果质地老硬,所含维生素较不容易破坏，或经过较长时间加热更有利于消化吸收的原料，可选择炖、焖、烧、煮、蒸、煨、烩、卤等烹调方法。如质地较老的牛肉、鸡、鸭等富含蛋白质、脂肪，可选用上述方法烹调，由于加热时间较长，蛋白质和脂肪部分分解，有利于消化吸收，且肉质熟烂、汤汁味道鲜美。

（2）根据家庭成员的生理特点和健康状况选择烹饪方法。不同生理状况应选择不同的烹调方法烹制食物。对老年人来说，可选用清蒸、炖、炒、煮等烹调方法，这样烹调出来的食物清淡、软嫩、酥烂，水分含量高，适合老年人咀嚼困难及消化吸收功能降低的生理特点，应避免采用煎、炸等使食物过于油腻的烹调方法。幼儿的胃肠功能尚未发育完全，消化能力不是很强，在饮食品种及烹调方法上应掌握碎、软、细、烂、新鲜、清洁的原则，避免制作粗糙、大块、油腻食品。例如，"清炖鸡"特别适于老年人及产妇、乳母食用。"糖醋排骨"，在制作过程中加醋作辅料，增加了骨头中钙离子的析出，有利于钙的吸收利用，而且酸、甜适口，适合于正在生长发育的儿童和青少年。

（3）根据家人不同的健康状况，应选择不同的烹调方法。如对高血压、糖尿病患者以采用氽、煮、炖、拌等少油、少盐的烹调方法为主。肝脏疾病的患者应选择食物清淡、易消化的烹调方法，不宜食用过分油腻的食物。

总之，烹调方法的选择除了要注意满足营养需要之外，还应考虑到家庭成员的喜好。尽量选择多种烹调方法，以求在色、香、味、形、质等方面更丰富多样，避免单调，增进食欲。

第三节　不同年龄阶段家庭成员的膳食调理

一、如何为儿童和青少年调理膳食？

儿童包括学龄前（4~6岁）和小学阶段的儿童（7~12岁），13~15岁的孩子为少年，16~18岁为青年。儿童与青少年代谢旺盛，并发育迅速。12岁之前年平均身高增加4~5厘米，体重增加1.5~2千克。12~18岁进入青春发育期，各个器官逐渐发育成熟，思维能力活跃，是一生中长身体、长知识最主要的时期，也是对营养需要量最多的时期。其对能量不足，营养素的缺乏也最敏感。儿童及青少年生长速度、性成熟度、学习能力、运动成绩和劳动效率都与营养状况有密切关系。

(一) 儿童、青少年的营养需要

1. 热能

学龄（4~7岁）儿童脑力、体力活动增强，活动量大，体力消耗逐渐增多，脑发育快，智力发展迅速。幼童至5岁时大脑已达成人的90%，智力发展头四年达成人的50%，至8岁可达成人的80%。12岁是青春期的开始，随之出现第二个生长高峰，身高每年可增加5~7厘米，个别可达10~12厘米，体重每年增长4~5千克，个别可达8~10千克。此时不但生长快，而且第二性征逐步出现，加之活动量大，学习负担重，其对能量和营养素的要求都超过成年人。这个时期若热能供应不足，体重会下降，同时还会影响其他营养素的生理效能，出现营养不良。相反，热能过剩，又会引起肥胖和超重。所以热能供给应适当，总的热能分配50%~60%是碳水化合物，25%~30%为脂肪，10%~15%为蛋白质。

2. 蛋白质

蛋白质是组成器官增长及调节生长发育和性成熟的各种激素的原料。儿童青少年的生长发育，需较多的蛋白质，特别是优质蛋白质。而青春发育期体格发育极为迅速，18岁青年要比10岁以前儿童身高平均增长28~30厘米，体重平均增长20~23千克，若蛋白质供应不足，不仅生长受影响，智力发展亦会受到影响。蛋白质的供应以高生物价值的蛋白质为主，多采用蛋类、奶类与瘦肉类。

3. 脂肪

脑细胞中有60%的不饱和脂肪酸，在玉米芽油、芝麻油、核桃、小米、花生、瓜子仁、松仁中均含有丰富的不饱和脂肪酸。动物心、脑、肺及瘦肉中亦会含有。

4. 维生素

全国营养普查表明，孩子生长发育所需的六大营养素中，蛋白质、脂肪、糖类都不缺乏，但维生素、矿物质却普遍缺乏，仅为标准供给量的一半。维生素对保证儿童正常发育，提高机体反应性及促进后天免疫力的形成是很重要的。已公布的营养调查中，儿童存在普遍缺乏维生素A的问题。例如，小学生平均每人每日摄入的维生素A和胡萝卜素只占供给量标准40%~60%，中学生也只有60%~70%。B族维生素尤其维生素B_2往往因机体热能总摄入量增加而发生不足的问题而导致记忆力不好，注意力不集中，胃口差等。一些儿童易偏食，不吃新鲜蔬菜，往往也会出现维生素C缺乏的症状，如易感冒、近视，记忆力差，免疫系统不能健康发育。

5. 矿物质

钙是建造骨骼的重要成分。儿童青少年正值生长旺盛时期，骨骼发育迅速，钙质的供应量应比成人多，钙、磷的保存量也越大。在7岁之前，饮食中供应充分的钙质，可获明显的生长效果。我国居民膳食推荐少儿每日钙的供应量为600毫克；男女青年皆需铁质，男性建造肌肉与相随的大量血液增加，女性则需补充每月月经血液的损失，多摄入动物性食品以提供血红素铁，同时摄入充足的维生素C，以利合成红细胞和血红蛋白，使血容扩增，防止中学生缺铁性贫血的发生。铁的需要量为8～18毫克，需与瘦肉类或丰富的维生素C同餐进食以促铁质的吸收。如果钙、铁的摄入主要来自吸收利用率较低的植物性食物，则儿童患缺钙症及缺铁性贫血的概率会增高。碘在发育期需求量较多，青春发育期的女孩应时常吃些海产品以增加碘的摄入。锌为生长必须，如若缺乏，则生长停止，食欲不振，味觉敏感减低，伤口愈合不良，应多选择肉类与海产食物。

（二）儿童的饮食调理

1. 热能供给应充足

粮谷类食物仍为主要热能食物，占总热能50％，约700～1000千卡，动物性食物可相对略高于成人，但也应当适当控制摄入量。对热能食品的选择应多样化，可增加一些硬果类，如核桃、花生、芝麻等，其所含的不饱和脂肪酸、DHA有助于大脑及神经系统的发育及活动。

2. 蛋白质摄入要足够

要保证蛋白质足够的摄入量，提高蛋白质的利用率，使主副食品搭配合理，充分发挥蛋白质的互补作用，多摄入乳、鱼、蛋、肉、大豆及其制品等优质蛋白质。餐餐做到有荤有素，粮、豆、菜、肉混合食用。

3. 预防缺钙和缺铁

为预防缺钙和缺铁引起的佝偻病和贫血，应在儿童膳食中注意供给含钙量多并吸收率高的食物，如奶类、豆制品、海带、紫菜、虾皮、骨汤等，保证含铁量高的动物性食物的供应，如肝脏、动物血、瘦肉、海产品，必要时可适当补充一些钙、铁制剂或强化食品。

4. 补充维生素保健康

儿童需多种维生素以维持健康，促进生长发育，因此适当吃一些肝脏、蛋类、乳制品等含维生素A较多的食物及酵母、小米、玉米等含维生素B_1、B_2较多的食物；杂粮、蔬菜、水果中有较多的膳食纤维和维生素 C，可促进胃肠蠕动，提高消化功能，水果亦是此时期儿童最喜爱的食物，水果的颜色与质地很容易引起儿童的兴趣，可将不同质地的水果恰当配合。

5. 幼儿食物应细软

学龄前儿童的食物应质地细软，易于消化（例如带馅食品）。需太多咀嚼的食物，易引起儿童口腔咀嚼的劳累，而过软的食物，则不易引起儿童吃的兴趣。太甜、太腻、煎炸与纤维多或咀嚼过多的食物，皆易刺激儿童的肠胃，引起故障。由于儿童机体器官尚未发育成熟，咀嚼和消化均不及成人，肠对粗糙食物较为敏感。

6. 合理增加小零食

儿童的肝糖原储存不多而活动频繁，所以容易饥饿。应在三餐之外添加两次点心，点心所包括的食物应对增加其营养有所帮助，且不影响龋齿的发生，如无糖的果汁、牛奶及其制品、蛋类、水果、全麦饼干、小西点等。应合理地选择零食，科学地给孩子零食是有益的，但不能替代主食，应在量上加以限制，品种上进行选择。

7. 饮食调配多样化

儿童的饮食调配应注意多样化。食物感官良好，在色、香、味方面引起儿童食欲，主副食品要合理搭配，达到营养均衡。此时还应培养良好的饮食习惯和卫生习惯，不挑食、不偏食，多讲全面营养的好处，坚持定时就餐。特别是学龄儿童，部分家庭由于饮食习惯及学习紧张、课业繁重而放弃早餐，是极不可取的。我国幼儿园和小学采用三餐两点或三餐一点的模式，部分学校供应营养午餐亦是值得推行的。

8. 养成良好的饮水习惯

应该教会孩子正确补充水分的方法。让孩子带上水壶，养成课间喝水的习惯。千万不要等感觉口渴了才喝水，或只从食物中获取水分，这样容易引起机体缺水；也不要在短时间内引入大量的水，这样会引发低渗性脑水肿。尤其在夏季要提醒孩子随时饮水，因为如果大量出汗后突然饮入上千毫升的淡水，水通过血液循环进入脑组织，有可能会危及生命。

（三）青少年的饮食调理

1. 保证充足的热量

每个人热能的需要受性别、生长速度、年龄与运动量的影响。谷类是我国膳食中主要的能量来源，青少年应合理控制饮食，少吃高能量的食物，如肥肉、糖果、油炸食品、高糖分饮料、糖果、巧克力等，同时应增加体力活动，使能量的摄入和消耗达到平衡，以保持适宜体重。

2. 提供优质的蛋白

每日摄入的蛋白质应有一半以上是优质蛋白质。膳食中应含充足的鱼、肉、禽类动物性食品和豆制品。

3. 摄入丰富的矿物质

每天应摄入充足的奶类和大豆食品，提供钙、磷，满足骨骼迅速生长的需要，并起到促进大脑思维及改善记忆的作用。男性由于身材高、骨架大，故钙质需要量大于女性，每日保证一杯牛奶（250毫升），即可获得250毫克钙；为达到所需铁质的量，应慎重选择含铁丰富的食物。瘦肉、蛋类、谷类、绿叶菜类、水果等，需与瘦肉类或丰富的维生素C同餐进食以促铁质的吸收。

4. 补充多种维生素

充足的维生素A是视觉功能和骨骼生长所需，并有助于提高抗病能力。由于饮食中供应的热能增高，维生素B族的需要随之而增，其对体内代谢活动、酶的活力、细胞和神经组织的功能维护有重要作用。

5. 培养良好的饮食习惯

饮食习惯不良会影响生长发育。有些青少年不吃早餐，导致上午后半段时间易疲劳，学习效率不高、不安宁、情绪不稳定。早餐要吃好吃饱，应供应充分的热能与蛋白质，其营养素占全日需要量的1/4~1/3。研究表明，早餐吃得不好或不吃早餐的学生易饥饿，上课不专心，影响学习效率，午餐是一日中最重要的一餐，既要补充上午消耗，也要为下午学习和活动作储备。晚餐不宜过于丰盛，因晚餐后能量消耗不大，否则会影响睡眠和健康，过高能量会转化为脂肪在体内堆积而导致肥胖。除三次正餐外，学校和家长应根据三餐间隔时间适当增加间餐，下午一餐点心以不影响晚餐的食欲且能供给需要的营养素为适宜。

有充分的营养，充足的睡眠、娱乐与运动，青春发育期才能顺利度过。加强营养教育，使青少年懂得平衡膳食和合理营养知识的重要性，培养与建立良好的饮食习惯，提高自我保健能力，做到不挑食、不偏食。青少年多爱吃零食。零食应有所选择，不应多吃，一些高糖分饮料、糖果、巧克力等吃多了会影响正餐，而一些水果、坚果类食物则对补充热能与营养有益。应避免盲目追求外观的美丽而节食以致营养素缺乏，也不能摄入过多毫无节制而致肥胖。

表 5—9　　　　　　　　　　　学生一周食谱举例

餐次	一	二	三	四	五	六	日
早餐	豆浆 花卷 蛋糕 腌黄瓜	牛奶 面包 火腿肉 什锦菜	白菜粥 馒头 卤鸡蛋 豆腐乳	胡萝卜粥 花卷 咸鸭蛋	豆腐脑 油条 小桃酥 素菜	牛奶 麻团 煮鸡蛋 圣女果	二米粥 肉包子 茶鸡蛋 炝三丝
午餐	酱翅中 番茄炒蛋 虾皮白菜 海带豆腐汤	红烧排骨 咖喱土豆 香干油菜 酸辣汤	卤鸡心肝 三鲜豆腐 醋熘白菜 番茄蛋花汤	红烧鱼 酱爆三丁 粉丝菠菜 虾皮紫菜汤	香辣鸡腿 洋葱炒蛋 海米冬瓜 青菜豆腐汤	扬州炒饭 炸鱼排 白菜氽丸子 苹果	素什锦 卤猪肝 麻酱沾瓜条 香蕉
晚餐	炸酱面 鸡茸汤 生蔬菜丝	二米饭 肉末豆腐 拌三丝	西兰花 粉丝菠菜 肉圆	菜肉馄饨 豆沙包 拌海带丝	葱油豆腐 清炖狮子头 菊叶蛋汤	红烧牛肉 清炒豆芽 绿豆粥	煮玉米 烩三鲜 青菜排骨汤

二、如何为成年人调理膳食？

成年人是指19～50岁年龄阶段的人，这个时期身体的各器官基本发育定型，营养需求相对平衡。随着年龄的增长，代谢下降，活动量减少，体内消耗热能随之减少。若热量过剩，会导致糖代谢紊乱，而诱发肥胖。肥胖又会导致糖代谢异常，促使动脉硬化症的形成和发展，增加心血管疾病的发病率。所以成年人饮食应加以控制，特别是要控制高脂肪和糖类的摄入，要运用当代的营养学知识，选择与安排合理的平衡膳食。

（一）成年人的营养需要

1. 控制热能摄入

成年人饮食应合理安排三大产能营养供给，例如其中碳水化合物供给应限制在总热能的40%～55%，且应以谷类食物为主要来源，每日应摄入150～250克。谷类食物应粗细搭配，因杂粮膳食纤维多，如燕麦片，每100克麦片含膳食纤维108克，是米面的几十倍，食之使人有饱腹感，不会摄取过量，且可以延缓食物消化吸收，即可控制体重，减轻肥胖。蛋白质来自于肉、蛋、乳及豆制品，应占总热量的10%～15%。如果由于肥胖而完全素食则不利于健康。

2. 限制脂肪摄入

脂肪应占总热能的 20%～25%。因它的产热比高，是导致肥胖的重要因素。成年人一旦摄入过多脂肪，又没有消耗途径，长此以往会积累于体内而致肥胖。应控制烹调油的用量，每日用烹调油 10～20 克，少用荤油。荤油中饱和脂肪酸含量高，是导致心血管病的罪魁祸首。同时要控制油脂肥厚的食物，如烤鸭、炸鸡、红烧肉、扣肉、熘肝尖等。

3. 补充维生素和微量元素

成年人要控制肥胖，需保证无机盐和维生素的充足供应，特别是某些维生素有减肥功效，因体内脂肪在转化成各种能量的过程中，需多种维生素参与，如维生素 B_1、B_2、B_6 及烟酸等，如若缺乏，则体内脂肪就不易转化为能量，从而蓄积以致肥胖，如维生素 B_1 是脂肪代谢中一种必需的辅酶，可以促进脂肪酸进入线粒体氧化分解，提高脂肪氧化速率。

（二）成年人的饮食调理

1. 少吃多餐

饮食均衡要牢记"早上吃饱，中午吃好，晚上吃少"。科学家的试验表明，将同样多的食物分成五次以上吃完者，比起一日三餐来，养分摄取损失少，但体内产生的热量却要少得多，有助于保持体重适中。在防治疾病方面，国外专家的一份调查资料披露，每天进餐少于三次者，57.2%患有肥胖病，51.3%胆固醇增高；而进餐五次以上者，肥胖的发生率仅为 28.8%，胆固醇偏高者仅 17.9%。

2. 减少糖分的摄入

成年人特别是肥胖人群应控制单糖食物，如蔗糖、麦芽糖、果糖、蜜饯糖果、巧克力、含糖饮料及甜点心等的过量摄入，尽量不吃这类食物，谷类是最佳食品，但玉米面和其他经过提炼的淀粉食品，如麦乳精、土豆、番薯及精白粉做的成品不应成为减肥人的主食，因为这些食物会很快在体内转成单糖，不仅导致脂肪积累，还会引起饥饿感，无助于减肥。

3. 减少脂肪的摄入

可多食用鱼类。另外鸡肉、鸭肉、兔肉等动物性食品脂肪相对少些，不饱和脂肪酸的含量比猪、牛、羊高，蛋白质的含量也多，瘦肉及动物内脏脂肪少，含不饱和脂肪酸较多。鸡皮、鸭皮比较油腻，尽量在烹煮之前去掉外皮。选用低脂、脱脂牛奶或不同口味的豆浆来取代全脂牛奶，也一样可以使早餐美味可口。

4. 补充大量可溶性膳食纤维

纤维可减缓食品释放出能量,从而减弱脂肪在体内的聚集,能减少人体对有毒物质的吸收,清除人体内的垃圾。膳食纤维大量存在于水果、蔬菜、豆制品中。

5. 摄入足量的新鲜蔬菜

蔬菜含膳食纤维多,水分充足,属低热能食物,有充饥作用。有的蔬菜可以生食,借以充饥,还可补充多种维生素,防止维生素缺乏。多吃各种蔬菜还有助于控制体重。如拌豆芽、拌菠菜、拌萝卜丝、拌芹菜、小白菜、冬笋等。

6. 摄取足够的水分

水能促进体内的脂肪代谢,抑制过剩的食欲,防止体液潴留,利尿排毒。另外,体内水分充足,肌肤才能丰满润泽。

成人每天需要摄入约2 500毫升的水。出汗量大、活动量多和体重较重的人需要的饮水量相对就大一些。所以,每天最好按照身体的需要摄入足够的水分。不同季节对水的需要量有较大差异,如夏季,尤其是35℃以上的高温时节,人体通过出汗散热的同时大量流失体液,故要增加饮水量,高时可达3 500~5 000毫升;此时还应同时补充丢失的盐分和糖分。冬季会相对少一些。15~40℃的温水接近人体的温度,对身体最为适宜。

中老年人随着年龄增长,水代谢会出现一些变化。尤其在夜晚时常感到口渴,可在床前放一杯水,夜晚适当饮用100~200毫升。但也不宜过多,否则会因起夜而影响睡眠。

运动前后补水也十分重要。运动前15~30分钟可以喝100~150毫升的水,如果健身时间超过一个小时,中间需要多次补充100~120毫升。另外,运动后要按照在运动前后体重差的150%来补充丢失的水分。大量出汗后,可适量喝一些加盐的水,因为如果光喝白开水,进入体内的水分不但不能保留在细胞内,反而更易成为汗液或尿排出体外,会越喝越渴,有时会引起心慌、乏力等低钠症状。所以最好在开水里放入少量食盐,以便迅速补充失去的水分和盐分,达到补充水分的目的。

7. 烹调方法要适当

应多用蒸、煮、炖、拌、氽、卤、烧、烤、烘焙方式或用微波炉烹煮食物,可以明显控制食用油的用量。烹调时应以植物油为主,尽可能控制使用动物油脂。用油要少,在煎炒菜肴时,只用足够的油,以不粘锅为准。避免油煎、油炸和爆炒等方法,控制脂肪的摄入。有人觉得油少了菜不好吃,但你可以选用药材、香料和调味品来增添食物的美味。

三、如何为老年人调理膳食?

衰老是人体不可避免的自然发展规律,是一个以机体衰弱和技能失调为特征的生物学渐变过程。人到中年便开始出现衰老退化的现象,随着年龄的增长,变化越来越明显。影响衰老的因素很多,自然因素、社会因素以及个人因素相互作用影响着人的健康与寿命。科学的饮食习惯和生活方式能够明显地促进老人的健康状况、减少疾病、延缓衰老、延年益寿。

(一)老人的营养需要

1. 热能

老年人的基础代谢率较年轻时较低。70岁的老人的基础代谢率较30岁时下降26%。随着年龄的增长,老人的肌肉组织和脏器功能减退,机体代谢过程明显减慢,能量消耗逐渐减少,因此老人要避免摄入过多的热能,膳食中的热能供给量应以维持标准体重为原则,对于肥胖或超重者还应适当限制能量摄入。动物试验表明,限制进食对动物平均寿命有延长作用。大量调查也显示,肥胖的人比瘦人容易发生代谢性疾病及心血管疾病。所以,"千金难买老来瘦"的说法不是没有道理的。

2. 蛋白质

蛋白质对老人来说是极为重要的,在人体衰老的过程中,体内蛋白质的分解代谢超过了蛋白质的合成,老年人对蛋白质的利用能力降低。为了补偿功能消耗,维持机体组织代谢、修补的需要,增强机体抵抗力,应注意增强蛋白质的供给。老年人的蛋白质需要量应基本等同于甚至略高于成年人需要量——每天1~1.5克/千克。当然蛋白质摄入量不是越多越好,老年人胃肠道、肝、肾脏的功能均减退,过多地摄入蛋白质无疑会增加上述器官的负担。所以老年人要多选用优质蛋白,如鸡肉、鱼肉等,这类食物的蛋白质含量高,并且易于消化。黄豆的蛋白质含量高,质量也好,但老年人咀嚼不便,最好食用豆制品,如豆浆、豆腐、豆干和豆腐皮等。老年人日常膳食中蛋白质供给量应占总热能的12%~15%。

3. 脂肪

老年人对脂类的消化吸收与合成能力降低,血浆脂质升高,人体总脂肪也明显增加，而血脂高会增加老年心血管疾病的发病率。另外，脂肪的摄入与结肠癌、乳腺癌、前列腺癌、胰腺癌的死亡率成正相关。因此，老年人应严格控制摄入含胆固醇高、含饱和性脂肪酸高的食物。老人的脂肪摄入量以占总热能的20％～25％为宜。

4. 碳水化合物

老年人应当控制不要摄入过多的碳水化合物。中国老年营养专业组织建议老人每天摄入的碳水化合物能量占总能量的55％～65％。由于老人糖耐量能力低，血糖的调节功能减弱，易发生血糖增高，因此，老人不能多食用纯糖和甜食，而应多选择淀粉类食物。老年人消化机能低下时，果糖有利于氨基酸的活化，有助于蛋白质的合成。因此，老年人应该多食用一些富含果糖的食物，如水果、蜂蜜，而减少蔗糖、麦芽、葡萄糖的摄入。

在碳水化合物中，不被人消化吸收的膳食纤维对老年人起到相当重要的作用。老年人肠胃黏膜细胞数减少，消化道运动功能减弱，肠肌肉的紧张性降低，易发生便秘。适量摄入膳食纤维（果胶、半纤维胶、纤维素、木质素、树胶、海藻酸盐）则可刺激消化液的分泌及肠胃蠕动，促进排便，也有助于食物胆固醇的排出，对降低血脂、血糖，预防结肠癌、乳腺癌有积极作用。膳食纤维的主要来源是新鲜蔬菜，老年人以每天摄入 500 克为宜。

5. 维生素

老年人的膳食应含有充足的维生素。维生素对于保持健康、促进新陈代谢、调节生理机能、增强抗病能力、延缓衰老都有极其重要的作用。人到老年，机体中各组织器官衰退，对各种营养素的摄取与储存量随之减少，但机体对维生素的需要量并没有下降。

维生素 A 和胡萝卜素对抗癌有一定作用，维生素 A 的衍生物对已转化的癌细胞有抑制作用。由于对高胆固醇、高脂食物摄入的控制会影响维生素 A 的摄取，因此老年人的膳食中应补充足量的维生素 A。

维生素 D 的补充则有利于老年人防止骨质疏松及牙齿过早脱落。骨质疏松症在老年人中是常见疾病，女性的发病率比男性高。骨骼由钙、磷和蛋白质构成，钙磷等元素和蛋白质的摄入吸收对骨骼的生长发育有重要的作用。老年人由于肠钙吸收能力下降，在补钙同时加服活性维生素 D，可以促进钙吸收。

维生素 E 对延缓衰老有一定作用。老年人的面部、手背往往会出现黑褐色的斑点或斑块，被称为"老年斑"。维生素 E 是一种天然脂溶性抗氧化剂，可消除衰老组织细胞中的过氧化物和游离基,可减少细胞中衰老物质脂褐素的形成,对预防衰老有一定作用。老年人应该多吃富含维生素 E 的食物,如大豆、芝麻、花生、核桃、瓜子仁、动物肝、蛋黄、奶油以及玉米等,植物油是维生素 E 最好的食物来源,黄绿色蔬菜中也富含维生素 E。

维生素 C 可促进血液中胆固醇的排泄,对保护血管壁的完整性、改善脂质代谢和预防动脉粥样硬化有良好作用。另外维生素对老人增强抵抗力、延缓衰老也具有重要意义。

B 族维生素:老年人对维生素 B_1 的需要量应保持在正常水平上,即每日 1.2~1.4 毫克。老年人肠胃功能不如成年人,维生素 B_1 有促进食欲和帮助消化的作用,维生素 B_6 可提高硒的利用率,叶酸和维生素 B_{12} 可促进红细胞的生成,对防止老年性贫血有利,叶酸、维生素 B_6、维生素 B_{12} 还有防止动脉粥样硬化的作用。

6. 无机盐

老年人肠胃功能减退,对钙的吸收率低,而机体内对钙的利用率和储存能力也差,但代谢排出量并不因为吸收少而降低,反而有所增加,因而容易产生钙代谢负平衡,出现骨质疏松、内分泌障碍、甲状腺肿等症状。所以老年人的膳食中应特别注意钙的补充,同时排除食物中各种影响钙吸收的因素。老人每日钙的摄取量应保持在 1 000 毫克左右。

(二) 老年人的饮食调理

老年人的膳食要根据其体重和身体状况的改变而调整,而且老人每天摄取的食物量和营养物质要与其活动量相平衡。除了考虑各种营养素的供给外,还需要照顾老人不同的生理、病理特点以及饮食习惯。总的来说,老人的膳食调理应该注意以下问题:

1. 严格控制热能,避免体内热能蓄积,导致超重或肥胖。在老人的一日三餐中应减少热能食物的比例。碳水化合物、油脂和糖这三大产热营养素的分配应该控制在粮食 60%、优质蛋白 12%、脂肪<25%。

2. 按少食多餐的原则为老人分配餐次,忌暴饮暴食。除了一日三餐外,最好给老人上、下午各增加 1 次间餐,其餐次所提供的热能比是:早:间:午:间:晚=25:10:30:10:25。还可根据老人的情况,在睡前饮用一小杯牛奶,这样可以促进睡眠。

3. 老人应严格控制摄入胆固醇含量和饱和性脂肪酸含量高的食物,如动物脑、内脏、鱼卵、蟹黄、蛋黄、肥肉、猪油、牛油等。平常烧菜时应选用植物油，选择含饱和脂肪酸少的瘦肉、鱼、家禽以及野味肉。多吃一些有助于降低胆固醇的食物，如洋葱、大蒜、香菇、木耳等。有心血管病倾向的老人还应控制鸡蛋的摄取量。老人可多吃奶类、豆类食品，每天喝一瓶牛奶，吃大豆及豆制品25～50克，既能获得优质蛋白，又容易消化吸收。

4. 多吃蔬菜水果，重视膳食纤维与多糖的摄入。新鲜水果蔬菜中有丰富的膳食纤维、各种维生素和植物多酚类物质，具有抗氧化作用。胡萝卜、南瓜中富含胡萝卜素。海带、紫菜中碘、钾、铁的含量较高，花生、核桃、芝麻能帮助补充维生素。

5. 控制盐的摄入量，少吃盐、酱油、咸菜，这对预防和控制高血压效果显著。盐的用量最好控制在每天6克。

6. 选择合理的烹饪方法，提高食物的消化吸收率。给老人做的饭菜应松软酥烂，便于咀嚼和消化。另外，在膳食搭配方面应注意每天变换花样，粗细结合、荤素搭配、稠稀互补。烹调时，少用油，多用蒸、煮、炖、氽等方法，还可以制作包子、饺子等带馅食品，有助于老人的消化吸收。

【思考与讨论】
1. 运用营养均衡和食物多样化的原则为自己设计一周午餐的食谱。
2. 假设你的朋友程为体重超标，请你给他提一些饮食方面的建议帮助他控制体重。
3. 根据你自己家人的情况，设计一桌时令家宴的食谱，注意兼顾每个人的口味和健康需要。

第六章

服装与礼仪

本章将阐述服装选择的标准和考虑因素，介绍日常着装的规范和协调搭配服饰的方法，以及服装消费、保养和收藏的原则和方法。

第一节 服装选择

一、我们需要什么样的服装？

吃饭穿衣一直都是人的最基本需要，与大众饮食标准的提高一样，人们对日常服装也提出了更高的要求。面料、色彩、款式、品牌，在时尚的潮流中不断滚动翻新，让人动心，更令人目眩。什么样的服装是我们在现代生活中需要的？该用什么标准来选择服装呢？

（一）健康服装

衣服最初的功能是御寒保暖，驱避蚊虫叮咬，防范荆棘扎刺，保护身体免受伤害。虽然现代人的生活区域早已远离险恶之境，但对健康的维护依然是重大任务。服装在健康方面的作用不容小觑。保温性能良好的材料可以帮我们在冬季抵御风寒而不必穿得过于臃肿，免受身体负重、行动不便之累。透气轻薄的面料能让我们的皮肤在炎热夏季仍有喘息的机会，使热量迅速散发，减少皮肤疾病的产生。合乎脚型又适于运动的各类运动鞋能让腿脚部位的骨骼和肌肉在奔跑跳跃、跋山涉水时得到有效保护。婴幼儿和老人的抵抗力低、活动协调能力、平衡能力有限，天然柔软的面料可以让他们的皮肤少受刺激，舒适宽松的剪裁可以让他们的手脚伸展自如，减少因衣服的牵绊而摔倒、扭伤韧带或拉伤肌肉。对于从事特殊行业的人来说，服装的健康保护功能更为关键。例如，消防队员、航天员、潜水员、武装警察、作战部队的军人、治疗传染病的医生、从事危险化学品研究的科研人员等，在作业时穿着合适的服装能有效地防范侵害。（王永进，2007；范秀娟 2007；张苹，2007；宋晓霞，2007；谌玉红，2007）所以，当为自己和家人选择服装，尤其是一年四季的基本服饰时，首先要考虑的是：它的面料是不是有益健康，它的裁剪是不是合乎穿着者的身材比例和活动需要，它能不能起到所需要的身体保护功能，如御寒、消暑、防滑等。

（二）实用服装

符合健康要求的服装绝不只一件，每个人的衣橱里每一季也往往有好几件衣服轮换穿着。但会发现，有些衣服穿着的频率比较高，有些可能偶尔才穿一次。除了你对颜色、款式的喜好之外，穿着是否方便，是否容易和其他服装搭配，以及你穿上后是否觉得自在，也是支配你的选择的重要条件。选购衣物时重视服装的实用性有助于家庭资源的有效使用。大部分时候服装不是用来拍照或走T台展示的，我们需要穿着衣服赶路、挤车、干活、抬腿伸臂、俯身弯腰，如果受到某件衣服款式的拘束，或者衣服上装饰物的干扰，就会不舒服，必然会减少穿它的次数，并很可能另买一件来替代。当某件衣服的色彩或款式十分特别，可很难与你现有的衣物搭配时，你也会把它放置一边，或者不得不再买一件与之相配的服装。当某件服装的风格与你平时经常出入的场合不相符，你就很少有机会穿上它亮相。衣服的利用率低，其存在就失去了意义，购买它所花费的钱和精力也白费了，而且往往要额外支付购买替代品的代价。因此，在你选择服装时，应注意考虑这件服装是否适合平时穿着，是否舒适并符合你的穿着习惯，是否易于搭配，而且稍作变化就可以适应多种场合，以及是否容易洗涤保养。满足这些条件的服装才是真正实用的服装。

（三）实惠服装

置装费用是家庭中很重要的一笔开销。爱美的年轻人常常不惜花费来扮靓自己。虽然追求时尚无可厚非，但如果服装方面的开支超出了合理比例，使消费结构失衡的话，给家庭生活造成的麻烦也会很多。"败家美眉"的出现就是典型的例子。衣服多得无处可装,钱花得一分不剩,只好摆摊低价转卖给别人。所以在服装选择上要有理性的消费观念。根据所"需"而不是所"要"来选择。服装的过量必然导致浪费,一般家庭的经济资源是有限的,这些浪费的资源原本可以有更好的用途。

选择服装讲究价廉物美,只买最合适的,不买最贵的。很多名牌服装价格比同类产品超出10倍,甚至20倍,并非其服装质量有如此悬殊的优势,而是其品牌本身可能产生的一些效应使其获得额外的附加值。例如穿上某品牌就是成功商务人士的表现,佩戴某种首饰就具备了贵族气质等。这些联想很大程度上受到媒体宣传的影响,广告左右着我们的消费选择,尤其是时尚产品的选择。"非它不穿,非它不戴"的心态对于有充分经济能力和确实需要品牌标志的人来说还不算过分,但对于普通消费者来说却有着破坏性的误导作用。在一般家庭的服装消费上,认清和权衡品牌对自己的价值和意义十分重要,你必须想清楚:花这样一大笔钱买一个标志是否你所需要的。选择服装时,在适当的价位利用品牌来确保服装质量是明智的,但只认牌子不看性价比往往容易吃亏上当。所以,要学会选择服装,除了提高对品牌的识别能力,更重要的是培养对服装本身品质的鉴别能力,这样你就能经常不花大价钱,"淘"到好衣服。

(四)环保服装

环保是我们对服装的新要求。为减少化学加工过程中的污染而少使用化纤材料,为保护珍稀动物而不穿着裘皮服装,都有益于生态环境的维护和人类的可持续发展。服装消费中,不经意的选择就可能对环境产生重要影响。合理选购服装之外,对服装的充分利用也有助于环境保护。例如,旧衣改造,将过时的服装加以改动变成时髦的款式,将大人的旧衣服改成孩子的衣服等。这样的做法可以减少对面料的消耗,起到节约能源和减少污染的作用,同时节约家庭经济资源,还能获得创造的乐趣。

(五)美观服装

服装的另一个重要功能是满足美的需要。当我们在镜子里看见自己的光彩形象,心情会为之一振;当看见别人衣着得体,会感到赏心悦目;当我们从别人的目光中读出赞许,自信和喜悦也会油然而生。这就是"美"带给我们的奇妙体验。服装设计之所以能成为艺术,正是因为服装中蕴涵着创造美的无限空间。(刘晓华,2007)作为服装的普通消费者,也可以通过对服装的选择和搭配来表达自己对美的理解和追求。服装美的构成不能脱离穿着者的参与,同样的衣服穿在不同身材、不同肤色、不同气质的人身上会表现出不同的效果。只有当服装的色彩、款式和风格与穿着者的肤色、身材和气质协调一致时，才可能出现服装与人相得益彰的美。穿衣的乐趣也就在这个发现美的过程之中。所以当你在选择服装时，考虑其实用功能之余，不要忽略了对美的寻求。一般来说，在众多能满足你需要的同类服装中，总能找到最能烘托穿着者神采的那一件。

（六）个性服装

流行时尚是很多人选择服装的参照物，当下风行的色彩、款式成了大家追逐的目标，在服装产品还不是很多元化的时代，曾出现过满街一片金黄、一片翠绿的奇特景象。追求时髦从某种角度讲是心态年轻、热爱生活的一种表现，完全值得鼓励。但如果盲目跟风，穿上不适合自己的时髦衣服，既不能展示美，也无法体现个性。所以，要想打扮的时髦而不落入俗套，除了要有敏锐的时尚嗅觉，更要有深透的自我了解和准确的自我评价，这样你选的衣服才能真正突显自己的独特风采。有趣的是，当你对潮流不买账而独树一帜时，反倒容易成为众人瞩目的焦点，成为时尚潮流的引领者。

二、影响服装选择的因素有哪些？

影响着装习惯、服饰风格的因素很多，民族传统、政治、宗教等历史因素是服装文化演变的推动力；地理因素如气候、资源分布，以及现代生活中的商业服务可及性，都对服饰地区差异的形成有显著影响；年龄、个性、职业、活动等个人因素和经济、技巧、时间、工具等家庭资源因素直接影响每个人的服装选择。（苗颖，2007）

（一）历史因素

民族传统对服装功能和意义有一定影响，尤其是其象征含义的理解。不同民族对服装的颜色运用和样式设计都有讲究，什么场合什么人穿什么色彩什么款式的服装，逐渐成了人们必须遵循的服饰礼仪。另外，服装中表现出的性别差异和角色差异也深受历史因素的影响，男人、女人分别能穿什么不能穿什么，什么年纪的人应该如何打扮，做什么工作穿什么衣服，几乎在所有传统文化中都有约定俗成的规矩。标新立异的装扮往往会被斥为有伤风化。政治掀起的风浪、宗教产生的威力会影响人们的着装观念和习惯。例如，"文化大革命"时期人们讲究朴素，以穿带补丁的衣服为荣；伊斯兰教妇女出门必须用衣袍将自己包裹严实，并用头巾遮盖面部。但历史的前进、社会的发展也促使着服装文化的演进。20多年前,穿牛仔裤的时髦男女被看做是假洋鬼子或不良青年,可现在大妈大爷们也穿上牛仔裤逛街游公园。以前总觉得老年人和男人的服装色彩应该稳重内敛,现在老年人服装的颜色比年轻人的鲜艳,男式服装的面料也七彩纷呈,花色繁多。近年来,随着国内外时尚航道的对接,中式和西式服装的元素在一拨又一拨服饰潮流中被糅合在一起,创造出了新的含义。今天的服饰文化越来越丰富精彩、变化无穷。

(二) 地理因素

气候决定了人们四季需要穿着什么样的衣服。资源的分布使得不同地域生活的人们利用不同的材料来制作服装,当然现代纺织工业以及交通运输的发展几乎已经消除了这种地区差异。但服装产品营销网络的布局对服装风格的地区性差异的影响比较明显。如一些城市的服装大多来自广州的服装集散地,而有些地区市面上的服装则多来自浙江的服装批发市场,因为货源不同,不同地区人们的着装总体风格就出现了差异,不过,现在越来越风行的连锁店经营模式使得这种地区差异也在逐渐缩小。你会发现不同城市的大型商场里销售的服装品牌大同小异。

(三) 个人及家庭因素

个人因素对服装选择的影响最为显而易见。一个人在服饰方面的价值观,如是否重视仪表、是否尊重服饰礼仪决定了其在服装选择及管理上将花费多少精力、金钱和时间。个性、年龄、家庭背景和所受教育往往会影响一个人的审美趣味和品鉴能力。职业和社交活动的需要在很大程度上划定了我们的选择范围。同伴影响也常常左右我们判断。有时,借助同伴的眼光可以找到更合适自己的服装,但有时,同伴间的攀比会导致对名牌的追逐。家庭经济状况限制着家庭成员服装消费的额度,家庭成员具备的服装选择或制作的技巧又能帮我们节约开支,并打造个性风格。

第二节 服饰礼仪

一、我们为什么要注重衣着?

现代社会生活中,穿衣不再仅仅为了保暖护体,而是越来越注重服装带来的心理体验。合体的服装能让我们感觉良好、自在自信;别致的服装会让我们凸显个性、与众不同。在选择、搭配服装的过程中我们可以享受发现和创造的乐趣，表达对艺术和美的领悟和欣赏。

另外，服装还成了一种社会交往的语言和媒介。它能够透露有关着装者的信息，还可以传递对他人的态度；通过一致的服装我们更容易得到同伴群体的认同，通过变化的服装我们能更好地扮演不同的角色。服装还能调节我们的行为，例如当你穿上礼服，带上领结，就会自动收敛不拘小节的夸张行为，尽可能表现得温文尔雅。

总而言之，服装在现实生活中有着不可忽视的心理功能和社会性功能。如何让这些功能得到有效的发挥，在我们塑造自我形象和开展人际交往中助一臂之力呢？我们需要懂得并遵循一般的服装穿着的社会规范，也就是服饰礼仪。

二、不同场合的着装原则是什么？

着装的国际通用规则是 TPO 原则：T 代表 time，指时间；P 代表 place，指地点；O 代表 object，指或对象或目的。也就是说，当你在衣橱前选择要穿的衣服时，头脑里必须考虑以下问题：我什么时间，去什么地方，与什么人会面，做什么事。

具备场合意识是合理着装的先决条件。我们的日常生活中可能进入的场合可大致分为以下几类：居家场合、街市场合、工作场合、聚会场合、旅行场合、运动场合。在不同的场合，对服装的要求是不一样的。

（一）居家场合

家庭应该是一个让人放松、减压的地方，家庭成员之间坦诚相对，不需要拘泥于繁文缛节。因此，居家服装的风格可以轻松、舒适、随意。无论睡衣、工作服或家居服一般式样宽松、面料以纯棉、真丝、麻等天然织物为主，好让身体尽可能舒适、不受约束。

家居服，尤其是睡衣，只适用于家庭内部，熟悉的家庭成员之间。一旦需要与外人会面，就需要换上其他较正式一些的服装，以示尊重。睡衣无论多美，都不应穿出家门。在宾馆的走廊上穿睡衣出现也是失礼的。

（二）街市场合

逛商店、溜马路是人们闲暇时光一种休闲方式。既然是休闲，就可以穿上舒适的便装。同时，在都市光怪陆离的街头，人们往往希望将自己打扮得花枝招展，不愿意在这个环境中显得落寞，年轻人更愿意借这个机会展示自己的独特魅力,毕竟这个场合的观众最多。时尚、别致、独出心裁是街市服装的特点,在这个场合,只要不突破着装规则的底线,一切都是允许的。这个底线是:(1) 不能邋遢。穿着皱皱巴巴,污垢明显的服装上街,不仅损害自己的形象,还反映出了对他人的不尊重,因为这样实在有碍观瞻,污染他人视线;(2) 不能内外不分。穿着内衣式的汗衫背心和短裤、浴室用的拖鞋是不该公开亮相的;(3) 不能过分暴露,甚至赤裸,这是文明意识缺乏的表现。

(三) 工作场合

工作场合并非千篇一律,不同的行业有不同的服饰传统,例如,服务业往往要求职工穿着统一的制服,娱乐业的员工可以穿 T 恤、牛仔裤、凉拖上班。同一工作单位不同的职务对着装的要求也不一样,例如:公司的推销员必须西装革履,而技术人员在工作间可穿便装。实际上这反映了我们在不同的情境中对服装功能的侧重,在服务性行业和推销业务中,你需要面对的是客户,你的工作本质上是人际交往,因此服装的社会性功能在这时就格外重要。你穿着正式,表示你对客户尊敬,而且你非常重视与他的关系。同时,正规的服装还传达了关于你自己和你所代表的公司的信息:你是个训练有素、自尊负责的员工,你的公司是个制度规范、管理有方的公司。这种无声的"开场白",有助于建立交际双方初步的尊重和信任。而从事程序设计、产品开发等工作的技术人员,上班时不需要经常与人,尤其是陌生人打交道。因此服装的社会性功能在这里并不能发挥效用。他们的工作强调思维的开拓和注意力的集中。身体不受服装的拘束和干扰,则更能服务于这个目的。

当然,总体上讲,职业场合的着装还是有一定普遍规则的。

工作毕竟是一个需要严肃认真对待的活动。所以在着装上要体现对这项活动的重视,不可过于随意。庄重、简洁、大方是职业装的基本风格。尽管你可以选择不同面料、不同款式,但一定要注意,服装的色彩应该柔和,不要过于耀眼或繁杂;剪裁线条流畅、合体,造型不宜夸张,装饰不能太多;面料以挺括、悬垂感好的为佳,不宜太薄、太透。职业服装穿在身上应该能发送这样的信息:我有良好的自我印象、自尊自信,我有良好的职业素养,能干、办事讲效率。

职业服装并不仅指传统的职业套装——西服上衣加西裤或西式短裙。你可能对套装存有刻板印象,认为它们都是古板、僵硬、拘谨、没有个性的。但如今的套装花样百出,可以适合不同年龄、不同个性的人的需要。青春型的职业装可以既活泼灵动又不失优雅;休闲型职业装舒适潇洒、易于搭配。传统型职业装保持了原来的端庄大气的特点，又在女装中添加了妩媚的色彩和玲珑的裁剪，在男装中增加了别致的细节和时尚的风味。

在职业场合除了选择合适的服装之外，还需要注意鞋、袜、包、首饰、化妆与发型和服装的协调搭配。

（四）聚会场合

日常生活中，任何人都免不了经历探亲会友、婚丧嫁娶、节日寿诞、典礼集会等应酬活动。聚会一般都有明确主题，或庆祝、或嘉奖、或欢迎、或送行，另外参加人数比较多，一般家庭聚会可能是亲戚朋友全家总动员，而社交集会的参与者则更广泛、人数更多。无论什么性质的聚会，都是比较重要的社交场合，因此人们参加聚会前通常都需要精心打扮，但具体的着装要求因其正式程度有一定差别。

聚会一般需要事先邀约，正式聚会更会提前发请帖，服装要求往往在口头约请时言明，或在请柬上注明。赴约者应该根据要求穿着合适的服装。

最正式的聚会服装应该是大礼服，穿着的场合是颁奖典礼、周年庆典、盛大宴会或舞会等。服装的整体风格必须庄重典雅、雍容华贵，与隆重典礼和盛大宴会的华丽场景相匹配。若选择西式服装，男士必须穿深色西服，最好是黑色西服，白色衬衣，打领带或领结，穿黑色系带皮鞋。正式的两粒扣西服，只扣上面一粒纽扣，也可敞着穿。两粒扣都扣上和只扣下面一粒扣都是不正规的穿着方式。女士必须穿曳地长裙，戴首饰，穿浅口礼服高跟鞋，面部需化妆，长发应盘成发髻，短发应梳理齐整。女士切忌穿长靴，或披散头发入场。若选择中式服装，男士可穿深色中山装，衣扣一一扣好，领口的风纪扣也必须扣牢。男士无论穿西装还是中山装，都必须上下成套，用同一面料制成。女士可穿旗袍或长款连衣裙。民族服装在一般重大场合可作礼服用，所以在一些含有民族文化氛围的场合穿着唐装也是可以的。礼服的面料必须是华丽高档的，女士礼服裙更需要光泽度好的面料，并可以装饰以珠片、金属片来提升耀眼度。礼服裙的式样不限，以能体现穿着者的形体美，突出其优雅气质的设计为佳。

在西方文化中，去剧院看歌剧、芭蕾舞、听交响乐也是重大活动，应盛装出行。这些场合，也应该按照正式晚会服装的要求打扮自己，绝不能穿着牛仔裤、毛衣入场，更不能携带零食、饮料，边吃边看，否则会被视为对高雅艺术和艺术家的不尊重。

一般的社交聚会，例如小型酒会，可以穿小礼服。男士仍穿西装，但西服式样选择余地较大，颜色也不局限于深色，衬衣亦可选其他颜色。女士可穿小礼服裙，即式样别致的连衣裙或套裙。风格上有别于职业装的严谨，略多些体现女性妩媚气质的细节。一些职业女性，白天上班时在西服外套里面穿一件吊带裙，下班以后去参加聚会，只需要脱下外套，戴上耳环、项链，换上合适的高跟鞋，化上妆就行了。

家庭聚会场合，一般来说不需要正式服装，但也需要比平时略讲究些。尤其当要去探访别人时，需要考虑探访场合、被访者的身份和你们之间的关系。拜访长辈时，可选择较为典雅的款式，裙子以中、长为宜，可选择淡雅、悦目的色彩，化妆以淡妆为宜。另外，参加婚礼、寿宴等活动时，应选择面料、做工考究些、款式别致一些的服装，但也不能哗众取宠，穿得比活动的主角还艳丽夺目。

（五）旅行场合

旅行时的服装应舒适、简便、易打理。旅行如果携带太多行李会很狼狈，因此准备行囊时，要尽可能精简服装数量。选择服装时应考虑其多功能性，可应付多种场合的、好搭配的衣服是首选。另外出门在外，洗涤熨烫不方便，应选择不容易起皱、易洗易干的服装。当然，最根本的还是要考虑旅行的目的，如果是商务旅行，服装的类型必须是适合会议、洽谈、社交的职业装和休闲装。如果是旅游度假，那就需要根据目的地的气候、旅程活动的特点来选择轻便、舒适的服装和鞋袜。

（六）运动场合

运动场合的着装规则最重要的一条是安全。运动中人的身体活动幅度大、强度高，衣着不当容易使人受伤。剪裁符合人体比例和运动要求的服装让人活动自如，柔软、有弹性、透气性好、吸汗的面料使人感到舒适、清爽。如今的运动服装品种很丰富，你可以选择适合自己身材和肤色款式和色彩，但一定记住，不能光图漂亮而束缚自己的手脚。合适的运动服装是能让你在运动场上挥洒自如、展现活力的服装。

其实，服饰礼仪的精髓就是两个字：协调。人与环境的协调，你与他人的协调。（崔荣荣，2007）在此时、此地、此景中，你是环境的一部分，你是群体的一分子，不突兀、不落寞、不格格不入。在华贵的大厅里，你光彩熠熠，与璀璨灯光相呼应；在会议室里，你端庄干练，与公事公办的气氛相一致；在酒吧茶座，你闲适自然，与周围柔和轻松的情调相融合。这时，你给人的感觉就是赏心悦目，容易对话，你自己也可在服饰的提示下更清醒地认识到此刻该扮演什么角色，结交朋友的门不知不觉中就打开了。

三、怎样搭配服装才美？

根据服装礼仪穿衣并没有限制我们发挥个性的空间。适合某一场合的服装有无数选择，搭配巧妙可以获得意想不到的美好效果。你可以通过学习服装搭配来形成风格、变化风格、展现自己多侧面的美和多层次的性格魅力。

（一）色彩搭配

服装给人的第一印象往往来自于色彩。色彩的视觉冲击力比较强，因此搭配服装首先要考虑色彩。色彩搭配包括一个人全部衣服之间的色彩协调。常用的搭配方法有以下三种：

1. 同类色搭配

同类色是指一系列的色彩相同或相近明度变化而产生的浓淡深浅的色调。将同种、同类色搭配在一起，有统一、融合的效果，最不容易出错，因此这是一种最简便的配色方法。同类色搭配的服装使穿着者显得文静娴雅，端庄大方，成熟女性穿着能表现优雅气质。

同类色搭配必须注意色与色之间的明度差异要适当。相差太小、颜色太接近的颜色容易相互混淆，缺乏层次感；相差太大，对比太强烈的颜色容易割裂整体。如浅淡的蓝色上衣与深藏青色裤子搭配时，明度对比太大容易给人以两个色块硬性拼接的感觉。这时，如果用天蓝色或湖蓝色加以过渡可以增强整体感和层次感。过渡色可以通过围巾、腰带、背包等饰物来起作用，这样调整起来也比较灵活。同类色搭配时，最好有深、中、浅三个层次的变化，少于三个层次的搭配就显得比较单调，而层次过多则容易产生烦琐的感觉。

2. 相似色搭配

相似色是指色环约90°以内的邻近色。如红色与橙色，蓝色与绿色。相似色搭配与同类色搭配一样，也能获得协调统一的整体效果，但它的变化更丰富，可以调配出各种不同的穿着效果。

相似色搭配技巧难度也比较大，搭配时你需要同时掌握色彩的明度、纯度和色相的变化。

3. 主色调搭配

这种配色方法可以采用各种对比色，但要确定一种起主导作用的主色。首先，你可以确定整套服饰的基调是偏冷还是偏暖。其次，选择某一颜色为主色。

主色应与整套服饰的基调一致。暖色调的服饰，主色应选暖色；以冷色为基调的服饰，主色应选冷色。主色在整套服饰中，面积应占较大比例，或占较重要的位置。最后，再选择多种辅色，大部分辅色要与基调的冷暖性质相同。此外，主色和其他较重要的对比色应具有相同或相近的明度。主色调搭配变化很多，应用范围也广，获得的效果也最容易令人惊喜。

在服装色彩搭配中，服装是主题，配饰的色彩起调整、辅助、点缀作用。整套服装的色彩最好不要超过三种：一主、一辅、一点缀。在颜色的对比上，要尽可能依据黄金分割比例，合理地分配色彩的位置和面积，从而获得匀称、平衡、协调的效果。

（二）体型与服装的协调

人的体型各异，如模特一般完美的身材几乎是百里挑一，大多数人在体型上或多或少都有些缺陷，但服装的巧妙搭配可以扬长避短，显得身姿挺拔，比例匀称。

根据肩、胸、腰、臀尺寸比例，一般人的体型可分为四大类：长方形、沙漏型、三角形和倒三角形。

1. 长方形（H型）身材

长方形身材又长又窄，四肢纤细。肩与臀的宽度接近，腰部位置较高，没有明显的腰线，整体看上去就像字母。这种身材的人一旦发胖，由于胸围、腰围、臀围等横向宽度较大，容易显得敦实笨拙，缺少曲线美感。

拥有H型身材的女性，最适宜穿流线感强的服装。一些肩部设计夸张，能表现臀和大腿，而又明显分出腰部的款式最能突出身材的优点，同时弥补腰部曲线不明显的缺点。

H型身材的男性，着装适应面较广，面料挺括、剪裁合身的服装有助于体现潇洒气质，肩部加宽加厚的版型能张显力度，弥补肩、臂肌肉不够强健的缺憾。

2. 沙漏型（X型）身材

X型的体态匀称优美，通常被认为是女性的理想身材。其特点是胸部丰满富曲线，胸围与臀围尺寸接近；腰围明显小于臀围，纤瘦而曲线流畅；臀部浑圆丰满；腿部修长而匀称。

X型身材本身具有完好曲线，在服装上可选择剪裁合身的款式，突出天然的轻盈、优美。上衣和裙子不需要过多修饰，以免看起来沉重。可强调腰部的线条，使用腰带，可以突出身形的玲珑有致。质地柔软、贴身的面料有助于强调臀部圆润的线条。

3. 三角形身材

三角形身材又称为"梨"型身材。这种体型在亚洲人中很普遍。其特点是肩部较窄、胸部较小、腰部纤细且明显，但臀部丰满、大腿粗壮，下身显得沉重。这种体型的人一旦发胖，重量大部分也将集中于臀部和腿部。

这种身材的人搭配衣服时，要注意避重就轻，将别人的注意力吸引到腰部以上。因此，上衣可采用纹理突出的材料、多层次设计和装饰以及鲜艳的颜色以使单薄的上身和沉重的下身取得平衡。腰部以下要加以掩饰，给予弱化处理。合身的长裤、直筒长裙可以起到这样的效果。另外，下装的颜色以单一的深色和含灰色调为宜。

4. 倒三角形身材

倒三角形身材的人，上身宽厚，胸部丰满，自肋部以下逐渐变窄，臀部比肩部窄，腿部苗条。这种体型对于女性来说，也是一种女性感特别强的体型，但由于胸部过于丰满会显上身沉重，使人的个头显矮。

这种身材的女性宜选择有后退感的色调，和纵向的花纹或装饰，以获得延长上半身的效果，同时将视线向下转移，从而可以突出臀和腿，以取得与上身的平衡。上衣要简洁，不要过于宽松肥大，领口不宜过宽或过低，避免高腰设计，否则会有头重脚轻之感。下配长裤和长裙效果较好，裙子采用褶裥装饰效果会更理想。

对于男性，这是一种理想的体型，特别能展现出阳刚之气。这种身材的男性比较适合穿着西服，年轻人休闲时可穿紧身T恤，能凸显健壮体魄。

无论何种体型，都可以通过合理的服装造型、色彩搭配来突出优点，表现出你自己独特的美。最关键的是具有接受并欣赏自己的自信态度，好坏美丑向来都没有一成不变的定论。

(三) 饰物与服装搭配

服装的色彩和造型决定了整体效果，而饰物则可以画龙点睛，甚至可以起到改变服装风格的作用。一般来说，饰物的形、色、大、小应由服装整体效果来确定。服装面料花色对比强烈，那么饰物与服装的对比也应强烈，反之，就应该弱一些。饰物的种类很多，包括帽子、鞋、袜、包、围巾、首饰、眼镜等。

1. 鞋

鞋虽然处于看似不引人注目的最底层，但是鞋子造型是否美观、穿着是否舒适，不仅关系到整体服装效果，还会影响你的仪态姿势。所以鞋在服饰中有着"举足轻重"的作用。

女式鞋的色彩款式众多，而且每一季都会有新的流行风尚。选择鞋时一定不能光看其本身是否漂亮，更重要的是看其是否能与你的服装协调一致。鞋不一定与衣服同色，过于追求色彩上的相同反而会显得呆板无趣。但颜色过分强烈的鞋子，会使人的视线集中于脚上，这样就打破了形象的整体性，有重点错位的不协调感。身材矮小和较胖的女性更应慎选跳跃的颜色。鞋的颜色与裤子的颜色接近，或光腿穿鞋时，鞋的颜色与皮肤的颜色接近，就能起到延伸下肢的视觉效果。鞋子的体积和重量不同会产生不同的视觉效果，鞋子越轻巧、造型越简洁，越容易显得双腿修长，体态轻盈。而笨重的鞋穿着不当会使纤细的腿显得更细，粗壮的腿显得更粗，夸大了体型的缺陷。款式和颜色比较经典、做工又考究的鞋，可以长穿不衰，而且易于与多种服装搭配。如黑、白、棕、米色基本款的鞋就比较百搭。

男式皮鞋的色彩相对单调，多以黑色、棕色为主，运动鞋的款式和颜色则比较丰富。男士穿鞋也一定要与服装风格相配。休闲装配休闲款式的鞋、运动装配运动鞋，西装一定要配皮鞋，正式场合的服装更要穿黑色的系带皮鞋。穿职业装或正式服装时，千万不能配露趾凉鞋。除了夏季浅色西服以外，黑鞋几乎可配其他任何颜色的西服，棕色皮鞋不能和黑色西服相配。一般来说，脚上的色彩应该是全身最深的颜色，这样才不会产生头重脚轻之感。

2. 袜

袜子与鞋子的颜色应相配，袜子的颜色应略浅于鞋子的颜色。穿浅口皮鞋，一般配薄棉袜或丝袜。若穿肉色丝袜，应选择尽可能接近自己皮肤的颜色，看起来比较自然。穿丝袜时，袜口一定不能露在裙摆或裤脚的外面。如果穿短裙，最好配连裤袜，这样可以保证在弯腰、下蹲时，袜子的边沿也不会露出来。花哨的衣服配单色的丝袜，而素色或纯度高的单色衣裙可搭配装饰感强的丝袜。秋冬季节，穿深色厚重的裙服时，配一双与裙子颜色相近的长袜，可以增加身材的修长感。若再配上同色的皮鞋，这种视觉效果就更明显。冬季穿裙装时，可配棕色、灰色或黑色的羊毛袜，肉色羊毛袜因缺乏透明感和光泽度而显得没有生气，而且颜色浅容易显腿粗。切忌在羊毛袜、甚至丝袜里面衬上棉毛裤，这样不仅看起来粗重，而且内衣的痕迹透过紧绷的袜子露出来，很不雅观。选择长袜，尤其是质地较厚的长袜，一定要注意其弹性，弹性不好的袜子在膝盖、腿弯处会出现褶皱，松垮不服帖，影响美观。

男士穿皮鞋时一定要搭配薄型的棉袜，颜色以略浅于裤子的同色系颜色为佳，切忌穿白色运动袜。夏季穿凉鞋时，光脚不穿袜。

3. 包袋

包也是服饰的一部分。手提包是整个外表形象中很显眼的一部分，如果包与服装、场合不相称，会很煞风景。

当你选择包袋来搭配服装时，应考虑包的设计风格、材质、颜色、体积大小、包带的长短，以及拉练、搭扣的装饰效果。合适的包背在身上，应该与服装融为一体，成为构成整体形象的一个部分。包的质量也很重要，配高档服装时，包袋也应该品质上乘。

包的形状大小还应该与人的体形相配。身材瘦小的人不宜背体积大的包，而身材丰满的人则最好不要选择小的手袋。冬季穿着厚实体积增大后也应该相应换上大一些的包袋。

包的材质、颜色的运用应与季节相符。夏季，尼龙包、麻布包、草编包、漆皮包都能给人清凉之感。浅色、冷色的包与夏季服装的主要色调比较协调。冬季，厚重的冬衣搭配存在感强的较大体积、色彩温暖明快的包，就显得平衡、匀称。

男士的皮包造型、色彩变化少，因此流行周期长，一只公文包可以用很多年也不过时。因此选择皮包时，应注意皮质、做工，以及拉练、搭扣等五金配件精良的产品，细节最能反映品质，品质优良的包搭配任何场合的服装都不逊色。

4. 首饰

首饰是现代女性常用的装饰品，项链、耳环、手镯等与服饰搭配得当，可以令人眼前一亮。首饰的佩戴应与场合要求一致，如工作场合一般不佩戴造型夸张、体积较大的首饰。而在社交聚会上则需要佩戴精美、夺目的首饰与礼服相称。首饰佩戴重"精"而不求"多"，只选择最能突出某种形象魅力的一件或两件饰品即可。

项链应该视上衣的风格，尤其是领口设计的特点而定。如果上衣领口处已经有很多醒目的装饰，就不要再锦上添花了。领部简洁，且整个上衣线条简单、颜色单一的服装，可以用形状别致或色泽鲜亮的项链来提升效果。项链的佩戴还要根据人的脸形、颈部、肩部的线条来定。脖子短的人应戴稍长一点的项链，尽量避免佩戴短而粗的项链。脖子长的人可戴叠层项链或带状项链。

耳饰如果与项链同戴，就要注意在材质、色彩与风格上与项链一致。耳饰的最大作用是平衡脸形。方形脸宜佩戴长形的或花枝形的耳环，三角形脸可选圆形的耳环，圆脸的人应选择耳钉等紧贴面部的耳饰。耳环的大小应与面部的大小成正比，颜色应与佩戴者脸部的肤色协调。

胸针的佩戴除了讲究色彩、造型、质地、风格与服装相配外，位置也有讲究。高位置，如领角处，可增加身体的修长感。

第三节 服装消费与管理

一、怎样购置合适的服饰？

选购服装是自我设计的过程，也是对服装进行再创作的过程。怎样从琳琅满目的商场货架上挑出最适合的服装，充实自己的衣柜，还是颇有难度的，在个人或家庭经济条件还十分有限的情况下更使如此。刚进入工作岗位的人更容易为找不着适合新角色的衣服而抓瞎。不必着急，这个衣柜工程可以一步一步慢慢展开。

第一步：查看衣橱

在购衣之前，用新的视角、新的要求重新审视衣橱。剔除那些你已经不愿再穿的，或违背目前着装风格的衣物，例如已经磨得起球的旧毛衣、稚气的连身裤等。但有许多衣服还是可以保留的，例如式样简洁、质地良好的衬衣、西裤，性格特点不明显的服装，如套头毛衣、针织开衫，还有一些不易过时的休闲服。

收拾好衣橱，留下了足够的空间后，你可以拟订一个计划，制订购衣次序，分出轻重缓急，避免超支。接着列出一个具体的所需衣物购置清单。

第二步：列出清单

刚就业的人一般需要购置以下衣物：

(一) **女性**

套装：至少三套，都配以裙子；如果经常外出办事或习惯穿裤子，另配上同面料、同款的裤子。

衬衫：可供一周5天工作日更换的衬衫，每件有不同质感的花色，其中必须有一件白衬衫。

长裤：一条深色毛料裤子，一条浅色便裤。

裙子：除了与套装相配的短裙，还可配置自己喜欢的颜色和款式的半截裙，和一两件职业风格的连衣裙。

毛衫：一件套头紧身毛衣，一两件套毛衫。

休闲上衣：一件深色上衣，一件运动夹克式上衣。

长外套：一件羊绒大衣，一件3/4身高长度的风衣。

鞋子：浅口深色半高跟皮鞋、浅色皮凉鞋、软皮坡跟休闲鞋各一双。

配饰：眼镜、丝巾、丝袜、皮包、手表、首饰、腰带等若干。

（二）男性

西装：正式场合穿着的西装一套。一般工作场合穿着的西装一套；周末和非正式聚会场合穿着的休闲西服一两套。

便装：一两件夹克衫或取代西装的短外衣；不同厚薄、不同颜色的羊毛衫两三件。舒适柔软的长袖T恤衫两件，短袖T恤衫两三件。

裤子：春夏和秋冬季各有两条常规颜色的正统西裤。裤子的颜色和款式要易于与上衣搭配，牛仔、条绒、纯棉等质地的休闲裤至少三条。

衬衣和领带：至少应有三条领带，且质地要好，还可以准备两条围巾。七件以上衬衣，浅色和深色都应备有。

外套：大衣和风雨衣一两件，休闲外套一件，喜欢外出活动的也可多备两件。

鞋袜：正装皮鞋至少两双，其中黑色、棕色各一双，运动鞋、高帮皮鞋各一双。黑、白、灰色系不同质地的袜子多双，以便与裤子等搭配协调。

皮具：上班用公文包一个，优质钱夹一个、皮带一两条。

需要说明的是，这不是一份一次性采购清单，只是一个计划清单，所需衣物由你根据自己的经济情况逐渐置办齐全。另外，这只是一个根据常规列出的样本，每个人的工作性质不同，对服装的要求也不一样。你需要根据自己的职业特点、生活习惯和个人喜好进行增减。但无论怎样，衣柜工程的原则是："宁可少而精，不可多而滥"。具备了基础配置，只要结构合理，就足以应付各种场合了。

第三步：确定标准

各类衣服的选择余地很大，如果不注意把衣服的式样和颜色统一在一定范围内，就很难搭配，因而你还是会经常觉得少一件衣服。所以你要将你衣橱里的衣服作为一个系统来考虑，选择相互搭配性强的单品服饰，这样你的所有衣服就能互动起来，帮你轻而易举变换出丰富的形象，你还可以因此节约开支和时间。

为了便于搭配，你衣橱里始终坚持以一到两个颜色为中心。职业服装常用的色调有：黑白对比、灰色系、蓝色系、驼色系、红色系。你可以选择一到两个你喜欢并且适合你的色调，然后置备所有基本服饰时都尽可能围绕着中心色调。但要注意在一个色调中不同明度的变化以增加层次感。为了突出整体形象的活力，可以配以少量的高明度、高彩度的小饰品作为点缀。

纯色或带有漂亮图案的衣服虽然醒目，但它们只能作为主体衣饰之外的调剂品，如果满橱都是这样的衣服，就很难把它们协调地搭配起来。

选择剪裁得当、做工精细的服装。服装的价值感往往通过工艺性来体现，流畅的版型、规整的纤缝，都是考察服装是否优质的指标。尽可能购买高品质的服装，它们不仅耐穿，还能为你创造良好的形象。

面料除了注重品质，还应易于打理。真丝和纯羊毛制品虽然好看，但你自己在家不易打理。高科技的染整和新型纺织技术，正在改变合成面料的手感和质感，只要外观效果好，不易起皱又便于清洗的面料，就是好选择。

第四步：采购衣物

在购买衣物之前，一方面多通过各种媒体充实对服装的知识，培养鉴赏能力；另一方面熟悉服装市场的行情，了解服装品牌、价格方面的信息，这样购买衣服时方向比较明确。

品质高的衣服购买时虽然一次性花费较高，但其经典的式样、优质的面料、精良的做工使它的款式流行周期也远远超过其他一般衣服，而且它提升形象的功效也是一般服装无可比拟的。因此，长远看来，购买精品服装可以以一当十，还是比较经济的。

购衣时尽可能在自然光线下认定色泽，因为商场的灯光有时会使衣服的色彩失真。所以，如果可能，最好把衣服拿到自然光线下辨别颜色，对于黄色和柔和色调尤其要小心。衣服一定要试穿，这样才能看出服装颜色是否与自己的肤色协调，款式是否合乎身材。目测难免会有偏差。

购衣时，除了要注意尺码合身之外，还要特别注意做工的细节，如布边的缝合、格子、条纹的接缝是否整齐，纽扣是否牢固，扣眼是否均匀，拉链是否滑畅，有无线头绽在外面，里料是否服帖等。

购衣需要有耐心。不要奢望在一家商店就买到需要的衣服，有时逛了半天还是空手而归。但是好衣服往往是可遇不可求的，也许不经意中，可以碰上中意的服装。另外，还要货比三家，多跑几家商店，比较一下价位和款式，以用最少的钱买到最理想的衣物。

购衣更要避免冲动。不要在疲惫或心情沮丧的时候去买衣服，还要抵制大减价的诱惑。可以邀请眼光好又会算账的朋友一起去，这样可以减少选择的失误。

二、怎样管理自己的衣橱？

随着衣橱的充实、衣物种类的增多和服装品质的提高，对服装的科学洗涤、保养和收纳也就越来越重要。如果对衣物处理不当，有可能损坏织物，或影响服装的外观，因而缩短衣服的穿着寿命，降低其利用率。学会用正确的方法洗涤、保养和收藏服装，既不会为失去一件心爱的衣服而惋惜，也不会因为浪费了钱财而心痛。

（一）衣物洗涤

洗衣服看似简单，但想要达到好效果，需要学会根据洗涤各种织物面料、服装款式的特点选择适当的洗涤方法和洗涤剂，并按照正确的洗涤程序进行操作。

1. 洗涤方法选择

洗涤基本方法包括湿洗和干洗两种。

湿洗即水洗，就是用水洗衣服。但是，仅用水洗是洗不好衣服的，因为水的去污力不强，所以还必须借助于洗涤剂、温度和机械力才能把衣物上的污垢去除掉。一般面料和服装均可采用水洗，方便易行，适合家庭洗涤。日常水洗主要是手洗和机洗，也可手洗和机洗相结合。

干洗也叫化学清洗法，就是用化学洗涤剂清洗后，经过漂洗、脱水、烘干、脱臭、冷却等工艺流程，从而去除污垢脏渍。干洗法主要用于湿水后易变形、退色及质地精致、细薄易受损的面料和服装经干洗的服装不变形、不退色，能保持面料原有的质地和色泽。所以家中的高档服装最好送专业的干洗店处理。

2. 洗涤剂选用

凡是用做洗涤去污的用剂，统称为洗涤剂。家用洗涤剂主要有肥皂、洗衣粉、洗衣液以及羊毛、真丝、皮革等制品的专用洗涤剂等。这些洗涤剂各有特点，清洗衣物时应根据衣物面料的特质选用合适的洗涤剂。使用时应根据使用说明进行操作。

3. 水洗程序

（1）洗前准备

首先除去附属物，如易脱落的钮扣、装饰物等，将口袋内东西拿出。然后进行检查分类，按照衣物的面料、颜色、色牢度、厚薄以及脏净程度等分开，根据不同的情况采取不同的洗涤方法。

（2）浸泡预洗

洗涤前最好把衣物放在冷水内浸泡一会儿，可使附着于衣料表面的尘垢和汗液脱离进入水中。同时水分子可充分渗透到织物内部，将组织间隙中的污垢挤至布面，便于去除，从而提高洗净率。浸泡预洗还可以发现一些水洗牢度较差，易脱色的织物。浸泡时间随具体服装和面料而定，棉、化纤织物一般浸泡 10~15 分钟，丝绸 5 分钟，羊毛制品 10~30 分钟为宜。

（3）洗涤

洗涤要要注意顺序，做到"三先三后"，即先浅色后深色，先小件后大件，先比较干净者后比较脏者。用洗涤剂洗净后，再用清水反复漂洗，彻底清除织物中的洗涤剂和残留的脏污。

（4）脱水

漂洗干净后可用手绞、压干、甩干、吸干等方法脱水。易变形、易破损的粘胶纤维织物，高档羊毛织物、轻薄的真丝织物，勿用力拧绞，可甩干脱水或自然沥水。对于免烫的化纤及化纤混纺衣料，甩干易造成不平展，最好挤除或压干脱水，展平后悬挂干燥。

（5）晾晒

晾晒方式影响织物的质地和穿着。过去一般采取日光暴晒，但日光对某些织物的强度、手感、光泽、颜色等都有损伤，特别是真丝、羊毛、锦纶、丙纶等织物。科学的晾晒方式是：

1）悬挂：质地较轻、不易变形的衣物可用衣架撑挂，或衣夹夹挂。厚重衣物要选择承重性大的衣架或衣夹，易变形的衣物可平摊或装入网袋内晾至半干再悬挂。

2）干燥：棉、麻、腈纶、涤纶衣料可直接日晒，但勿长时间暴晒。真丝、羊毛、锦纶等衣料应在通风处阴干。较厚的夹衣应内外层翻转干燥，若日晒，要将耐晒的一面朝外。切忌烤干、烘干。

3）预整理：衣物晾至半干，可进行一次预整理，将衣料轻轻拉伸平展，以便熨烫整理。

4. 污渍去除

服装在制作、穿着过程中难免会沾染污渍。去除污渍是一项细致而又慎重的工作，若处理不当，不仅影响服装外观，还会损伤衣料，因此一定要采取科学合理的方法。

（1）及时处理：衣料沾上污渍后要及时去除，时间过长，污渍会渗透到纤维内部与纤维牢固结合，甚至发生化学反应，以致不能去除。

（2）正确识别：要正确识别污渍，识别不清不仅去渍无效，甚至还会加重污渍程度。

（3）区别对待：根据污渍性质和衣料种类，选用适当的去渍方法和去渍用品。因为同一种污渍在不同衣料上，选用的去渍用品和方法各不相同。

（4）先试后除：为合理、安全起见，最好先选一小块同类布料或衣边内不明显处，用所选的去渍药品试一试，观察去渍效果和衣料有无变化，特别是对污渍来源或对衣料材质不了解时。

（5）由浅入深：去渍时动作要轻而快，认真仔细，用药适量，由污渍外围向中心擦拭，防止污渍扩散。

（6）注意安全：松节油、汽油、酒精等属易燃品，使用和存放时要远离火种。草酸要注意防毒，有机去污剂用后要加盖密封，防止挥发。

表6—1　　　　　　　　　　常见污渍的去除方法

污渍种类	去渍方法
机械油	将有油污的织物浸在汽油内揉搓，取出后用毛巾在污渍处稍用力擦拭，如有残迹，再用软刷或毛巾蘸少量汽油顺纹轻刷，最后用温洗涤液去残迹。若用湿米糠揉搓效果也较好
食物油	如油污面积小，则可用洗涤剂或衣领净浸泡10分钟左右搓洗，若还有残迹用软毛刷或布蘸汽油擦拭。油污面积大者要放入汽油中揉搓，然后用温洗涤液洗净
圆珠笔油	冷水浸泡后，用苯或四氯化碳擦洗，或用冷水浸湿，涂上牙膏加少量肥皂揉搓，再用酒精去除。也可用丙酮擦洗

续表

污渍种类	去渍方法
油彩、油墨、印台油	用汽油、酒精或二甲苯酒精皂搓洗,待色渍中油脂去掉后,再用低温皂洗即可
油漆、沥青、柏油	用苯、汽油或四氯化碳、香蕉水洗涤。污迹陈旧者,可将脏污处浸泡在乙醚与松节油的混合溶液中(1:1)或120号溶剂汽油中。污渍泡软后,再用苯或香蕉水等去除。最后用温洗涤液清除残痕
鞋油	用汽油、松节油或酒精擦拭,然后用洗涤液去除残痕。白色织品用汽油湿润揉搓后,再用10%氨水或含氨的浓皂液洗涤,最后用温清水清洗
红墨水	新渍,用冷水浸泡洗去浮色,再用洗涤液浸泡15分钟左右搓洗即可。陈迹可先用洗涤剂洗涤,再用10%的酒精溶液搓洗或高锰酸钾溶液洗涤
蓝墨水	新渍立即浸于冷水中,用肥皂搓洗即可除去。陈渍用2%草酸温热液(40~60℃)浸泡20分钟左右,然后用洗涤剂搓洗。用煮熟的米饭搓洗也可
墨迹、碳素墨水	新渍先用温洗涤液洗涤,再用米饭粒涂于污处揉搓。陈渍先用温洗涤液洗一遍,再把酒精、肥皂、牙膏按1:2:2比例制成的糊状涂于污处反复揉搓
蜡笔或复写纸渍	用酒精擦去污渍,并用温热洗涤剂搓洗,再用清水漂净
水果、瓜汁渍	清淡新渍可马上浸入食盐水内揉洗即可。浓渍或陈渍可用冲淡20倍的氨水擦拭,再用洗涤剂揉洗。丝绸衣料可用酒精或柠檬酸或肥皂搓洗。呢绒可用双氧水或专用洗涤剂
青草渍	新渍应立即浸泡在冷水内,用肥皂揉搓洗涤。陈渍可用柠檬酸溶液浸泡,再用洗涤剂揉搓。白色棉、麻涤纶织物,先皂洗,再用双氧水、次氯酸钠氧化去除。白色丝绸和羊毛织物用双氧即可去除
茶渍、咖啡渍	先用冷水浸泡,再用温洗涤液搓洗,如有残痕,用水、几滴氨水和甘油制成的混合液擦拭。丝、毛织物不用氨水可用10%的甘油溶液去除

续表

污渍种类	去渍方法
酒渍	新渍用冷水即可去除。陈渍用硼砂水溶液加入2%氨水的混合液擦拭。丝、毛织物用3%~5%的草酸溶液洗涤
酱油	新渍用冷水浸泡,再用肥皂或洗涤剂清洗。陈渍可在洗涤剂中加2%氨水或硼砂洗涤。丝、毛织物可用10%的柠檬酸洗涤
奶渍、血渍	不能用热水洗涤,以免遇热凝固,无法去除。新渍用冷水浸泡15分钟,在污渍处涂擦肥皂或用加酶洗衣粉搓洗。陈渍先用小刷蘸汽油涂擦,去其油脂,再将脏污处浸泡在1份氨水和5份水配成的溶液中轻轻揉搓,然后用洗涤剂清洗
汗渍、尿渍	可将污渍处浸泡在浓盐水中约10分钟,然后用洗涤剂搓洗。也可用1%~2%次氯酸钠氧化去除,然后用大苏打溶液漂洗。用5%的稀氨水和5%的醋酸溶液轮换擦拭也可去除污渍,但不适于丝、毛织物
化妆品	口红渍、胭脂渍、眼影渍等可用溶剂酒精加皂片配好酒精皂,必要时加入少量二甲苯。或用汽油擦拭,再用温洗涤液洗除
铁锈	用1%的草酸溶液搓洗,清水漂净。或用去锈药水搓洗
霉斑	新渍先用刷子刷净,再用酒精擦拭,然后漂洗干净。陈渍可在稀氨水中浸泡几分钟,用高锰酸钾溶液处理。丝绸可用柠檬酸液洗涤。白色羊毛织物和丝绸可用双氧水或保险粉处理

(二) 衣物熨烫

衣物经洗涤,尤其是水洗后,由于纤维吸水膨胀或收缩,加上洗涤剂和机械力的作用,使衣物发生变形,影响外观和穿用价值。衣物洗涤后进行熨烫,不仅可以克服因上述原因引起的服装变形,恢复服装的原状,而且又可杀灭病菌,有利于人体清洁健康。

家庭一般应购置基本的手工熨烫设备及工具,包括熨斗、烫案、小穿板、水布、喷水壶、棉馒头、手骨。

熨烫过程中，温度、湿度、压力、时间和冷却等因素相互作用，影响熨烫的效果。熨烫既然是热定型，因而温度在熨烫过程中起着主要作用。一般来说，熨烫效果与温度成正比，即温度越高，定型效果越好。温度过低，水分不能汽化，无法使纤维中的分子产生运动，达不到熨烫的目的。但温度过高，超过纤维的承受范围，会引起织物熔化、炭化或燃烧。因此关键是根据纤维的种类掌握适宜的温度。可以购买自动调温熨斗，它带有温度调节装置，注明"麻""棉""毛""丝""合纤"等字样，可根据织物种类调至相应温档。

熨烫不同面料的方法也有差异，表6—2中列出了各种织物熨烫的注意事项。

表6—2　　　　　　　　各类织物熨烫的要点

纤维名称	熨烫要点
棉	容易熨烫，不易伸缩走形。半干、喷水或垫湿布时，可高温熨烫。一般浅色的可直接熨烫正面，深色的宜熨烫反面以免出现"极光"。起绒织物要垫布熨烫，勿重压
麻	喷水、垫湿布可高温熨烫。褶裥处不宜重压熨烫，以免脆化
羊毛	适宜在半干时从反面熨烫，也可垫干布或湿布熨烫，以免出现"极光"。绒面类织物最好使用蒸汽熨斗，勿重压，防止绒毛倒伏。厚重型织物可用力稍大些，时间稍长些，保证由表及里充分定型
丝	半干时在反面直接熨烫，如熨烫正面需垫湿布，以免温度过高引起泛黄或变色。缎面丝绸易擦伤起毛，应熨烫反面。质地较厚的织物可先烫反面，再从正面修正。丝绒类织物宜用蒸汽熨斗冲烫，防止绒毛倒伏。薄型丝绸熨烫时间宜短，且熨斗在一处要不停移动。柞丝绸不可喷水或洒水熨烫，否则会出现水渍
人造纤维	最好使用蒸汽熨斗，粗厚织物的熨烫方法与棉织物相同，但温度稍低些。轻薄织物需在反面垫布熨烫，以免烫焦烫黄。熨烫时不宜用力拉扯，防止变形走样
涤纶	温度不宜过高，一般织物轻熨即可。深色织物宜熨烫反面，以免引起变色
锦纶	在反面低温熨烫，温度过高会收缩、发黏、变色
腈纶	必须干烫，喷水、垫湿布会引起湿热收缩，温度过高也会发生收缩

水分可使纤维润湿、膨胀、伸展，在热的作用下易于定型，因此织物含有一定水分进行熨烫，定型效果较好，特别是毛织物、化纤织物和皱褶较多、旧痕明

显的织物采用湿热定型,能快速见效。给湿方法有直接喷水、垫湿布、蒸汽熨斗的给湿加热同时进行。在日常生活中,洗涤后的服装可在晾至八九成干时,不加湿直接熨烫或垫干布熨烫,同样可达到湿热定型的作用。

温度和湿度是熨烫定型的重要条件,除此之外,加上一定的压力,可迫使织物伸展或弯折成所需形状,使构成织物的纤维朝一定方向移动。一定时间后,纤维分子在新的位置上固定下来,即达到定型的目的,从而织物平整或形成折裥等。

衣物熨烫也应遵循一定顺序,这样可以省时省力。

男衬衫的熨烫顺序是:左右前襟内贴边→托肩→衣领→左右袖→后身(内侧)→右前襟→左前襟→挂起或折叠。

女衬衫的熨烫顺序是:左右前襟贴边→左右袖→领子→后身→左右前身→折叠或挂起。

裤子的熨烫顺序是:反面兜布→左腿→右腿→正面腰部套在衣板头部进行改烫(垫布)→左前片→左后片→右前片→右腿内侧→左腿内侧→右腿外侧→左腿外侧→挂起。

连衣裙的熨烫顺序(分钻身和开身两种)

钻身的顺序是:先将裙内拼缝烫开→领子→左右袖(圆袖)→整前身→整后身→下裙→挂起。

开身的顺序是:先将裙内拼缝烫开→领子→左右袖(圆袖)→右前片(包括肩)→左前片(包括肩)→左背→右背→裙下身→挂起。

羊毛衫、羊绒衫的熨烫顺序:左右袖子→前身(包括领子)→后身→折叠。

正规的服装标签上都印有服装洗涤、保养的提示标志,有了这些标志,你需要怎么做就一目了然了,但前提是必须能读懂它们的含义。

表6—3　　　　　　　　国际通用洗涤、干燥和熨烫标志

1	2	3	4
5	6	7	8

第六章 服装与礼仪

续表

9	10	11	12
13	14	15	16
17	18	19	20
21	22	23	

注：1. 切勿用熨斗烫。

2. 只能用手搓，切勿使用洗衣机。

3. 波纹曲线上的数字，表示洗衣机应该使用的速度（通常洗衣机有9种洗衣速度）。波纹曲线以下的数字表示使用水的温度（摄氏）。

4. 不可干洗。

5. 可以干洗。圆圈内的字母，表示干洗涤剂的符号。"A"表示所有类型的干洗剂均可使用。

6. 熨斗内3个点表示熨斗可以十分热（可高达200℃）。

7. 衣服可以熨烫，熨斗内2个点表示熨斗可热到150℃。

8. 可以放入滚筒式干衣机内处理。

9. 不可使用含氯成分的漂剂。

10. 应使用低温熨斗熨烫（约110℃）。

11. 不可使用干洗机。

12. 可以干洗。"P"表示可以使用多种类型的干洗剂（主要供洗染店参考，避免出差错）。

13. 不可用水洗涤。

14. 可以使用含氯成分的洗涤剂洗,但需加倍小心。
15. 可以洗涤,"F"表示可用白色酒精和11号洗衣粉洗涤。
16. 干洗时需倍加小心(如不宜在普遍的自动化洗衣店洗涤。其下边的横线则表示对于洗过的衣服处理需十分小心)。
17. 不可拧干。
18. 悬挂晾干。
19. 滴干。
20. 平摊干燥。
21. 阴干。
22. 垫布熨烫。
23. 蒸汽熨烫。

(三) 衣物保养和收纳

保养和收纳衣物的基本方法如下:

1. 洗净、晾干

脏污的服装应洗净、晾干,晾透后再收入衣柜、衣箱,防止发霉、虫蛀。

2. 保持干燥

服装晾晒或熨烫后不要立即收入箱柜,应阴晾一段时间,待服装中湿气和热空气完全散尽再收藏。衣箱、柜一定要保持干燥,必要时可放些干燥剂。

3. 保持清洁

存放服装的箱橱要经常打扫,保持洁净。同时要检查箱橱四周有无缝隙,以免虫菌侵入。

4. 分类收藏

不同原料的服装对收藏有不同的要求,因此服装应按质料分类收藏。内、外衣也应分开收藏。

5. 合理放置

有条件的话,可将服装用合适的衣架撑好,悬挂在衣橱内,勿挤靠,有利于防皱。易变形的服装勿悬挂,可叠好平放。不具备条件者可根据服装的特点,按层铺放。原则是先厚、重,后薄、轻,易挤压变形的服装放在最上层;浅色服装应分开放置,或中间用白纸隔开。绒类面料的服装最好悬挂,以免绒毛倒伏而影响外观。精致高档的丝绸和呢绒服装最好用塑料袋包好或罩盖。服装应码放、吊挂整齐,不可胡乱堆放。

6. 防蛀

对于易虫蛀的丝绸和羊毛及其混纺衣料必须使用樟脑丸、樟脑精、萘丸(卫生球）等防虫剂。施放时勿与衣料直接接触，以免污染服装而产生斑渍，特别是浅色衣料。防虫剂最好用白纸、白布或塑料袋包好，包装严密的可用针扎几个小孔，然后均匀放置在衣箱、橱四周或吊挂起来。合成纤维衣料不怕虫蛀，不必放樟脑丸，更不能放卫生球，因为卫生球容易与合成纤维中的高分子发生化学反应，使衣料受损。

7. 经常查看

服装不能长期越季收藏，要经常在晴好天气时通风晾晒，驱除潮气。同时要检查有无污染、虫蛀、发霉等迹象，以便及时处理。

有些质地的服装，尤其是动物纤维织物和皮革服装，比较"娇气"，容易变色、变形、生虫、发霉，保养起来尤其要注意。而且这类服装价格都比较昂贵，如果保养不善，损失会比较大。可以参照表6—4，对这类衣物进行妥善保养和收藏。

表6—4　　　　　　　　　　　服装的保养和收藏

品名	保养方法	收藏方法
丝绸	1. 小心穿着，防污防损伤 2. 及时清洗，在通风处晾干，最好熨烫一遍	1. 衣箱要保持清洁干燥，防霉、防蛀 2. 这类衣物怕压，可放在其他衣物上层 3. 分色存放，防串色；花色鲜艳的服装用深色纸包好，防退色。白色服装用蓝色纸包，防发黄
羊毛服装	1. 呢料服装不要长时间连续穿着，以防服装弹性疲劳，变形走样 2. 换下来的毛料衣物应及时清除油污、尘土 3. 羊毛衫、羊绒衫不要拉扯，防变形。不宜水洗，防缩水 4. 紧贴羊毛衫穿的衣服应光滑，防起球	1. 干洗后收藏，衣箱（柜）四周应放入防虫药剂，防虫药剂要用白纸包裹，不要直接接触衣物和有机玻璃钮扣。在存放期间每1～2个月检查一次 2. 大衣或外套应悬挂收藏，避免服装变形 3. 毛衣用纸包好存放。不宜受压，保持松软
皮革衣物	1. 真皮衣物不能拉扯，防磨、防划 2. 最好干洗，在阴凉处晾晒，严禁暴晒，防变硬、干裂 3. 绒面皮装应用软毛刷除尘，脱色部位用麂皮粉补色。不能水洗	1. 真皮衣不能折叠，防折痕，或受潮而粘连。悬挂收藏 2. 经常通风去潮，保持衣服和衣橱干燥 3. 绒面皮装着色牢度低，应单独用透气性好的收纳袋包好收藏，防止污染其他衣物

另外，你需要根据居住地四季的气候特点，有重点的进行衣橱管理工作。例如在江苏地区，春季潮湿多雨，衣服最易发霉受损。穿过的衣物务必挂在通风处，洗净后晒烫干燥，再加以收藏。此时最关键的是保持衣柜的干燥。夏季气候炎热，人出汗多，衣物要勤洗勤晒。对要收藏的夏衣只要洗净、晒干、烫好即可，不必做特殊处理。收藏时，装入塑料袋中保存，可防潮气。秋季干燥但灰尘多，穿过的衣物要先拍去灰尘，洗净后，挂于通风处晾干。要用衣套或塑料套套住衣物，以免沾染灰尘。冬季湿冷、光照少，而冬衣厚且多，所以应选择放晴之日将衣物洗晒，再加以收藏。如果住平房很潮湿，衣物容易发霉，可将生石灰用布包好，放入衣柜，以防霉湿。

衣橱的建设和管理是一个长期工程，你需要将这一工作纳入你的家庭管理计划，形成习惯，这样才能保证既美化个人形象，又节约资源。

【思考与讨论】

1. 根据自己的体型、气质、肤色等个人特点，为即将举行的演讲比赛设计一款合适的服装。

2. 假设你将跟随导师坐火车从南京去北京参加一个国际学术研讨会，会议为期三天，议程包括：第一天上午的开幕式和全体大会、下午及第二天的分组会议和第三天的观光及闭幕晚宴。你的行囊里应该准备哪些衣物？请列出清单。

3. 小白在一家旅行社做导游，她的购衣原则是宁缺毋滥，非名牌不买。而她的同伴小黄则喜欢在小店买便宜而新颖的服装，可以常换常新。你更赞同谁的做法？为什么？

第七章

住宅与居室

本章将阐述家居选择的标准和考虑因素,介绍选购住宅的步骤和策略,以及家庭居室环境布置的原则和方法。

第一节 理想家园

一、理想的家居环境是什么样的?

居住环境对家庭来说十分重要,因为它不仅影响全家人的健康和安全,而且还关系到家庭成员的心理体验和关系协调。所以需要在力所能及的情况下,为家庭、也为自己创造良好的居住环境。那么什么样的住宅才称得上是理想家园呢?

(一) 安全家园

对家居环境的最首要、最基本的要求是安全。这里所指的安全具有多层含义。第一,房屋得结实牢靠,能经风挡雨,没有设计或质量上的硬伤。第二,住在屋里的人不受工厂废气的威胁,不受污水横流的侵扰,更不必担心有害物质的潜在危害。(陈利群,2007;刘慧杰,2007;刘凯,2007)简言之,远离环境污染。第三,治安良好,不让人担惊受怕。没有蟊贼出没,没有恶邻骚扰。第四,卫生状况达标,没有垃圾遍地,不见蚊蝇乱飞。第五,房屋应具有基本的舒适度，光线、日照、通风等能够满足人体的需要，冬季能避寒风，夏季能遮烈日。这样的房屋才能让人有安全感。

（二）便利家园

家的所在地应不至于每天下班时望家兴叹，归途漫漫带来的疲惫和不便会影响人的健康和情绪。虽然一般来说，一个家庭很难保证每个成员都能在早晨享受到30分钟内赶到工作、学习场所的待遇，但令每人每天都要在来回路途上耗费两小时的住所一定不是最理想的。

如果宅院地处世外桃源，远离闹市喧嚣，确实利于修身养性。但若方圆几里难觅三餐原料，出门除了自备座驾别无他法，这也一定是不宜常驻的居所。

住房面积大当然令人舒心。但倘若一个三口之家住十间屋，除了在接待所有乡亲时可大感欣慰，平日恐怕只会徒添打扫、维护的烦恼。

所以理想的住所应该是高效、实用且实惠的。

（三）亲密家园

一间屋、一盏灯是孤单的。但如果连成片，你就会觉得有了依靠、有了归属，更安全，心里更踏实。家庭住所最好坐落在一个友好的社区，最好距离亲友的家不太远，这样可以相互有个照应，可以经常来往，你的家就不是一座孤岛，而是一个可借以拓展和维系社会关系的大本营。

（四）个性家园

都市里的住宅楼面孔大多很相似，但推开门，每一家都别有洞天。住宅是你和家人的私有领地，因此即便是租住的房屋，也最好可以允许你根据自己的意愿和需要安排使用空间，好让你在创造家园时表达自我。你的家除了具有全家共享的方便设施外，最好能给每个人留一个角落，开辟内心的花园。所以理想的居所一定是最适合你的家庭，最能反映你家独特的生活风格的，同时又是最能体现对每个家庭成员个性尊重的。

（五）美丽家园

居所的美不在豪华、高档，最重要的是跨入家门有敞亮松快、悦目舒心之感。局促的空间通过合理的规划和设计，也可以达到这样的效果。令人压抑烦躁的凌乱拥堵，可以通过空间的巧妙利用来改变；单调古板的陈设布局可以通过恰到好处的装饰来增添生气；杂物横陈的院落可以通过清理和花草种植来扮靓。视觉上给人以美感的环境，能带来心理上的愉悦和满足，这对良好家庭氛围的形成是极为重要的。

二、影响家居选择的因素有哪些？

创造美好家居环境的第一步就是要选择在哪里安家。这对任何家庭来说都是一个重大决定。买房还是租房？住在市区还是城郊？选择多层还是高层住宅？这些问题没有标准答案，因为影响住房决策的因素多而复杂。

（一）宏观因素

从宏观角度看，影响人们的居住模式和住房决策的因素有：（1）政治因素：至少包括政治稳定性、政治连续性、战争风险、政党体制等；（2）经济因素：包括宏观经济因素，如国民经济水平、通货膨胀情况、投资状况、金融环境、市场因素、物价因素税收、工商行政现状、房地产行政政策；（3）法律因素：合同法、公司法、审计法规、税法、房地产法、产权法、建筑法等。

房产业本身的发展状况和趋势更是直接影响个体家庭的选择范围和消费行为。这其中的因素包括（1）房产业结构：房产业在国民经济中的地位、房产业的发展前景、房产业对建筑、建材以及经济的推动作用；（2）房产业现状：房产业内的最大几家企业现状、房产企业常用的营销手段、房产企业扩张态势；（3）房产业政策：城市房产业发展规划，鼓励和限制房产业的相关政策、配套设施和设备的物价水平等。简言之，房产业发展的前景，尤其短期内房产业的走势，在家庭住房决策上有很强的杠杆作用。

（二）微观因素

从个人与家庭的角度来看，个人因素，包括个体差异、家庭生活方式、家庭发展阶段、家庭构成、工作模式、家庭的特殊需要（如家有年迈老人或长期疾病、精神疾病患者等）、流动性，决定了每个家庭的具体需要。个人与家庭资源因素，包括时间、精力、金钱、才能和技能，在很大程度上影响家庭住房选择的实施行为。经济因素，如房屋成本（购买、装修、维护）、融资可能性等，往往成为家庭住房决策的重要限制性因素。

待选住房的区域特点，如区域发展趋势、交通规划、区域基础设施：基本的能源、道路、邮电通信等；社区资源和公共服务：医疗条件、教育条件、商业娱乐设施、安全设施（消防和警察）、人文环境等，都是影响家庭住房决策的重要因素。

对于不同个人，影响因素是不一样的，如上班族将交通、周边商业分布看的比较重要；而退休老年人对居住环境的安静、娱乐设施较为重视。综合考虑自己家庭的实际情况，确定影响因素的先后次序，才能保证最大程度地满足家庭成员的需要。毕竟安家落户，无论从经济角度，还是生活角度看，都是家庭的头等大事。

第二节 安家落户

一、怎样选择合适的住所？

在考虑这个问题之前，每个人或每个家庭都需要问自己一系列的问题：我要住什么样的房？我要在什么地方居住？我通过什么渠道才能获得比较理想的住所：买房、租房或是造房？我为什么要买房？我是不是必须要买房？

其实，安家并不等于买房。租借也可以是解决住房问题的渠道。在很多其他国家，有相当比例的家庭是住在租来的房屋中的。在我国的农村地区，大多数家庭是自己造房的。在 20 世纪 90 年代房屋改革实施之前，我国的很多城市居民是依靠单位分配的房屋安家的。不过目前，在我国很多城市中，购买商品房居住已经一种非常普遍的安家模式。

如果你和全家人确定了必须购买房屋，那么怎样才能获得理想的结果呢？你可以根据以下步骤进行选购：

第一步：明确购房目的

购房的目的除了自己居住，还可能有增值投资目的。不同的购房目的将决定你购买什么样的房子合适。如果出于投资目的购房，你需要选择增值空间大的房产，包括新开发楼盘或二手房。为了家庭居住而买房，你就应该考虑房屋是否能满足个人居住所需的交通、社区环境、安全、购物、人际交往等需要。不同的人对房屋的功能要求不一样，重视的指标也不相同。当无论怎样，为安家而购房，一定要首先考虑在资金支付和偿还能力许可的情况下，首要关注房屋对家庭生活日常需要的满足程度，然后再适当考虑投资效益。

第二步：明确家庭需要

家庭的规模、结构，也就是说家庭的人数、年龄，家庭关系种类，往往决定你需要多大面积的房子，几间屋子。家庭成员的工作地点、就学、就医的需要决定了你最好在什么区位购买房屋。你家庭的生活方式也影响你对住宅周边环境、商业设施、娱乐设施、社区服务、交通条件的要求。你的家庭经济条件决定你能用多少钱买房，而你选择的区域将决定你的这笔购房预算能够买到多大面积的房子。最理想的住宅是能面面俱到地满足你的一切需求,但这种可能性极小。所以,你必须对所有需要进行排序,确定哪些是不能将就的,哪些是可以退而求其次的。当你基本确定了将在哪些区域购买房屋,能够买多大面积的房屋后,就可以更有目标地去寻找合适的楼盘,了解更确切的信息。而且,有了比较清晰的、合理的思路后,你不容易受到销售人员竭力推销的干扰,也不容易因要求过高屡屡受挫而沮丧。

大多数家庭购房时,首要考虑的是房子所处的区位。位置好坏主要是依据以下几个条件来判断的:

1. 交通条件

交通条件是考察位置好坏的一个非常重要的因素,位置的远近,现在已不仅仅是一个空间概念,更主要是一个与交通条件相联系的时间概念。考察交通条件主要是看:

(1) 道路设施:包括道路的种类、密度和等级,以及道路宽度、路面状况、开口的多少等方面。

(2) 公共交通:包括公共电汽车、地铁等公共交通的路线数,与市内各主要区域联系的广泛程度,使用出租车的方便程度。

(3) 交通管制:包括行车路线、方向、时间、速度限制及车辆种类限制,是否有停车场及有多少停车场。

2. 生活服务设施

生活服务设施可分为两大类:

(1) 商业服务设施:包括综合性及专业性购物中心、百货商场、副食商场、菜市场、饭店、银行储蓄、邮政,以及服装加工、家电维修等小型修理服务门店。要注意的是,在新建居住区中,往往是规划中有各类设施,但因社区规模小、人口少实际没有建成。

(2) 文教体卫设施:包括学校、图书馆、书店、剧场、电影院、体育场馆、医院、保健站等。对这些设施除要考察规模外,还要重视其服务、管理水平、对外声誉和知名度等方面。

3. 市政基础设施

市政基础设施包括供水、供热、供电、供气、通信、环卫等方面。购房时你应该尽可能在那些各种市政设施齐全的地段挑选房子,这些地段一般位于城市主干道、次干道附近,否则有些市政设施难以接通,将给生活带来很大麻烦。

4. 周边环境

除了考虑住宅周边空气清新、景观优美之外，还应注意这一区域的社会风气和治安状况。

第三步：了解房市产品

要了解你所在城市的整个房产业的行情。哪些房产不错？合理的价格是怎样的？哪些房产公司的信誉不错？

对房产公司的状况进行摸底是十分必要的，因为它们是产品的缔造者，公司的实力往往影响产品的质量。购房时，尤其是购买期房时，尽可能选择企业实力雄厚、市场份额大、信用度高的房产公司的产品。当你在审查房产公司背景时，应特别关注：企业营业执照、注册资金、股权结构；企业信用状况；过去三年的经营状况；品牌及其美誉度；企业风格；企业开发产品的历史。你还需要了解开发商的真实性、信用状况、现实资金使用状况，以及楼盘合法性，包括土地的合法性、小区规划的合法性、小区建设的合法性等。

此外，你需要考察房产产品的现状：考察楼盘价格、地理位置、质量等，明确价格与地理区域的关系、楼盘价格与企业的关系。每一片楼盘就是一个房产公司的系列产品，每一幢房屋就是一个成形的产品，其特点决定了产品的竞争力，进而决定了房屋的价格。价格是决定产品的一个重要因素，确定影响价格的各类因素能有效的节省钱。

你还需要了解你初步选择的房屋主要购房者的现状：决定因素、居住人口结构、经济能力、工作状况、决定购房的主要关注因素、生活特点等。了解了竞争者的价格支付能力，对你商谈成交价格有利。而且，这是选择邻居的一步。

针对具体的情况，在各类因素比较全面和对楼盘基本情况较为了解的情况下，可以确定具体的房屋。

第四步：选定房屋

在候选的房屋之间做比较，你需要考虑区、县经济影响因素以及街道社区人文环境、治安、交通；考虑家庭交往层面的地理分布；考虑商业、教育设施情况；考虑价格因素等。

在这个比较过程中，很多信息是通过开发商提供的售楼书来了解的。因此学会看楼书也十分重要，因为其中的信息不一定符合实际，是需要进行甄别的。

经过美化的楼盘效果图，不合比例的卡通式的交通位置图都不足信。随着彩印技术的不断提高，售楼画册越做越精美，但同时距离实际也越来越远。购房者应该注意,楼书上的平面图也有学问,购房时应由大到小进行阅读,首先应研究小区总体规划平面图,看清楼宇方向,确定小区的环境布局是否理想,是否有足够的绿化率与车位,楼与楼之间的间距是否够大,是否影响采光,仔细了解小区内外的道路交通情况,进出小区是否方便等。然后看整幢楼的平面图,最后看自己拟选购的单位平面图。

销售单上标注的价格一定要搞清,起价、均价、开盘价、清盘价各不相同,有时楼书上出现的价格只是供应几套的优惠价。另外,楼书上承诺的交楼日期、建设材料、配套设施等也可能在日后发生变化,因此签约之前一定要落实清楚。

对楼盘进行实地考察是很关键的。一般来说,你需要从两个方面进行考察:

1. 查微观外部环境

考察楼盘交通规划、周边道路、周边商场、便利店、水果店、理发室、浴场、菜场等外围环境。

2. 查楼盘内部状况

小区房屋分布及其合理性、小区内部道路、小区绿化、小区智能建筑系统、内部娱乐休闲设施、能源(燃气、电力、通信、网络)、停车场、安全防护和残疾人无障碍设施、邻居基本情况等。

你还需要确定房屋的具体指标:栋号、楼层、电梯、主卧朝向、房型(房间数量、客厅大小、卫生间数量)等。了解日照时间、穿堂风、噪声、私密性。一定要考虑家庭成员的需要,选择具体房屋首先考虑合适性,然后注意舒适性。

第五步:签订合同

选定了区域、明确了具体的房屋后,接下来就是签订合同了。然而在房产业并为充分成熟、房产立法并不完善的情况下,签订合同是一份比较麻烦但又非常关键的工作。寻求业内或有过经验的人是一个不错的想法,他山之石,可以攻玉!

签格式合同要注意:格式合同编制单位、合同编制日期、合同适用范围。要重点考察合同的合法性、全面性以及疏漏。填写合同是除了遵照规则注意填写人签章、公司法人章、合同专用章;金额清晰、大小正确;补充条款填写工整、合法;主要条款齐全之外,还应注意有关文件的准备和审查,付款一定要有发票,合同一定要留原件。另外,针对可以变更的地方从自己的角度以最坏的打算考虑问题。

第六步:关注期房进度

购房协议签好后,事情才刚刚开始。你在拿到房子钥匙入住之前还有很多事情需要操心。你要关心房屋建设质量、房屋开发进度:房屋地基、结构浇筑、外墙结构、门窗、内墙及粉刷；强弱电布线；道路；燃气；电力设施；绿化；娱乐休闲设施是否与开发商承诺一致。如果有可疑的地方，应该及时寻找将来索赔的依据和法律证据。

明确近期事宜：了解开发商对有关事宜的公布、手续办理时间和会议的召集。防止骗售：避免开发商违背信用或紧急财务危机导致的破产、逃亡等。关心房屋产权到位。

第七步：交房审查

交房时要进行质量验收，看房屋是否合乎质量、安全标准，是否合乎合同要约。预先列出验收表，逐项仔细检查。

建筑物室内验收：地面、墙面、顶面；进户门、阳台门；所有的窗户不漏水、密封严实；结构墙无贯通裂缝。

水的验收：上水均不漏水，出水顺畅；下水不堵，水流顺畅。

电的验收：强电灯泡、强电插座、弱电全部试亮、试通。

燃气的验收：明确是天然气还是煤气。

小区规划的集体验收：可以联合小区业主针对小区景观、道路、绿化进行验收。

表具确认：各类表具数量齐全、质量良好、运转正常。

领取钥匙和保修卡：钥匙包括：进户门（钥匙或智能卡）、防盗门、阳台工作间钥匙（如果有）、表具钥匙（水、电、邮箱）。钥匙审核：数量不缺、能对号打开。领取房屋保修卡、房屋说明书、业主公约等。

如果验收没有问题就及时签字。对于质量不合格的情况，可延缓签房屋接收书，及时向开发商反映并限期整改，一定要留存相关证据。如果开发商违背合同情况严重，最好是多名业主同时上报从而引起重视，并寻找法律支持。处理这类问题的原则是：以认真、审慎的态度，协商、协商、再协商，可以邀内行人士同行，然后再考虑投诉或起诉。

二、怎样选择合适的住宅户型？

选择理想家园一般需要经历上述过程，这中间有一个细节不可忽略，那就是考察房屋的户型，也就是一套房屋内部空间的建筑设计，包括居室功能区域（客厅、卧室、厨房、卫生间等）的面积划分、位置分布、房间朝向、门窗位置等。你在选择房屋时，可以通过看楼书中各种户型的平面设计图，或者在售楼处观察立体模型来了解房屋的户型特点。如果是现房或已经施工的房屋，你最好实地考察,这样你可以对房屋内的空间距离有更准确的感受。

过去的许多老户型,过于强调出房率,户型设计得往往过于直露、简陋。门内往往没有玄关设计,缺少室外与室内空间的过渡。这样一来,从外面把门一推,厅内景象就一览无遗,卧室、书房的私密性和安适度都受到影响,所以你买房时应注意避免此类户型。

比较理想的户型设计一般都重视功能分区明确,既有层次感又不设置过多隔断墙阻碍视线,或使用很长的过道而浪费空间。如进入户门以后,起居室分为会客厅和餐厅两个区域,卧室和起居室之间以一条较短的走廊连接,餐厅和厨房相连,卧室和卫生间相连,彼此之间既联系紧密又互不干扰。

住宅里不同房间门的朝向也很有学问。如卫生间的门向着客厅开,就不雅观,容易形成主客间的尴尬。各个房间的门最好不要设计成相对的形式,否则会影响各个空间的相对独立性和私密性。在起居室最好不直接看到卧室和卫生间的门。厨房和餐厅相连既自然又方便,可以设在靠近户门的位置。

窗户朝向关系到室内采光和温度。有老人、孩子的家庭尤其需要充足的阳光,因此,这样的家庭应尽可能选择朝南的卧室较多的户型。窗户还影响通风,所以厨房、卫生间最好也要有窗户。

"动静分开"也是体现户型设计成功与否的一个重要因素。如果去卧室、厨房、卫生间都要反复穿过起居室,起居室静态区域就会被打乱。同时,一旦起居室有客人,家中的所有成员都难以回避,这是在选择新居的时候应该注意避免的。

对于各功能区域的面积分配必须合理,如果空间过小,人在其中活动就会很局促;而过大,又会造成浪费。在衡量户型时,可以根据自己家庭的生活习惯和需要,想象一下,在各个房间里放上必须的家具、设备后,是一副什么景象,空间是否够用,人在其中行动是否自如;如果不完全合适,在装修时是否有改动的可能。

总的说来,考察户型应该主要遵循实用和适用的原则,选择最能提供便利生活的、最适合家庭实际情况的设计。

第三节 创造属于自己的家

一、家居装修时应遵循哪些原则?

目前,购买的房屋大多是没有经过精加工的毛坯房,需要自己根据个人要求和喜好来进一步设计、装修，才能入住使用。装修是一项艰巨且专业性很强的工作，你需要借助室内设计师和装修工程队的帮助才能完成。当然，如果你自己懂一些装修的知识，就能更好地与这些人员沟通，以达成合理的设计方案，获得满意的装修效果。把握以下两条基本原则，可以基本保证在装修时不会出现大的失误和遗憾。

（一）合理规划和利用家居空间

在装修设计中，首先要考虑的是家居空间功能的规划和利用（张青萍，2006）。虽然原来的建筑设计已经基本划分了各个功能区域，但那不一定符合你的家庭生活的实际需要，你就不得不做一些调整和改动。另外，每个区域内还应该进行功能的细分，这就更需要你根据自己的生活方式来进行规划了。而且，家居空间是一个有限的空间，我们需要在这有限的空间里挖掘它的最大容量。空间规划也是整个家庭内部环境营造的基础使它空间格局更合理，巧妙的空间运用可以使家居环境更温馨和舒适。

那么如何才能合理的规划和布置呢？

1. 空间分类

首先从空间的分类来看：主要分为虚实空间、动静空间和开闭空间。空间的划分因界面的种类不同而有所区别。有些界面可以把空间范围限定得非常明确，如一个由地面、墙面和顶面构成的客厅，就是所谓的实体空间；有些界面划分出来的空间范围不明确，其被限定的程度也很小，如沙发围成的视听区，就是所谓的虚拟空间。虚拟空间位于大实体空间之中，又是相对独立的，这样就避免实空间的单调和空旷，也不会让人感觉呆板和闭塞。

在家居环境中，人的生活是有动有静的，人们在喜欢静态空间的同时也需要一些动态的空间来调节和补充。活动的事物和富有动感的其他要素能使家居环境具有生机和活力，也利于人思维开发。

室内空间在结构上有相互联系的一个区域，不同功能空间应该有多大程度上的连贯或隔绝呢？应以各空间的功能性质来定。开敞式空间强调各功能空间的相互连贯和交流，它对空间的限定性小，通透性强；封闭空间强调与外界的隔离，具有明显的安全感和私密性。在室内空间设计中，既要保证家庭成员对安全性和私密性的要求，又要适当利用开敞的设计，以减少沉闷、压抑感。

2. 空间分隔

空间的分隔首先是结构分隔，即根据使用功能的需要对空间进行规划，改善居室原建筑结构的不合理。运用墙、隔断将空间重新划分，使空间具有足够的实用性、艺术性、安全性和私密性。

除了注重私密性的空间需要采用"实体"间隔外，客厅、餐厅和厨房等公共空间可以采用开放式的设计。在这些开放式的空间中，界定和分割空间的手段很丰富。空间的分割手法，目前大体有明示性分割和暗示性分割两种：

明示性的空间分割比较明显，如利用吊顶的形状、地面材料的变换来"锁定"某一区域。这种手法主要利用装修手段来完成空间的区分，但不影响整体的通透性，而是通过质感、形状和造型体现出来的风格。但这种分割方法是不能改变的，如果想调整则要大动干戈。

暗示性的空间分割则是利用家具的陈设、灯光的配置和装饰品的摆放来完成的。有时看似不经意的家具陈设，正是为分割空间而精心设计的。家具或饰物的摆放、与之相应的灯光配置、定位，以及明暗对比，可以使一个开放性的空间"脱颖而出"。暗示性的空间分割没有明显的界限，易于和其他空间相协调，而且变换起来也较为简便。

不管采用哪种分割方式，空间的层次感是最重要的。因为它可以削弱空间分隔的生硬闭塞，创造出一个贴切、宜人的空间意境。

（二）运用人体工程学的原理

住宅室内设计的空间尺寸，是影响空间利用的关键因素。使用空间的人数、每个人需要的活动面积、人的身体姿势、动作以及活动的过程等，都与室内的物体发生直接的联系。要给家庭成员创造安全、便利、舒适的活动场所，必须以人在室内空间中的比例尺度和活动规律为依据来进行设计。运用人体工程学的原理有助于空间布局的合理设计。

人体工程学作为一门独立的学科存在已经有 40 年历史，它是跨越不同的学科领域，应用多种学科的原理、方法和数据发展起来的。国际人体工程学会给人体工程学下的定义是：它是研究人在工作环境中的解剖学、生理学、心理学等诸方面的因素，研究人——机器——环境系统中的相互作用着的各个组成部分，研究效率、健康、安全、舒适等在各种环境中如何达到最优化的一门学科。人体工程学在室内设计中的应用是为了创造舒适、行动方便、符合人的需要的生活环境。

人体工程学研究的领域包括：（1）与人体尺寸、动作空间有关的东西；（2）与知觉有关的东西；（3）与人类的能力有关的东西；（4）与行走范围、行动模式有关的东西；（5）与群体行为、群体流动有关的东西；（6）与建筑安全有关的东西。

　　人体尺寸是室内设计的要素，人在每个空间中体积、位置、方向都是设计时应考虑的。所以在家庭住宅的空间布局和家具选择上，应特别注意家庭成员的身高体重、生活方式和行为习惯。例如，门的高度和宽度必须适合家庭成员的身高。书桌应朝向窗户或照明光源，睡眠的地方则要背向或侧向光源。在选择家具时，要确保家具适应家人的活动范围并符合人体健康的基本要求。也就是说，要根据人的活动规律、人体各部位尺寸和在使用家具时的姿势来确定家具的结构、尺寸和摆放位置。例如，在休息和读书时，沙发宜软且低些，使双腿可以自由伸展，求得高度舒适，以消除久坐后的疲劳。按照我国平均人体尺寸测算，写字台高度应为75～80厘米，考虑到腿在桌子下面的活动区域，桌下净高不小于58厘米。不符合人体尺度的设计，会给人的活动带来不便，增加人的疲劳感。如早期厨房的吊柜大都是迁就厨房天花板的高度，往往造成使用者必须踮起脚来或爬上板凳才能取放物品，如今厨房的橱柜完全根据使用者的身高具体设计，大大方便了使用者的操作。

　　所以在打造自己家的生活空间时，一定要细心地为每位家庭成员考虑周到，将他们的身高、作息规律、日常需要等信息提供给设计师，以便在空间布局和家具尺寸上有更贴心的设计。

二、如何装修各个功能空间？

　　当居室的功能区域合理划分出来之后，就需要考虑每个区域的具体设计细节了。现代生活的快节奏，高效率工作，办公空间的狭小和公共空间的拥挤，使人身心紧张，因而非常需要能放松身心、重新调整心态的居住空间环境。（李光耀，2001）因此，居住空间的设计应注重实用、简约、自然而环保，而非虚荣、烦琐、炫耀。

（一）客厅

　　人们对于家的渴望，不外乎于希望在这个环境里，能够享有亲情的温暖和生活的舒适。客厅是一个家的中心，是家人及朋友相聚谈心的地方，它的空间设计会影响到人的对家的感受。

　　过去我们追求大面积的客厅，是因为客厅发挥着社交场所和"娱乐场所"的功能。俗称家庭外交部。如今在家里应酬交际已越来越少见了，朋友、同事多在公共休闲场所会面。客厅则承担着家庭起居、娱乐的功能，在这个空间里，更加讲究家庭成员之间的亲近感（或者说是亲密距离感），这种客厅功能的变化，决定了其空间面积无须太大，以免产生空旷感。由于客厅变成了纯粹的居住空间，其布置可以很随意，这反而强调了客厅的私密性。

客厅一般划分为就餐区、会客区和学习区。就餐区应靠近厨房且尽量少用或不用隔断；学习区靠近客厅一角且大小适宜；会客区则要通道简洁、宽敞明亮，具备通透感。尽管没有明显的区域分隔界定，但布局上要合理，保证会客区使用功能不受影响。

客厅布置以宽敞为原则，最重要的是体现舒适的感觉。客厅的家具一般不宜太多，根据其空间大小需要，通常仅考虑沙发、茶几、椅子及视听设备即可。沙发和茶几是客厅待客交流及家庭团聚畅叙的物质主体。因此，沙发选择好坏，舒适与否，对待客情绪和气氛都会产生很重要的影响。为此，选购沙发前，应对空间大小、摆放位置等需作详细考虑。茶几是摆置盆栽、烟缸及茶杯的家具，亦是客聚时目视的焦点，因此茶几形式和色泽的选择既要典雅得体，又要与沙发及环境协调统一；使个性寓于共性之中，体现总体协调。客厅沙发的布置较为讲究。主要有面对式、"L"式及"U"式三种。

1. 面对式

面对式的摆设使聊天的主人和客人之间容易产生自然而亲切的气氛，但对于在客厅设立视听柜的空间来说，又不太合适。因为视听柜及视屏位置一般都在侧向，看电视时，对于主座位也要侧着头，是很不妥当的。所以，目前流行的做法是沙发与电视柜相面对，而不是沙发与沙发面对。

2. L式

L式布置适合在小面积客厅摆设，视听柜的布置，一般在沙发对角处或陈设于沙发的对面。L式布置法可以充分利用室内空间，但连体沙发的转角处是不宜坐人的，因这个位置坐着人产生不舒服的感觉，也缺乏亲切感。

3. U式

U式布置是客厅较为理想的座位摆设。它既能体现出座位，又能营造出更为亲切而温馨的交流气氛。就我国目前的居住水平而言，一般家庭还不可能有较大面积的客厅，因此，选用占地少而功能多的组合沙发最为合适，必要时可当卧床使用。如果家具是浅色的，效果就更好，可以使房间显得宽敞些。

客厅色调宜采用淡雅色调。向南的客厅有充足的日照，可采用偏冷的色调，朝北客厅可以用偏暖的色调，背阴的客厅忌用一些沉闷的色调。色调主要是通过地面、墙面、顶面来体现的，而装饰品、家具等只起调剂、补充、点缀的作用。一般来说，就餐区采用暖色，使家人或亲友相聚增加温馨感；而会客区既有不变的基调色彩，又要有因季节变换而变的动景（如画，装饰物）相配合。色调的统一对于面积小的客厅来说格外重要，因为受空间的局限，异类的色块会破坏整体的柔和和温馨。

厅内摆放家具会产生一些死角，并破坏色调整体协调。解决这一矛盾并不难，应根据客厅的具体情况，设计出合适的家具，靠墙展示柜及电视柜也量身定做，不仅能增大活动空间，还可在视觉上保持清爽的感觉。同时要注意，在地面处理上，要尽量使用浅色材料，避免深色吃光，也能增进客厅内的光亮度。

客厅的照明有两个功能，即实用性的和装饰性。实用性表现在诸如阅读报纸、看电视、玩游戏等，为它们提供恰当的，合理的照明条件和设备。装饰性主要用于营造气氛，如使用从高处投射而下的炫立灯打造华丽感，或用射灯表现工艺品可等。装饰性灯饰应选择艺术性较强的灯具，与建筑结构和室内布置相协调，勾勒出美妙的光环境。

用石膏在天花顶做造型，只要和房间的装饰风格相协调，效果会很不错。而且它价格便宜、施工简单。如果你的房屋空间较高，则吊顶形式选择的余地比较大，如石膏吸音板吊顶、玻璃纤维棉板吊顶、夹板造型吊顶等，这些吊顶既美观，又有减少噪声等功能。

地面装饰讲究统一，切忌分割。如果给不同的区域地面赋予不同的材质和色彩，会产生凌乱感。地面用一种材质一种"肤色"处理，能收到较好的效果。

起居室内织物包括窗帘、沙发蒙面、靠垫以及地毯、挂毯等。这些织物除了具有实用功能外，还可以增强室内艺术个性，可以调整室内装饰方面的不足，发挥其材料的质感、色彩和纹理的表现力，烘托室内的艺术气氛。选用织物，应考虑与室内的环境相协调，要能体现室内环境的整体美。窗帘的悬挂方式很多，应根据房间的实际情况和装饰上的要求进行选择。起居室地毯一般选用装饰性较强的工艺羊毛块毯来点缀会谈区，以强化空间区域和情调。沙发靠垫不仅有实用功能作用，而且可对房间起到很好的装饰点缀作用，其形状一般以方形为多，常用棉、麻、丝、化纤等面料加工，用提花织物或印花织物制作，也可拼贴图案造型。靠垫的色彩和图案必须与室内的整体气氛相协调。

陈设工艺品的主要作用是构成视觉中心，填补空间，调整构图，体现起居空间的特色情调。配置工艺品要遵循以下原则：少而精，符合构图章法，注意视觉效果。并与起居空间总体格调相统一。

总之，起居室的环境布置要因人而异，做到舒适方便、丰富充实，使人有温馨平和的感觉。每个家庭应从自己的个性特点和主人的兴趣爱好出发，发挥创造性，创造出最舒心的环境，使生活更富有情趣。

（二）卧室

卧室是人生度过一生三分之一时光的场所，摄气养神，均在于此。卧室并无大小的讲究，可谓"室雅何须大，花香不在多"。但格局一定要考究，卧室是睡眠、休息的地方，且是最具私隐性的空间。因此，设计时必须依据卧室主人的年龄、性格、志趣爱好，创造一个完全属于个人的温馨、宁静、舒适、私密的空间环境。

在卧室的设计上，追求的是功能与形式的完美统一，优雅独特、简洁明快的设计风格。在卧室设计的审美上，追求时尚而不浮躁，庄重典雅而不乏轻松浪漫。材料的多元化运用、几何造型的有机融入、线条节奏和韵律的充分展现、灯光造型的立体化应用，能营造温馨柔和、并带有浪漫情调的卧室空间。

卧室地面宜选用木地板、地毯或陶瓷地砖等材料。卧室的墙面宜用墙纸壁布或乳胶漆。卧室的顶面装饰，宜用乳胶漆、墙纸（布）或局部吊顶。人工照明应考虑整体与局部照明，卧室的照明光线宜柔和。卧的布置和材质要突出的特点是清爽、隔音、柔软、舒适。

人们对睡眠环境的舒适追求各有不同，因此，对卧室的设计也应该以各个年龄段的不同特点来规划，让卧室环境随年龄同步变化。

幼儿的卧室可大胆用色。幼儿的睡眠完全是在不知不觉中产生的，也许在游戏过程中，就会酣然入睡。因此，根据儿童特点，房间可以采用对比强烈、鲜艳的颜色，可充分满足儿童的好奇心与想象力，使其将游戏时的感受，一直延续到梦境中，使卧室成为现实世界与梦境自然地衔接。

当人进入"青少年期"，卧室便成为他们最喜欢与重视的独立空间。在满足房间基本功能的基础上，应留下更多更大的空间给他们，让他们可将自己喜爱的任何装饰物任意地摆放。另外，这一年龄段与"幼儿期"相比最大的不同，就是需要一个比"幼儿期"更为专业与固定的游戏平台——书桌与书架。他们既可利用它满足学习的需要，又可以利用它保存个人的隐私与小秘密。

中老年人的卧室宜素雅舒适。中老年人是对睡眠要求最多，最重视睡眠质量，而对房间的装饰是否时尚，已不再过多追求。他们喜欢素雅的墙壁，喜欢自己用过多年而品质尚好的旧家具，既能满足多年生活的习惯，也可帮助他们牵动对往日的追忆。这时设计卧室，窗帘、卧具可采用中性的暖灰色调，所用材料要更多考虑质地与舒适感，使他们可通过睡眠，过滤掉生活的压力，让卧室成为生活的避风港与补给站。

客人卧室和保姆房应该简洁、大方，房内具备完善的生活条件，即有床、衣柜及小型陈列台，但都应小型化、造型简单、色彩清爽。

卧室颜色搭配要看了令人觉得舒服，所谓令人舒服的颜色就是色彩统一、和谐、淡雅、温馨，例如床单、窗帘、枕套皆使用同一色系，尽量不要用对比色，避免给人太强烈鲜明的感觉而不易入眠。卧室大面积色调，即墙面、地面、顶面的基础色调应与家具、织物的色彩协调，如果墙是以绿色系列为主调，织物就不宜选择暖色调。卧室一般以床上用品为中心色，如床罩为杏黄色，那么，卧室中其他织物应尽可能用浅色调的同种色，如米黄色、咖啡色等，最好是全部织物采用同一种图案。另外，还可以运用色彩对人产生的不同心理感受来进行装饰设计，以通过色彩配置来营造舒适的卧室环境。总之，卧室应在色彩上强调宁静和温馨的色调，以有利于营造良好的休息气氛。

床垫、寝具的质地应该力求舒适。地板最好能铺上地毯，即吸音，脚走起来也会舒服些。在有木地板的情况下，再局部铺上地毯更为舒适和实用，也丰富了地面材料的质感和色彩。用壁布覆盖墙壁、窗户用镶嵌双层玻璃或者多层化处理，都可以淡化室外的喧嚣，创造出一个宁静的睡眠空间。地面选材要脚感舒适，实木地板和纯毛地毯是首选的两种材料，当然这些材料价格较高，选用合成板材或化纤地毯也比较好。而大理石、花岗石、塑胶地板、地砖等较为冷硬的材质都不太适合，在迫不得已使用了这些材料的情况下，可以用单张的小地毯加以弥补，尤其是床边两侧，以免一下地就触脚生寒。有条件的，还可以在床铺部分设计复式地板，以增加舒适感。

卧室的照明一般采用两种方式：一种是装设有调光器或自动开关的灯具；另一种是室内安装多种灯具，分开关控制，根据需要确定开灯的范围。卧室一般照明多采用吸顶灯、嵌入式灯。卧室的局部照明包括：床头阅读照明、梳妆照明和装饰照明。卧室的灯光照明以温馨和暖的黄色为基调。卧室中的普通照明需注意的是灯光要柔和、温馨、有变化，避免采用室内中央的唯一大灯，光线不可太强或过白，因为这种灯光常使卧室内显得呆板没有生气。

现代女性对化妆和打扮颇为讲究。因此，在装潢与美化居室时，考虑一下如何布置卧室内的梳妆区的主要摆设有梳妆台、镜子、屉柜和灯具。摆放位置一般有三种选择：第一种是与床头柜连成一体；第二种是与柜连一体，台面可以是柜的延伸，也可以夹在柜之间，是个节省空间的好办法；第三种是利用墙面夹角，镜面处理成沿立镜面两边各衔接一片翼镜，这种三面折镜不仅可以省去手拿小镜照侧面的麻烦，而且还可以使装上配件的翼镜随意开合，活动自如。梳妆台的设计与造型应与卧室内其他家具的风格和整间卧室的氛围相谐，切不可"别具一格"。布置梳妆区，还必须讲究光线。梳妆台的局部照明是不可缺少的，但无论是自然采光还是人工采光，光线都应投射于人的脸部或身体，而不宜射在镜面上，光线不宜过分强烈。

（三）老人房

老年人喜欢白的墙壁，以显得素雅，喜欢自己用过多年而品质尚好的旧家具，既满足了多年生活的习惯，也可帮助他们牵动对往日的追忆。房间窗帘、卧具多采用中性的暖灰色调，所用材料更追求质地品质与舒适感，使他们可通过休息，过滤掉多年的生活压力，回想往日的青春。

设计中因考虑以下几点：

1. 保证睡眠质量

床是老年人最"珍爱"的家具之一，一张舒适的床往往会令老年朋友避免许多老年疾病的产生，是健康生活的一个基本保证。所以由于每个人的习性不同，有的人喜欢睡软床，有的人喜欢睡硬床。然而过软的床躺上去虽然感觉好像很舒服，很放松，但因为支撑力度不够，容易造成肌肉紧张，腰酸背痛。睡过硬的床在睡觉时腰部没有得到任何有效支撑，始终处于受力的紧张状态，长期使用这种床垫，也不益于老年人的腰椎。

由于人体脊椎呈浅 S 型，躺下时需要有适当硬度的支撑物，因此富有弹性的床垫对人体的舒适程度和睡眠的质量至关重要。体重较轻者睡较软的床，使肩部臀部稍微陷入床垫，腰部得到充分支撑。而体重沉者适合睡较硬的床垫，弹簧的力度能让身体每个部位贴合在一起，特别是老年人的颈部与腰部是否得到良好支撑很重要。

2. 选用防滑地材

老人身体状况再好，摔倒等情况对于他们来说还是非常危险的。而浴室是最容易发生意外的地方，水汽造成地面湿滑，会令老人跌倒从而造成非常严重的伤害。因此浴室的地板一定要选择防滑材料，此外，市面上出售的各种防滑垫也是老人的好伙伴。可将其放置在浴室门口、浴缸内外侧及洗面盆下方等处。而且老人也应该穿着具有防滑作用的拖鞋，以防不小心滑倒。另外，居室的地板也最好选择防滑材质的。否则光滑的地砖或木地板一旦不小心洒上了水，就极容易令老人滑倒。对于已铺设了一般地砖或木地板的家庭，可以再选购几块装饰地毯，既美化了空间，又保证了老人的安全。

3. 设置安全扶手和淋浴坐椅

对于老人来说，再多的安全保障都不为过。随着年事渐高，许多老人开始行动不便，起身、坐下、弯腰都比较困难。除了家人适当的搀扶外，设置于墙壁的辅助扶手更成为他们的好帮手。选用防水材质的扶手装置在浴缸边、马桶与洗面盆两侧，可令行动不便的老人生活更自如。此外，马桶上装置自动冲洗设备，对老人来说十分实用。老人也多不能久站，因此在淋浴区沿墙设置可折叠的座椅，既能节省老人体力，不用时收起又可节省空间。

4. 灯光布置要合理

因为老人大多视力有所下降，因而室内光源尽可能要明亮一些。例如在走廊、卫生间和厨房的局部、楼梯、床头等处都要尽可能地安排一些灯光，以防老人摔倒。另外，开关要科学合理，在一进门的地方要有开关，否则摸黑进屋开灯容易绊倒；卧室的床头要有开关，以便老人起夜时随时可以控制光源。

5. 增添一点绿色

老人大多喜欢安静整洁的家居气氛，因而一个舒适的生活环境对她们来说非常重要。建议家有老人的居室内不妨多放一些绿色植物，来保持空气的清新，视觉上的放松。另外，家中养一些花草，对于老人来说，也是一种修身养性的方式，对于保持精神上的轻松愉悦有着良好的作用。

6. 打造方便的空间

对于老人来说，流畅的空间意味着他们行走和拿取物品更方便，这就要求家中的家具尽量靠墙而立；衣柜、壁柜等家具的高度不应过高。老年人多半腿脚不够灵便，如果柜子过高一定会给老年人带来生活中的不便，所以老人屋里最好不要设置"高大"的家具，不妨多一些矮柜。而床应设置在靠近门的地方，方便老人夜晚入厕。可折叠、带轮子等机能性强的家具，使用时一不小心就容易对老人造成伤害。因此在家具选择上，宜选稳固的单件家具，固定式家具更是良好的选择。零散物品容易绊倒老人，尤其是散乱的电线，最好用挂钩将这些物品加以固定，让空间既清爽又安全。

（四）儿童房

孩子的卧室在设计上要保持相当程度的灵活性，因为孩子成长非常快，空间需要也随年龄不断变化。儿童房只要在区域上为他们做一个大体的界定，分出休息区、阅读区及衣物储藏区就足够了，这样便于随时调整和改造。玩具、衣物要有足够的收纳空间，以免散落在外绊倒孩子或显得杂乱无章。儿童房间容易弄脏，装饰时应采用可以清洗及更换的材料，最适合装饰儿童房间的材料是防水漆和塑料板，而高级壁纸及薄木板等不宜使用。儿童房的装修材料以"无污染、易清理"为原则，尽量选择天然材料，中间的加工程序越少越好。

在孩子的活动天地里，地面应具有抗磨、耐用等特点。通常一些最为实用而且较为经济的选择是刷漆的木质地板或其他一些更富有弹性的材料，如软木、橡木、塑料、油布等。坚实而有弹性的地板适合多种场合的使用，耐磨且富有质感的软木地面容易使脚底产生温暖、舒适的感觉，因此很适合于儿童间。而且软木材料价格低廉、易于铺设。此外，地面可铺设布质、塑胶拼装地毯、止滑拼装地毯，可以有效防止滑倒。地毯柔软有弹性，更具保护性，如选择地毯，最好只铺小块，并时常清洗，因为地毯会滋生出一些螨虫等肉眼看不到的寄生虫，从而使儿童患上呼吸疾病，所以不要铺满地毯。

孩子活泼好动，只要大人稍不注意，墙上便会出现孩童脏的手印或信手涂鸦的画作，这种情况使家长大伤脑筋。所以在装饰儿童房时应事先采取防范措施，多用些可清洗或更换的材料。或者直接在墙壁面上挂一块白板、软木板也可以采取墙裙软包，让孩子可随性涂画、自由张贴。孩子的美术作品或手工作品，也可利用展示板或在空间的一角加个层板架，既满足孩子的成就感，也达到了趣味展示的作用。

活泼、明快的色彩不仅有助于塑造儿童开朗健康的心态，而且还能改善室内亮度，形成明朗亲切的室内环境。身处其中，孩子能产生安全感。粉红、淡绿色、淡蓝色都是很好的墙面装饰色彩，太过亮丽的色彩只适于局部的点缀，切勿大面积使用。造型可爱、色泽鲜艳的小饰品可为居室带来活泼的气氛。

孩子的活动空间并不局限在自己的卧室内，婴儿由脱离襁褓开始，就在用手和脚不停地在四周探索，他的"触角"会伸到家的每一个角落。然而大部分家庭在装潢、设计房子时，都是根据"大人"的需求进行的，家中的环境对孩子来说不一定足够安全，因此需要在家具陈设方面做一些调整，以防止意外的发生。为孩子准备好安全的居家空间，可以从以下几方面来考虑：

跌伤一直是儿童意外发生率最高的一种，沙发四周、茶几、电视前是最容易发生滑倒的地方，因此，应尽量选择柔软、无尖角的家具，或者在家具的边缘、尖角加装防护设施（圆弧角防护棉垫）。保持客厅整洁，不要让玩具、书籍、杂物散置一地，以防孩子被绊倒。地板不要打蜡，以免滑倒，最好铺设安全地垫（PVC材质），这样即使孩子们不小心跌倒，也不会受伤。铺设地毯时，下面最好加装止滑垫，以免地毯滑动，造成幼儿跌倒。尽量将高桌子、高椅子收到孩子不会去的地方，以免孩子攀爬时跌倒受伤。如果可能，在客厅为孩子留一个专用的游戏区，让他/她有个安全的活动范围。

厨房的地面经常会因水渍及油渍造成地面湿滑，当母亲忙着煮饭、炒菜时，孩子可能会溜进厨房，面临跌倒、受伤的危险，因此，厨房门锁应做好安全措施，以免孩子趁家长不注意时进去。随时擦拭水渍、油渍，保持厨房干燥。厨房设备和家具应合理摆放，工具用完后立即归位，以免造成行走障碍。

卫生间的浴缸及洗脸台前往往会有很多水渍，是最易发生滑倒的场所，家长绝对不可以让太小的孩子单独上厕所或洗澡。使用过浴室之后，立刻擦拭干净。加装抽风机，可以快速将浴室内的水汽抽干。肥皂、洗发精尽量放在孩子拿不到的地方，以免孩子玩耍时溢出，造成地面湿滑。浴缸、马桶旁加装扶手，让他们在起身时，可以扶着，避免跌倒。浴室的地板使用实木止滑地垫或塑胶拼装地垫。

孩子喜欢在窗台或阳台上看风景、游戏，如果你的住宅是在一楼以上，就必须防范他们失足坠落。窗口加装窗栏，窗子平时应拴好，以免孩子爬出去。室内的楼梯顶端、底端最好加装栅栏，否则幼儿自己攀爬时容易滚落受伤。楼梯台阶上可贴止滑条，楼梯口则铺设止滑脚踏垫。应该特别留意楼梯的照明应充足，以免孩子因视线不良而滚落。楼梯及阳台栏杆的间隔不可太大，以免孩子穿过坠落。为防雨水漂入打湿阳台，地面可铺设实木止滑地板、塑胶地砖、防滑板或是石纹地垫。

总之，儿童房的设计应简洁、实用、易于清洁、并具有可随孩子年龄增长进行调整的灵活性。儿童活动的所有空间都应特别注意安全防护设施的安置。

（五）书房

书房作为人们阅读、书写及业余学习、研究工作的空间，它是为个人而设的私人空间，是最能表现居住者习性、爱好、品位和专长的场所。

书房布置一般需保持相对的独立性，并配以相应的工作室家具设备，诸如计算机、绘图桌等，以满足使用要求。特别是对于一些从事如美术、音乐、写作等的人来说，应以最大程度地方便其进行工作为出发点。而安静对于书房来讲是十分必要的，因为人在嘈杂的环境中工作效率要比安静环境中低得多。其设计应以舒适宁静为原则，窗帘要选择较厚的材料，以阻隔窗外的噪声。

在色彩方面，书房墙面和家具使用冷色调者居多，有助于人的心境平稳、气血通畅。由于书房是长时间使用的场所，应避免强烈刺激，宜采用明亮的无彩色或灰棕色等中性颜色。一般来说，书房地面颜色深点，天花的处理应考虑室内的照明效果，一般常用白色，以便通过反光使四壁明亮。门窗的色彩要在室内调和色彩的基础上稍加突出，作为室内的"重音点"。

书房应该尽量占据朝向好的房间，相比于卧室，它的自然采光更重要。书桌的摆放位置与窗户位置很有关系，一要考虑光线的角度，二要考虑避免计算机屏幕的眩光。人工照明主要把握明亮、均匀、自然、柔和的原则，不加任何色彩，这样不易疲劳。书房的主体照明，可选用乳白色罩的白炽吊灯，安装在中央。书房照明主要以满足阅读、写作和学习之用，所以局部灯光照明应格外讲究。局部照明高度和灯光亮度非常重要，一般台灯宜用白炽灯为好，瓦数最好在 60 瓦左右为宜。

书房的装饰品运用得当有助于营造幽雅的环境。书柜上摆一两盆盆景，能增加书房的宁静感。盆景宜选用松柏、铁树等一类矮小、短枝。常绿、不易凋谢及容易栽种的植物为好。此外，书桌上可放置小型的观叶植物，或放置小花瓶，插上几朵花，随季节而更换，可令环境生机盎然。其实，书房中的书本身就是件最具代表性的陈列，它最能表现主人的习性、爱好、品位和专长，是真正的、个性化的陈列品。精致的书画作品、艺术收藏品的陈列也可以为书房增添高雅气息。

（六）餐厅

餐厅是一个家庭每天感情交流的空间。很多家庭每天在晚餐时间才能团聚，所以这个空间的氛围很重要，宽敞、明亮、舒适的餐厅是一个家庭不可缺少的。

小厅的房型，可以设计成以餐桌为主的客厅，餐桌旁边放上几张休闲椅子，既可用餐又可偶尔会客。餐客厅连体的房型，餐厅的面积可以适当地放大，空间结构条件允许的话，餐厅和厨房间的关联性应该强化一点，以增加全家备餐的参与感，减少一个人做饭的枯燥感。

餐厅装饰，以轻松，明快、使用方便为要，灯光应是明亮的暖色，家电配置要到位。这个空间应该放点艺术品、盆栽作为点缀，应营造成一个诗意的就餐氛围。

餐厅的设置方式主要有三种：厨房兼餐厅；客厅兼餐厅；独立式餐厅。

1. 厨房兼餐厅

由于面积的限制，相当一部分人在餐厅设计时往往把厨房的隔断墙打掉，做成开放式或用推拉门代替；整体空间就相对来说比较开阔。

2. 客厅兼餐厅

餐厅与客厅合璧是现代家居最常见的。由于客厅的用途较多，占用面积也较大，餐厅往往只占其中一隅，设计上必须注意分隔技巧，可从地板着手，将地板的形状、色彩、图案、质料分成两个不同部门，餐厅与客厅以此划分形成两个格调迥异的区域，也可通过色彩和灯光来划分；在视觉上轻而易举地造成两个不同区域，既可给人带来视觉上的美感，又保持空间的通透性和整体性。

3. 独立式餐厅

这种形式是最为理想的。一般对于餐厅的要求是便捷卫生，安静、舒适，家居设备主要是桌椅和酒柜等，照明应集中在餐桌上面，光线柔和，色彩应素雅，墙壁上可适当挂些风景画，餐厅位置应靠近厨房。目前，由于人们住房面积普遍不大，餐厅面积较小，因此餐桌、椅、柜的摆放与布置必须为家庭成员的活动留出合理的空间。其布置还需与餐厅的空间相结合，如方形和圆形餐厅，可选用圆形或方形餐桌，居中放置；狭长的餐厅可在靠墙或窗一边放一长桌，桌子另一侧摆上椅子，这样空间会显得大一些。

总之，不论餐桌布置在何地，必须尽可能地和厨房靠得近一些。

餐厅家具式样虽多，但国内最常用的是方桌或圆桌，近年来，长圆桌也较为盛行，餐椅结构要求简单，最好使用折叠式的。特别是在餐厅空间较小的情况下，折叠起不用的餐桌椅，可有效地节省空间。否则，过大的餐桌将使餐厅空间显得拥挤。所以，有些折叠式餐桌更受到青睐。餐椅的造型及色彩，要与餐桌相协调，并与整个餐厅格调一致。餐厅家具更要注意风格处理。显现天然纹理的原木餐桌椅，透露着自然淳朴的气息；在餐厅家具安排上，切忌东拼西凑，以免让人看上去凌乱又不成系统。

餐厅中还应配以餐饮柜，即用以存放部分餐具、用品（如酒杯、起盖器等）、酒、饮料、餐巾纸等就餐辅助用品的家具。另外，还可以考虑设置临时存放食品用具（如饭锅、饮料罐、酒瓶、碗碟等）的空间。所以，在设计餐厅时，对以上因素都应有所考虑，应充分利用分隔柜、角柜，将上述功能设施容纳进就餐空间，这样的餐厅才能给你以方便、惬意的生活。

就餐环境的色彩配置，对人们的就餐心理影响很大。餐厅的色彩因个人爱好和性格不同而有较大差异。但总的说来，餐厅色彩宜以明朗轻快的色调为主，最适合用的是橙色以及相同色相的颜色。这些色彩都有刺激食欲的功效，还能给人以温馨感，而且能提高进餐者的兴致。在不同的时间、季节及心理状态下，人们对色彩的感受会有所变化，这时，可利用灯光来调节室内色彩气氛，以达到利于饮食的目的。家具颜色较深时，可通过明快清新的淡色如蓝白、绿白、红白相间的台布来衬托。

灯光不仅可以营造空间气氛，还能够传达不同的空间表情。用餐气氛的好坏，除了与餐厅空间的设计和陈设有关之外，灯光更是不容忽视的重要一环。选择一盏或多盏合适美观的餐厅吊灯，不仅可以增进食欲，更能够凝聚家人情感，洋溢满室温馨情怀。一般来说，餐厅照明以悬挂在餐桌上方的吊灯效果最好，柔和的光晕聚集在餐桌中心，具有凝聚视觉和用餐情绪的作用。但餐厅吊灯悬挂的高度、灯罩和灯球的材质与形式需小心选择，以免造成令人不舒服的眩光。灯具可选用白炽灯，经反光罩以柔和的橙光映照室内，形成橙黄色环境，消除死气沉沉的低落感。冬夜，可选用烛光色彩的光源照明，或选用橙色射灯，使光线集中在餐桌上，也会产生温暖的感觉。避免装带眩目强光的吊灯悬挂在屋灯上，可选择具有随意上升下降装置的吊灯，以便调整和选择高度。

餐厅的陈设既要美观，又要实用，不可信手拈来，随意堆砌。各类装饰用品因其就餐环境不同而不同。设置在厨房中的餐厅的装饰，应注意与厨房内的设施相协调；设置在客厅中的餐厅的装饰，应注意与客厅的功能和格调相统一，具体地讲，餐厅中的软装饰，如桌布、餐巾及窗帘等，应尽量选用较薄的化纤类材料，因厚实的棉纺类织物，极易吸附食物气味且不易散去，不利于餐厅环境卫生；花卉能起到调节心理、美化环境的作用，但切忌花花绿绿，使人烦躁而影响食欲。在隐蔽的角落，最好能放一只音箱，就餐过程中就可以适时播放一首轻柔美妙的背景乐曲。其他的软装饰品，如字画、瓷盘、壁挂等，可根据餐厅的具体情况灵活安排，用以点缀环境，但要注意不可因此喧宾夺主，以免餐厅显得杂乱无章。

（七）厨房

厨房的设计应特别注意空间布局以适应其功能需要，尽可能满足以下几个方面的条件：

1. 有足够的操作空间

在厨房里，要洗涤和配切食品，要有搁置餐具、食品的周转场所，要有存放炊具和调料的地方，以保证基本操作的有序进行。

2. 有充分的储存空间

可采用组合式吊柜、吊架，合理利用一切可储存物品的空间。组合橱柜的地柜部分储存较重较大的瓶、罐、米、菜等物品，操作台前可延伸设置存放油、酱、糖等调味品及餐具的柜、架，煤气灶、水槽的下面都是可利用的存物场所。精心设计的现代组合厨具会使储物、取物更方便。

3. 有开阔的活动空间

厨房里的布局应顺着食品的储存和准备、清洗和烹调这一操作过程安排，三项主要设备——炉灶、冰箱和洗涤池可组成一个三角形。因为这三个功能通常要互相配合，所以要安置在最合宜的距离以节省时间人力。这三边之和以 4.5～6.7 米为宜，过长和过小都会影响操作。在操作时，洗涤槽和炉灶间的往复最频繁，这两者之间的距离调整到 1.2～1.8 米较为合理。水池的位置可能要由排水管道、铅管装置等来规定。为方便使用、有效利用空间、减少往复，建议把存放蔬菜的箱子、刀具、清洁用品等以洗涤池为中心存放，在炉灶旁两侧应留出足够的空间，以便于放置锅、铲、碟、盘、碗等器具。

4. 厨房工作区的布置

应根据厨房的大小、形状来设计，大致有以下五种形式：

（1）一字形：所有工作区沿一面墙一字形布置，给人简洁明快的感觉。这是在走廊不够宽、不能容纳平行式设计的情况下经常采用的方法。所以这种空间结构的厨房工作区的组合要最简单，但必须保证有通畅的通道。

（2）L 形：工作区沿墙作 90°双向展开成 L 形，可方便各工序连续操作。它所产生的视觉变化，令人有舒适感。同时这也是最节省空间的一种设计。这种设计比较灵活，适用于不同面积的厨房。如果厨房有较大的空间，空出的地方可安放餐桌。要避免 L 形的一边过长，那样会降低工作效率。如果是开放式的 L 形，可将短的一边设计成隔断的工作台，或直接设计成小餐桌。

（3）U 形：这种配置的工作区有两个转角，它的功能与 L 形大致相同，甚至更方便。U 形配置时，工作线可与其他空间的交通线完全分开，不受干扰。这种设计适合面积较大的厨房。这种空间结构的厨房最好将水槽置于 U 形的底部，将配餐区和烹调区分设在两翼，使工作三角形（水槽、炉灶和储藏区这三个点组成的三角形）成正三角形。U 形两边的间距应在 1.2～1.5 米之间。

(4) 走廊形：将工作区沿两边墙平行布置，前台后柜两端为开放式的，各司其职。这种配置无法像 L 形和 U 形那样简洁，工作三角形也不易安排，在工作中心的分配上常将清洗和配餐中心组合在一边，将烹调中心安置在另一边。这种空间结构的厨房可容纳几个人同时操作，但分开的两个工作区会给操作带来不便。

(5) 岛形：即在厨房中间摆置一个独立的料理台或工作台，家人和朋友可在料理台上共同准备餐点或闲话家常，由于厨房多了一个料理台，所以岛形厨房至少需要有 15 平方米以上的面积。这在别墅厨房的设计中比较常见。

橱柜中的台面、吊柜也必须依人体工程学设计，以东方人的体形而言，厨房中的工作台面高度应该为 80 厘米左右；宽度以 60 厘米为宜；吊柜深度应该为 37 厘米。另外，长度方面则可依据厨房空间，将厨具合理地配置，各种大小不同规格尺寸，让使用者感到舒适。另外，厨房工作台的高度应根据自己的身高以工作时舒适为标准；购买厨具时也应考虑高度，最好选择可调节高度的产品。加工操作的案桌柜体，其高度、宽度与水槽规格应统一，与工作台相连的水池不宜有歧口和障碍，从而在视觉上形成统一的形式。

厨房的设计还要重视安全问题。电路设计中要考虑厨房电气设备的功率和使用频率，合理排布线路、安装开关、插座。灶台设计应注意使用耐热、放火的材料。总体上，厨房中使用的材料应具有较强的耐污、耐热、耐酸、耐腐蚀、耐磨损、易清洁的性能。橱柜材质的环保性非常重要，主要体现在所用板材、台面和封边的黏合剂上。这些材料均要达到环保要求，以免甲醛超标对人体造成危害。

烹饪中式菜肴时往往会产生大量油、汽、烟等对人体健康有害的气体，所以，保持厨房的通风，配置相应的抽油烟设备，是现代厨房必备的条件。当前一般的抽油烟设备有排风扇、抽油烟机两大类。排风扇的优势是：构造简单，易于随时清洗，安装拆卸方便，风力也不小。一般分为单向式排风扇和双向式排风扇两种。就厨房排烟而言，最好安装两个双向式的排风扇比较理想，由于体积小，不占位置，不需要专门安装弯管。抽油烟机是动力型排烟设备，它的优点在于风力强大，排烟效果好。一般具有自动启动、报警、盛油、照明等多种功能。缺点是由于构造复杂，清洗困难，专业安装、专业清洗。采用哪一种排油烟设备，要依据厨房灶具位置和安装位置、主人的爱好、房屋的结构而定。

厨房对光线要求很高，因为光线对食物的外观也很重要，它可以影响人的食欲；由于人们在厨房中度过的时间较长，所以光线应惬意而有吸引力，这样能提高制作食物的热情。炉灶、炉架、洗涤盆、操作台都要有足够的照度，使备菜、洗菜、切菜、烧菜都能安全有效地进行。厨房通常以吸顶灯或吊灯作一般照明，也可采用独立开关的道轨射灯系统在厨房各个角度发挥光照作用。灯具造型以功能性为主，使用大方，且打扫清洁方便。灯具材料应选不会氧化生锈的或具有较好表面保护层的。一般厨房照明，在操作台的上方设置嵌入式或半嵌入式散光型吸顶灯，嵌入口罩以透明玻璃或透明塑料，这样顶棚简洁，减少灰尘、油污带来的麻烦。灶台上方一般设置抽油烟机，机罩内有隐形小白炽灯，供灶台照明。

一个科学合理、舒适方便的厨房应该是美观、简洁的，视觉上明亮、干净尤为重要，良好的色彩环境可以调节人们的劳动兴趣和提高劳动效率。随着现代装饰装修材料的大量面世和各种颜色、图案及表现技法的层出不穷，扩大了厨房装饰陈设的色彩组合的选择范围。但厨房属于各个面都需要有色彩，而且还要有亮度的空间，因此在厨房装修、布置家具和陈设物品过程中，色彩设计的原则是协调统一。特别要注意不能使用印有立体感的图案或是明暗对比强烈的装饰材料，否则不仅会使厨房面积在视觉上显得狭小，而且容易使人产生高低不平、凹凸不平的错觉。厨房色彩尤其墙面色彩安排宜以白色或浅色为主，不宜使用反差过大的色彩。色彩过多过杂，在光线反射时容易改变食物的自然色泽而使操作者在烹调食品时产生错觉。厨房家具色彩的色相，要求能够表现出干净、刺激食欲和能够使人愉悦的特征。

厨房的墙面一般为乳白色和白色（如白瓷砖或仿瓷涂料），给人以明亮、洁净、清爽的感觉。有时也可将厨具的边缝配以其他颜色，如奶棕色、黄色或红色，目的在于调剂色彩，特别是在厨餐合一的厨房环境中，配以一些暖色调的颜色，与洁净的冷色相配，有利于促进食欲。空间大、采光足的厨房，可选用吸光性强的色彩，这类低明度的色彩给人以沉静之感，也较为耐脏；反之，空间狭小、采光不足的厨房，则相对适应于明度和纯度较高、反光性较强的色彩，因为这类色彩具有空间扩张感，在视觉上可弥补空间小和采光不足的缺陷。

厨房的墙面装饰也要结合灯光的色彩，因厨房操作时，相对温度较高，一般以冷色为宜，如白色、浅黄色。此外，厨房墙面的装饰还要注意一点，就是装饰材料要尽量耐脏，而且要易于清洁，这点是由厨房的特殊功能决定的。厨房的墙面装饰不宜过多，它主要是通过厨房的基本设施来体现，装饰性也要服务于这些基本设施功能的需要。一些基本炊具的合理摆放、挂置，同时也是装饰厨房墙面的因素，也同样能达到较好的装饰效果。

小面积厨房一方面要注意功能完备，更要注意最大限度地提高空间利用率，充分让视觉空间显得宽阔。可以将诸多电器尽量容纳进橱柜里，让台面显得清爽。墙面上可利用镜面延伸空间感，可以采用局部艺术装饰分散视觉注意。地柜与吊柜之间是可以充分利用的地方。可以设计一幅墙面搁架安装于此，把零碎的盘、杯、调料瓶、铲子、勺子等全部收纳，避免它们占据橱柜的台面空间。厨房中总有些小角落，折叠或长度可调节的连柜餐桌可以充分利用这些小角落，安置推拉式高柜，这种储藏能力很强的柜体大大减少了对空间的需求。如果是开放式厨房，将料理台延伸出来做成小餐台也是不错的构思。

（八）卫生间

现代生活中卫生间不仅是方便、洗尽尘垢的地方，也是调剂身心、放松神经的场所。因此，无论在空间布置上，还是设备材料、色彩、灯光等设计方面，都应有所讲究，以便使之最大限度地发挥功能。卫生间的设计基本上以方便、安全、易于清洗及美观得体为原则。

卫生间通常分为三个部分：盥洗区、沐浴区和用厕区。每个区域之间都有着紧密的联系，同时又具有功能性的区别。在空间分配上应注意，盥洗区一般设置在卫浴空间的前端，主要放置各种盥洗用具，提供洗脸、刷牙、洁手、剃须、整理容貌的空间，另外还时常起到置放、脱换衣服的作用。盥洗室的设计应侧重简单和实用。设计策划的内容主要有化妆镜、面池、冷热水的调节，盥洗用具的摆放等。沐浴区宜靠墙角设置，可根据个人喜好和家庭需要及空间大小选择使用浴缸或冲淋房，无论采用哪种设计，地面和浴缸表面应注意防滑，还应考虑排水通畅，以便清扫和排泄污水。冷热水的连接要比较方便，出水口应可调节冷热度，预防烫伤事故。热水器切忌安装在浴室内，应分开安装在卫生间之外的通风处，避免中毒事件发生。由于沐浴时有大量的水及雾气，因此装饰选材时应以防水、防湿为重点。沐浴区可用拉门或浴帘隔开，以保持温度和私密性。沐浴区还必须辅以适当的灯光照明，以方便晚间使用。

由于卫生间的水汽很重，内部用料必须以防水材料为主。浴室的墙壁和天花板所占面积最大，所以应选择既防水又抗腐蚀和防霉的材料来确保室内卫生，瓷砖、桑拿板和具有防水功能是塑料壁纸都能达到这些要求。在地板方面，以天然石料做成地砖，既防水又耐用。大型瓷砖清洗方便，容易保持干爽；而塑料地板的实用价值很高，加上饰钉后，其防滑作用更显著。卫生间天花板受水蒸气影响，最易发霉，以防水耐热的材料为佳。吊顶可以根据不同造型，选用多种材料，如平顶可以用PVC扣板、铝扣板、塑铝板，配以轻钢龙骨或水泥板等。卫生间窗户的采光功用并不重要，其重点在于通风透气。镜子是化妆打扮的必需品，在卫生间中自然相当重要。

卫生间的照明，一般整体照明宜选白炽灯，以柔和的亮度就足够了，但化妆镜旁必须设置独立的照明灯作局部灯光补充，镜前局部照明可选日光灯，以增加温暖、宽敞、清新的感觉。在对卫生间灯具的选择上，应以具有可靠的防水性与安全性的玻璃或塑料密封灯具。在灯饰的造型上，可根据自己的兴趣与爱好选择，但在安装时不宜过多，不可太低，以免累赘或发生溅水、碰撞等意外。

一个称心的卫生间，除了干净舒适之外，视觉上的美感也举足轻重。色彩运用得当，可以让卫生间更精致、更个性化。很多家庭的卫生间采用白色、米色等浅色调，除了为追求卫生间的洁净感而选用白色系外，卫生间还可以很"炫"。大胆采用极度饱和的色彩，如选择有色彩的瓷砖、壁面油漆、马桶、五金配件等，从而使卫生间活泼明快起来。暖色系的红、黄、橙，令人温暖、喜悦，同时会使人感觉空间变小，而蓝、绿等冷色系的颜色令人感觉清爽、冷静，使空间看起来较宽敞。另外，纯度及明度较高的色彩可塑造空间的宽敞感，反之则使空间有稳重感。白色可产生明亮洁白感，最具有反射效果，它可将光线带进阴郁晦暗的室内，弥补空间不足的缺憾，特别适用于空间狭小的卫生间。若担心纯白过于清冷，不妨使用乳白色替代，可为空间增添几分暖意。除了色彩本身，照明效果就像色彩的"魔术师"，相同的颜色常因不同的光线亮度，在视觉上产生差异。因此，为卫生间选择色调前，应综合考虑光线与色彩的配合。

卫生间洁具款式、颜色的选择则全凭个人喜好，当然洁具与壁砖、地砖的和谐统一也不容忽视，这样的卫生间才会让你舒心。与洁具配套的五金件的选择则要"重品轻貌"，好的龙头均采用陶瓷芯阀，与外壳紧密结合浑然一体，经久耐用，购买洁具时切记买时要索取检验合格证书和质保单。

卫生间的装饰，应以安全、简洁为原则。强调安全，是因为人们在浴室里活动时皮肤裸露较多，空间一般又很狭窄，因此，要选择表面光滑、无突起、尖角的构件，以求无擦伤划破皮肤之虞。五金、灯具甚至日常卫生用品等，都可以用来作为装饰和点缀卫生间。在空间允许的情况下，摆放一些常绿植物，会令人赏心悦目，卫生间湿润的环境也利于植物的生长，但要注意不要选有刺的植物，以防扎人。毛巾、化妆瓶之类日常用品，因其色彩鲜艳，若布置得当，也能取得很好的装饰效果。

家庭住所的选择应该基于家庭经济、人口结构和成员需要的实际情况来考虑；家庭居住环境的创造应当因地制宜，通过合理、科学地分配与使用空间来创造安全、方便和舒适。

【思考与讨论】

1. 想想你自己的家，在居室空间利用方面还有哪些可以改进的地方？
2. 考察一下你的宿舍，在床、书桌、凳、壁橱、卫浴设施等的设计上有没有不符合人体工程学原理的地方？
3. 回家探望祖父母时请注意一下他们的卧室和经常活动的空间，看看在空间布局和家具设计方面有没有什么安全隐患，并提出修改的方案。

参考文献

1. 梅若兰,钱焕琦主编. 现代家政. 南京:南京师范大学出版社,1997
2. 李元春主编. 现代应用家政学. 成都:四川科学技术出版社,1999
3. 朱运致,刘晖等编. 家政指导. 福州:福建教育出版社,2003
4. 顾建军主编. 家政与生活技术. 南京:江苏教育出版社,2004
5. 黄乃毓. 家政高等教育. 中国台湾:五南图书出版公司,1998
6. 黄乃毓等编著. 家庭管理. 中国台湾:国立空中大学印行,1996
7. 赖保祯等编著. 生活科学概论. 中国台湾:国立空中大学印行,1996
8. 宋希仁. 家庭文化. 北京:中国方正出版社,2002
9. 林崇德主编. 发展心理学. 北京:人民教育出版社,2001.
10. 霍华德·马克曼等. 婚姻战争. 吕小蓬等译. 北京:中央编译出版社,1997
11. 王世军主编. 亲情与爱情——家庭关系. 南京:江苏教育出版社,2004
12. 关颖. 社会视野中的家庭教育. 天津社会科学院出版社,2002
13. 彭怀真. 婚姻与家庭. 中国台湾:巨流图书公司,1996
14. 兰春明等编译. 婚姻与家庭模式的选择. 成都:四川大学出版社,1990
15. 珍妮. 艾里姆. 养育青春少年. 石邵华等译. 北京出版社,2002
16. 杨义群主编. 理财、消费、就业——家庭经济. 南京:江苏教育出版社,2004
17. 徐斌等编著. 家庭理财. 北京:中信出版社,1999
18. 金邦荃主编. 营养、卫生、运动——家庭健康. 南京:江苏教育出版社,2004
19. Ryder, Contemporary Living, the Goodheart-Willcox Company, Inc., 1984
20. Brooks, Process of Parenting, Mayfield Publishing Company, 1991

21. 钱焕琦. 试论我国家庭教育伦理思想的发展与继承. 中国文化研究. 2000, 2
22. 刘宝驹. 现代中国城市家庭结构变化研究. 社会学研究. 2000, 6
23. 王跃生. 18世纪中后期的中国家庭结构. 中国社会科学. 2000, 2
24. 王跃生. 当代中国家庭结构变动分析. 中国社会科学. 2006, 1
25. 王跃生. 中国农村家庭的核心化分析. 中国人口科学. 2007, 5
26. 杨京英等. 中国家庭的信息化水平. 中国统计. 2007, 8
27. 赵德兴. 社会转型期西北少数民族居民婚姻家庭价值观的变化. 江苏社会科学. 2007, 1
28. 汪怀君. 中国传统家庭伦理及其现代价值研究. 曲阜师范大学学报. 2003
29. 洪彩华, 刘格华. 试论我国古代家训对家庭道德建设的当代功用. 内蒙古民族大学学报（社会科学版）. 2004, 3
30. 段文阁. 古代家训中的家庭德育思想初探. 齐鲁学刊. 2003, 4
31. 王有英. 中国传统家训中的教化意蕴. 湖南师范大学教育科学学报. 2004, 4
32. 何建华. 在矛盾中建构当代婚姻家庭伦理观. 社会科学战线. 2000, 4
33. 朱运致. 家政教育与中小学生素质教育. 教育探索. 2001, 1
34. 陈传锋. 城市退休老年人居家养老消费心理研究. 心理科学. 2007, 5
35. 陈传峰. 老年人社会支持与期望的调查研究. 心理科学. 2006, 1
36. 李春玲. 当代中国社会的消费分层. 中山大学学报. 2007, 4
37. 刘灵芝. 中国农村家庭收入及教育支出状况分析. 乡镇经济. 2006, 10
38. 楚红丽. 基础教育阶段家庭教育消费支出内容与结构的研究述评. 教育科学. 2007, 2
39. 王宝状. 当代大学生消费心理现状及其消费观教育. 中国高教研究. 2007, 6
40. 许放明. 女性家庭角色和谐关系探讨. 社会主义研究. 2006, 6
41. 杨菊华. 中国的婚居模式与生育行为. 人口研究. 2007, 2
42. 杨菊华. 从家务分工看私人空间的性别界限. 妇女研究论丛. 2005, 5
43. 王虹. 和谐社会与婚姻家庭的走势. 社会科学研究. 2006, 5
44. 李士梅. 中国养老模式的多元化发展. 人口学刊. 2007, 5

45. 杨复兴. 中国农村家庭养老保障的历史分期及前景探析. 经济问题探索. 2007, 9

46. 邹农俭. 养老保障·居家养老·社区支持：养老模式的新选择. 江苏社会科学. 2007, 4

47. 王树新. 第一代独生子女父母养老方式的选择与支持研究——以北京市为例. 人口与经济. 2007, 4

48. 文博. 打造健康儿童房. 绿色中国. 2007, 16

49. 陈利群. 居室装修后空气污染状况调查及危害分析. 现代预防医学. 2007, 12

50. 刘慧杰. 室内环境污染物的来源及对人群健康的危害. 解放军预防医学杂志. 2007, 2

51. 刘凯. 装修居室内空气污染对成人心理健康影响, 中国公共卫生, 2007, 4

52. 张青萍. 全装修住宅设计模式与策略南京林业大学学报（自然科学版），2006, 1

53. 李光耀. 生态型室内设计的探讨 [D] 中南林学院，2001

54. 刘弘. 2002年上海市居民营养与健康状况调查, 环境与职业医学, 2006, 6

55. 史祖民. 江苏省中学生饮食行为及其社会经济影响因素分析, 中国学校卫生, 2007, 3

56. 王跃进. 河北省农村居民营养与健康状况调查分析, 卫生研究, 2006, 5

57. 苗颖. 时装美学札记, 职业时空, 2007, 15

58. 崔荣荣. 解读服装设计共生美学观, 纺织学报, 2007, 9

59. 刘晓华. 谈谈服装的审美标准, 中南民族大学学报（人文社会科学版），2007, s1

60. 王永进. 婴儿人体特征对服装设计的影响分析, 纺织学报, 2007, 7

61. 范秀娟. 具有保健功能的服装的电路设计, 北京服装学院学报（自然科学版），2007, 2

62. 张苹. 中风偏瘫患者服装的研究, 针织工业, 2007, 5

63. 宋晓霞. 针织运动内衣服装压力和人体舒适性的关系, 针织工业, 2007, 4

64. 谌玉红. 不同服装面料对人体出汗散热的影响, 中华劳动卫生职业病杂志, 2007, 4
65. 孔昭国. 中国人需要补理财课, 中国总会计师, 2007, 1
66. 彩玉. 人生理财关键期, 财会通讯（理财版）, 2006, 11
67. 卢远香. 中年转型家庭的理财策略, 财会通讯（理财版）, 2006, 10
68. 王华梅. 现代家庭投资理财新思考, 商场现代化, 2005, 12
69. 张春燕. 美国最节约家庭的理财秘诀, 财会月刊, 2005, 4
70. 徐幸福. 家里的余钱投向哪?, 中国统计, 2004, 5
71. 涂艳. 理财, 合适自己的才是最好的, 财经科学, 2004, s1
72. 尤惠. 对家庭理财中几个问题的思考, 商业研究, 2003, 3
73. 帷幄. 家庭如何防范理财风险, 财会月刊, 2001, 1
74. 张海芳. 高中生家庭环境与心理健康关系, 中国公共卫生, 2007, 11
75. 陶维梅. 解读青少年网瘾, 呼唤全社会关注, 中国教育学刊, 2007, 10
76. 贾金玲. 关于农村留守儿童社会化问题的思考, 教育探索, 2007, 9
77. 周欣. 日常家庭生活中父母——儿童互动对儿童数学发展的影响, 学前教育研究, 2007, z1
78. 安瑞. 3岁前家庭日常护理方式与儿童自卑关系的研究, 学前教育研究, 2007, z1
79. 林玉芳. 家长负担的心理解析, 上海教育, 2007, 12
80. 孙德玉. 中国传统幼儿教育方式略论, 中国教育学刊, 2007, 6
81. 赵茂矩. 母婴安全依恋关系与婴儿情绪情感, 中国妇幼保健, 2007, 13
82. 张树东. 成就动机、家庭影响力及学业成就的关系研究, 教育学报, 2007, 1
83. 侯耀先. 中小学生学业不良的"家庭成因"及对策探析, 教育与管理, 2007, 12
84. 黄小娜. 家庭因素对学龄前儿童社会适应行为的影响, 中国妇幼保健, 2006, 16
85. 王传升. 学龄儿童行为问题及其与家庭环境的关系, 中国心理卫生杂志, 2005, 6
86. 林运清. 家庭教育环境与儿童心理健康关系浅析, 学前教育研究, 2005, 4

87. 李燕芬. 父母教育方式与个性对小学生学习成绩影响研究,中国学校卫生,2005,3

88. 池瑾. 母亲教育观念与儿童心理特征的相关研究,教育研究与实验,2003,2

后　　记

　　教育的目的是为了改善生活质量。不幸的是，出于种种原因，从大学毕业的众多人口中，不少人只学会了谋生，却没学会生活，可见规划和创建美好生活的本领并非无师自通，家政教育恰恰可以弥补这一缺憾。

　　家政教育关心的是人的幸福，目标就是要教会人如何提高生活品质。而个人的幸福是无法与其直接的生活环境——家庭割裂开的。因此，学会以积极的态度对待自己与亲人，并用科学的知识和巧妙的技术营造和谐的家庭生活是美好人生的起点。

　　由于家庭是社会的基本单位，家庭的功能健全关系到社会的平稳发展。很多社会问题，如家庭暴力、青少年犯罪、能源浪费、环境污染等，都源于家庭生活的不合宜。因此，家庭生活品质的提高绝不仅仅关系到个人的舒适与满意，更能促进整个社会的安定与和谐。可见，家政教育无论于个人、于家庭，还是于社会，都是十分必要的。

　　家政教育的内容涉及的范围相当广泛，它包括：个人发展、家庭关系、儿童的抚养与教育、家庭管理、居室与环境、食品与营养、织物与服装等。这些与家庭生活密切相关的各种问题往往相互交织、彼此依存，只有通过家政学特有的综合考虑与协调处理的方式才能得到有效解决。家政教育所提供的不仅仅是技术性的、单角度的、补救性的、临时的家政技巧，而是侧重于涉及价值观和道德的核心理念，让学生从态度、情感、知识和技能各个层面具备设计与规划生活、预防问题产生和有效解决问题的能力。

　　本书根据家政学的几个重要领域分为七章：第一章"生活与家政"讨论家庭

对于个人与社会的重要性，并阐明家政教育可以帮助人们在建构美好家庭生活方面获得最实用的资源，作出最明智的决定。第二章"个人与家庭"着重讨论如何了解并评价自己的个性，如何与异性建立亲密关系，为建立幸福家庭打好基础，并讲述在家庭生活中如何建立和维护和谐的家庭关系以及如何营造温馨和睦的家庭氛围。第三章"父母和孩子"讲述养育孩子的意义和为人父母必要的准备，介绍孩子成长的规律和各发展阶段的特点，并传授教育孩子的基本原则和策略。第四章"家庭与管理"阐述家庭管理的含义、标准以及影响家庭管理的因素，介绍实施家庭管理的一般步骤，并特别讨论家庭理财的理念和方法，以及管理家庭时间、精力等资源的原则和策略。第五章"家庭饮食与健康"重点分析家庭饮食选择的标准和影响因素，阐述饮食与健康的关系，介绍选择、搭配、储存和烹制食物的科学方法，以及如何根据不同家庭成员的需要调理饮食的原则和方法。本章的大部分内容是由刘琛与江芸提供的。第六章"服装与礼仪"讨论服装选择的标准和考虑因素，介绍日常着装的规范和协调搭配服饰的方法，以及服装消费、保养和收藏的原则和方法。第七章"住宅与居室"阐述家居选择的标准和考虑因素，介绍选购住宅的步骤和策略，以及家庭居室环境布置的原则和方法。

  本书作为教材，其意图不是教学生必须以什么样的模式去生活，而是为学生提供应对现实生活的实用信息，让他们用来评价和权衡今后会遇到的种种选择，作出自己的决定。作为教材，本书的适用对象决不仅是女学生，男生同样需要具备创建和管理家庭生活的能力。但对于女性而言，家政教育确实有更特别的意义。现代女性，其成就虽然已不仅仅局限于相夫教子，但仍是家庭中最具影响力的角色。作为妻子，她的所作所为直接关系到家庭的和谐稳定；作为母亲，她的教育方法深深影响下一代的成长发展。另外，能够管理协调好家庭生活，对于其自身的事业发展也极为有益。平衡事业与家庭双重发展是当今众多女性的难题。因此，给女大学生开设家政课程有着格外重要的价值。